Günter D. Roth

METEOROLOGÍA

Formaciones nubosas y otros fenómenos meteorológicos

Situaciones meteorológicas generales

Pronósticos del tiempo

Traducción
Dulcinea Otero-Piñeiro

Revisión
David Galadí-Enríquez
Doctor en física

EDICIONES OMEGA

Créditos de las ilustraciones:
Bahnmüller, Dr. W.: págs. 45, 75 inferior, 93 superior; Deutscher Wetterdienst págs. 15, 39, 145, 146, 147, 241, 252/253; DLR Schumann: pág. 223 inferior; Döring, R.: pág. 59 superior; Eisenbeiss, H.: págs. 20, 55, 61, 95; EUMETSAT: págs. 11, 255, 256, superior, 257, 258, 259, 261; Hannig, W.: pág. 57; Heydt, G.: pág. 59 inferior; Höller/DLR Schumann: pág. 223 superior; Image: pág. 148; Kämpfe, S.: págs. 2/3, 5, 6/7, 12, 40, 87 superior, 99, 108, 135, 136, 186, 208, 274; Kaiser, K.: 91; Karbstein, F.: pág. 30; Kemmler, J.: BLV Archiv Sport: págs. 75, 77 superior; Kohlhauf, F.: pág. 43; Krügler, Dr. F.: págs. 63 inferior, 71, 73, 79, 85, 93 inferior, 103, 105 superior, 280, 295; Meteomedia ag, Media design ag: pág. 138; Météorologie nationale, Francia: págs. 262, 263; Meteorologisches Observatorium Hohenpeißenberg: pág. 234; MODIS Ocean Group/NASA GSFC y University of Miami: 253 superior; MPG/Arnold, pág. 230; Münchener Rück: pág. 16; Nemec, G.: pág. 37; Phildius, R.: pág. 47; Roth, G.: págs. 34, 49, 51 superior, 53, 67, 69, 83; Schließler, M.: págs. 51 inferior, 81 inferior, 87 inferior, 89, 97, 105 inferior; Stückl, P.: págs. 9, 29, 63 superior, 81 superior, 101, 136; Vergeiner, J.: 65; Thies, A. & Co. KG: págs. 124, 125; Uselmann, M.: pág. 107

Gráficas: Barbara von Damnitz (excepto págs. 13, 15, 226, 227, 229, 251, 254, 256)
Gráficas en págs. 13, 227: Münchener Rück
Gráfica en pág. 226: SZ/Glaser, R.
Gráfica en pág. 254: Cortesía de EUMETSAT
Gráficas en pág. 15, 229, 251: Deutscher Wetterdienst
Gráfica en pág. 256: ESA (European Space Agency)

Diseño: Barbara von Damnitz
Diseño de cubierta: Studio Schübel, Munich
Fotografías de cubierta: Pictor International
Gráficas de la cubierta posterior: Barbara von Damnitz

La edición original de esta obra ha sido publicada en alemán por BLV Verlagsgesellschaft mbH de Munich con el título

WETTERKUNDE FÜR ALLE

ISBN 84-282-1319-4
Depósito legal B. 15.222-2003
Printed in Spain
EGEDSA - Sabadell

Índice de materias

Cuadros y figuras interesantes

Prólogo

El tiempo atmosférico y el clima constituyen sucesos naturales que vivimos a diario y que influyen en nuestra existencia. Muchas conversaciones se inician preguntando qué tiempo hará en los próximos días y no suele resultar nada fácil ofrecer una respuesta inmediata. La evolución meteorológica en la atmósfera de nuestro planeta Tierra es muy compleja y no cesa de deparar sorpresas.

Esta obra pretende mostrar el contexto en que se producen los fenómenos meteorológicos. Las borrascas, que en los últimos años han causado graves daños en todas las regiones de la Tierra, evidencian que la climatología nos afecta a todos. Las tablas sinópticas con datos obtenidos del Servicio Meteorológico Alemán *(Deutscher Wetterdienst)* y del Instituto Nacional de Meteorología de España, con «registros meteorológicos» de España y del resto del mundo, revelan los extremos que pueden alcanzar los elementos meteorológicos aislados.

El Sol aporta energía y desata en la atmósfera las fuerzas que conforman el clima. La acción combinada del Sol, el agua y el viento da lugar a la meteorología y al clima. Muchos fenómenos individuales pueden reconocerse mediante observaciones sencillas. Por eso esta obra dedica un amplio apartado a los fenómenos atmosféricos cuyo seguimiento queda al alcance de cualquiera.

La clave de la meteorología estriba en la combinación de los elementos meteorológicos: la presión atmosférica, la temperatura ambiente, la humedad del aire, la densidad del aire, las corrientes de aire, la visibilidad, la nubosidad y las precipitaciones. Ellos constituyen además el esqueleto de todos los mapas meteorológicos que ofrecen una idea del tiempo que hará mañana. Las situaciones meteorológicas generales típicas de Europa se repiten una y otra vez, y van acompañadas de una meteorología muy concreta en cada región particular.

El comportamiento de las zonas de altas y bajas presiones ante las corrientes de aire repercute en la evolución del tiempo atmosférico y en la formación de los distintos tipos de vientos. A este respecto no deben pasarse por alto la rotación de la Tierra ni el efecto desviador de las montañas. Asimismo hay que considerar el efecto de los cambios climáticos globales y sus posibles causas.

La importancia del tiempo y el clima para la humanidad ha favorecido la creación de institutos meteorológicos en todas las zonas de la Tierra para vigilar el tiempo y el estado del clima a través de numerosas estaciones locales de medición. La tarea de los institutos de meteorología consiste en realizar pronósticos cada vez más precisos. La previsión meteorológica se ha vuelto igual de indispensable tanto para desarrollar actividades profesionales como para organizar el tiempo libre.

Los datos cedidos por el Servicio Meteorológico Alemán (DWD) de Offenbach resultaron cruciales para la confección de este volumen. El autor agradece sinceramente a Monika Mohr, del Departamento de Relaciones Públicas del DWD, la ayuda prestada. Asimismo manifiesta su agradecimiento al resto de personas

e instituciones que han colaborado en la planificación y la publicación de esta obra: a Johannes Vergeiner, Institut für Meteorologie und Geophysik, Universidad de Insbruck, por la información cedida sobre el foehn, a la Deutsche Meteorologische Gesellschaft (DMG) en Traben Trarbach (Sabine Theunert), a EUMETSAT en Darmstadt, a la Münchener Rückversicherungs-Gesellschaft en Munich (Angelika Wirtz), a Thies Messgeräte en Gotinga (Horst Schlöder), así como a Barbara von Damnitz por la elaboración de todas las gráficas, a los fotógrafos y al personal de la editorial.

Günter D. Roth

El foehn deforma los altocúmulos y les confiere un aspecto ondulado.

La meteorología nos afecta a todos

Se empieza con observaciones sencillas. Todos notamos que las temperaturas que muestra el termómetro no siempre coinciden con nuestra percepción de las mismas. Las temperaturas bajo cero en invierno resultan más frías cuando sopla un viento fuerte. En cambio, un par de grados bajo cero no parecen tan desagradables cuando el viento está en calma. Esto se debe a que el balance calorífico del ser humano no sólo se rige por la temperatura ambiente, sino también por la velocidad del viento, la humedad del aire y la radiación solar. Estas influencias en las personas y en su bienestar varían con la meteorología.

Otro ejemplo. El aire templado procedente del Atlántico discurre hacia Europa central y tropieza allí con aire frío procedente de Rusia, tal como ocurrió en diciembre de 1997. El aire caliente a varios grados sobre cero se sitúa a dos kilómetros de altura sobre la capa de aire gélido que se localiza a ras de suelo. Cuando las gotas de lluvia llegan a esta capa, se enfrían hasta alcanzar cinco o más grados bajo cero, y cuando alcanzan el suelo se convierten de inmediato en una capa de hielo tan uniforme como un espejo. Entonces, los periódicos informan de que «el hielo repentino provoca el caos en el tráfico rodado».

La confluencia de masas de aire frío y caliente no deja de deparar situaciones meteorológicas inesperadas. En las regiones limítrofes, suelen formarse intensas zonas de bajas presiones que conllevan tormentas y lluvias copiosas. Cuando la presión atmosférica experimenta una caída pronunciada en cuestión de pocas horas, debe interpretarse como un signo de aparición de borrascas.

Año tras año vivimos en las latitudes medias una meteorología bastante variada. Los cambios se deben a las estaciones del año: en invierno hay nieve, barro y escarcha, en primavera predomina el «tiempo de abril» con golpes de frío y chubascos a menudo en forma de nieve. A continuación llega el verano, que suele deparar menos ratos de baño que los deseados por la mayoría de nosotros y conlleva tormentas inconstantes que por lo general sorprenden a los excursionistas de montaña a mediodía, después de que el cielo azul de la mañana les infundiera falsas esperanzas. Las precipitaciones menudas y persistentes tampoco escasean en los veranos de la Europa central y del este y caracterizan muchas situaciones meteorológicas orientales durante esta época del año. En cambio, el «veranillo de las buenas mujeres» del mes de septiembre asegura cierta prolongación del clima soleado y no es raro que preludie un «octubre dorado». Pero entonces los días ya son bastante cortos y la intensidad de la radiación solar disminuye notablemente. En otoño, los días pueden ser claros, pero también deparan las temidas nieblas rasantes y nieblas altas que persisten a lo largo de toda la jornada. Las tormentas otoñales son un peligro para la navegación en alta mar y en la costa. Con ellas llega la época de las lluvias y las primeras nevadas en las zonas del interior.

Fotografía de la Tierra obtenida por el satélite meteorológico METEOSAT. El satélite se encuentra sobre el ecuador a 0 grados de longitud. A 36 000 kilómetros de altura, las cámaras abarcan alrededor de un tercio de la superficie terrestre. Cada día se efectúan 48 tomas del aspecto de las nubes en un máximo de tres canales espectrales: en el canal visible para captar imágenes de las nubes con luz diurna (esta imagen) y en el canal infrarrojo para captar las formaciones nubosas de día y de noche (compárese con la fotografía de la página 258). Estas tomas suelen utilizarse como secuencias gráficas para informar sobre la previsión meteorológica en televisión. El canal espectral del vapor de agua muestra la distribución de la humedad en zonas de la atmósfera carentes de nubes (compárese con la fotografía de la página 259).

Jamás podemos estar seguros de que el tiempo atmosférico no va a deparar situaciones extraordinarias. «Diluvio desde los Alpes hasta el mar», así tituló un periódico la noticia de las fuertes tormentas que cayeron en Suiza, Francia e Italia en octubre de 1993. En muchas localidades, el agua alcanzó dos metros de altura después de los aguaceros. La crecida del siglo que sufrió el Oder en julio de 1997 resultó catastrófica para muchas personas del este de Alemania y de Polonia. En Frankfurt del Oder el agua alcanzó el nivel más alto desde que se empezó a medir en el siglo XVIII con 6.36 metros, un centímetro por encima del máximo que se produjo durante las inundaciones catastróficas de 1930. El nivel medio del agua asciende allí a 2.28 metros.

En otoño de 2000, Inglaterra, el norte de Italia y Suiza quedaron anegados por precipitaciones muy persistentes y más abundantes de lo normal. Los daños causados por inundaciones y corrimientos de tierra ascendieron a varios miles de millones. Estas tormentas y lluvias intensas se desencadenaron como consecuencia de bajas presiones muy acentuadas.

En julio de 2001, una lluvia persistente de varios días con una tasa de precipitación horaria de entre 30 mm y 50 mm provocó una crecida devastadora en Polonia. La rotura de presas a lo largo del Vístula anegó muchas localidades a derecha e izquierda del río.

Algunos días antes de la Navidad de 2001, la depresión «Laurin» deparó densas nubes de agua y nieve así como vientos duros en Europa occidental y central. Como consecuencia de la nevada del 21 de diciembre se formó un «mega-atasco» en la A9 alemana: «Desde Núremberg hasta la frontera con Turingia más allá de Hof era imposible avanzar; más de 100 000 personas que salían o regre-

Crecida del río Ilm en Weimar.

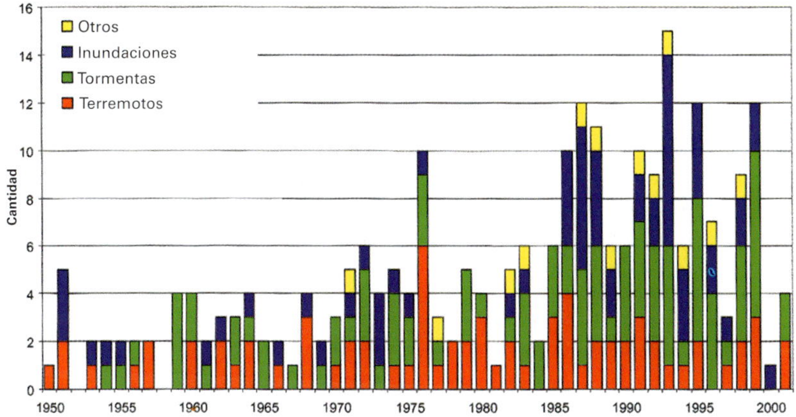

Grandes catástrofes naturales entre 1950 y 2001. Todas ellas causaron más de 100 muertos y/o pérdidas materiales superiores a 100 millones de dólares. Gráfica de Münchener Rück.

saban permanecieron hasta 16 horas en el atasco. En todo el norte de Baviera el tráfico llegó a detenerse en 180 kilómetros» (*Süddeutsche Zeitung*, Navidad; 24, 25 y 26 de diciembre de 2001).

En junio de 1992 pasó por el centro de Alemania una divisoria meteorológica. En el sur, el tiempo fue demasiado húmedo y poco soleado; en el norte fue demasiado seco y soleado. En ningún lugar de las zonas costeras se recogieron más de 10 mm de lluvia a lo largo de todo el mes, mientras que en Bad Kissingen cayeron 73 mm sólo durante la jornada del 20 de junio. No obstante, estas anomalías no tienen por qué ser indicio de ningún cambio climático.

El tiempo atmosférico es lo que sucede en la atmósfera a lo largo de un día. El clima de Berlín, Zurich o Viena caracteriza la situación atmosférica que impera en esas ciudades a lo largo de un año. El clima también aporta cierta información sobre lo que ocurre en la atmósfera de un lugar o una comarca determinada a medida que transcurren las estaciones del año. Y la determinación del clima se basa en las condiciones meteorológicas promedio que revelan las observaciones y registros tomados durante un mínimo de diez años.

No obstante, las situaciones extremas e inesperadas no son lo único que confiere su atractivo al tiempo atmosférico y al clima. ¿Debemos o no debemos dejar el paraguas en casa al salir por la mañana al trabajo? ¿Qué tiempo hará el fin de semana o incluso durante todas las vacaciones? Todos nos planteamos constantemente estas preguntas y otras similares. Las respuestas acudirán con más facilidad y fiabilidad si, además de conocer la previsión meteorológica oficial, contamos con un conjunto de experiencias propias y sabemos en qué se basan las observaciones meteorológicas.

Es razonable que los meteorólogos actuales se sientan orgullosos de sus previsiones sobre el tiempo: «Se prospera cuando las predicciones económicas alcanzan al menos la misma calidad que las previsiones meteorológicas» (declaraciones realizadas en abril de 1984 por la Sociedad Meteorológica Alemana –Deutsche Meteorologische Gesellschaft–). El Servicio Meteorológico Alemán (DWD) efectúa en la actualidad pronósticos de siete días. La tasa de acierto de los pronósticos ha ido mejorando de forma constante (situación en 1999):

24 horas	más del 95 por ciento
48 horas	95 por ciento
72 horas	más del 90 por ciento
96 horas	más del 85 por ciento
120 horas	más del 80 por ciento
144 horas	más del 75 por ciento
168 horas	70 por ciento

En comparación, la tasa de acierto del pronóstico de 24 horas se situaba en 1978 alrededor del 80 por ciento y la del pronóstico de 72 horas rozaba el 75 por ciento.

Los posibles cambios climáticos constituyen un tema que suscita numerosos debates. Las causas de los mismos pueden estribar tanto en la actuación de la civilización humana como en efectos de la propia Tierra (erupciones volcánicas) y del Sol.

Los estudios geológicos, paleobotánicos, paleozoológicos y glaciológicos demuestran que la climatología terrestre ha variado en diversas ocasiones. El ejemplo mejor conocido lo constituyen las glaciaciones. Aún no hemos comprobado con precisión si hoy en día nos encaminamos hacia un cambio climático a gran escala pero, en cualquier caso, el hecho de que a menudo se reconozcan diferencias meteorológicas extremas como las registradas en las últimas décadas no permite concluir el advenimiento de una nueva época glacial o de sequía en Europa. No obstante, aumentan los «huracanes del siglo» como el «Andrew», que pasó por Florida en agosto de 1992. En las zonas europeas y atlánticas también aumentan las depresiones huracanadas en estado muy avanzado que deparan tormentas de una intensidad desconocida hasta el momento en las regiones del interior (como «Vivian» y «Wiebke» en 1990, o «Lothar» en 1999). El fenómeno meteorológico de El Niño, una corriente de agua cálida del Pacífico, libera lluvias torrenciales en regiones áridas y provoca sequías en regiones ricas en precipitaciones del sudoeste asiático y de América.

Existen varios indicios de que la acción civilizadora del ser humano influye mucho más en el clima de lo que se había pensado en un principio. Un ejemplo de ello lo ofrece el fuerte incremento de suelos sellados artificialmente como consecuencia de la colonización. Desde 1950 hasta 1977, se hormigonaron cada día 94 hectáreas de terreno en la República Federal de Alemania, mientras que desde 1981 hasta 1985 la cifra aumentó hasta las 120 hectáreas de terreno al día. El clima urbano se expande. Éste se caracteriza por el hecho de que im-

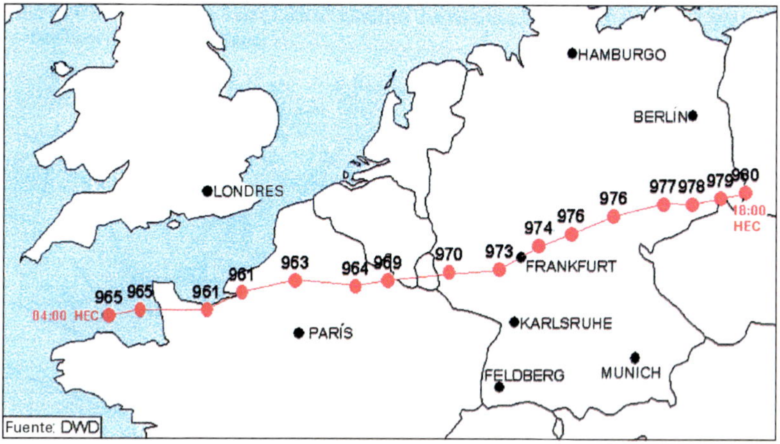

Recorrido del huracán «Lothar» el 26 de diciembre de 1999. Los puntos indican el centro de la depresión cada tres horas (números sobre los puntos: presión central en hectopascales; HEC: hora de Europa Central). Fuente: Serv. Meteor. Alemán, 2000.

Picos de racha en Francia en km/h		*Picos de racha en Alemania en km/h*	
Ploumanach	148	Sarrebruck	130
Lann Bihoue	162	Lahr	144
Rennes	126	Friburgo	130
Alençon	166	Feldberg Schwarzw.	212
Ruán	140	Weinbiet	184
Chartres	144	Karlsruhe	151
Paris Montsouris	169	Freudenstadt	122
Orly	173	Klippeneck	155
Troyes	148	Öhringen	122
Dijon	126	Stuttgart	144
Metz	155	Stötten	176
Nancy	144	Zugspitze	196
Colmar	165	Harburg	122
Estrasburgo	144	Augsburgo	130
		Hohenpeissenberg	173
		Wendelstein	259
		Chieming	122
		Straubing	126
		Ratisbona	122
		Großer Arber	162
		Fichtelberg	173

El huracán «Lothar» se desató entre el 26 y 27 de diciembre de 1999 sobre una extensión aproximada de 150 km a lo largo de un eje sobre Bretaña, el sur de Normandía, Ile de France, Champaña, Ardenas, Lorena, Alsacia y el sur de Alemania (informes de la Deutsche Meteorologische Gesellschaft e.V. 3/2000, pág. 17).

Localidad de Homestead, en Florida, tras el paso del huracán «Andrew» en agosto de 1992.

pide la evaporación de las precipitaciones, desagua la lluvia, aumenta el grado de nubosidad, incrementa el polvo y la bruma, reduce la cantidad de Sol y provoca fuertes diferencias de temperatura en el hormigón.

Otro ejemplo lo constituye el avance de la desertización en las zonas donde se han practicado desmontes excesivos o donde la superficie agrícola útil se ha empleado de manera poco satisfactoria.

Así, en el sudeste de Kenia (África) las lluvias monzónicas caen desde hace una década en un territorio bastante más reducido de lo habitual. Las dehesas para el ganado disminuyen y el sustento de la población se ve amenazado. Para arreglárselas a corto plazo, se talan los bosques cercanos, la madera se transforma en carbón y el carbón vegetal se vende en Arabia Saudí. No obstante, donde deja de haber árboles se producen aún menos precipitaciones y el viento inicia un proceso de arrastre de los suelos fértiles. El nivel freático desciende y un nuevo desierto vuelve a amenazar en breve la vida de las personas. La comunidad científica opina que los desmontes de África, Sudamérica y Asia no han ocasionado un cambio climático en la Tierra, pero lo aceleran. Numerosos desmontes incendiarios en Indonesia dejaron en llamas 300 000 hectáreas de terreno en septiembre de 1997. Las formaciones de humo ensuciaron el aire de todo el sudeste asiático e invadieron Malaisia, Singapur y sobre todo Sumatra y Borneo, donde los incendios causaron estragos. Los efectos de la polución atmosférica, que provocó afecciones en las vías respiratorias y en la vista a miles de personas, se detectaron hasta en Filipinas. Los incendios tuvieron una incidencia especialmente desastrosa debido a la sequedad imperante, y esto parece señalar hacia el mencionado fenómeno meteorológico de El Niño.

En la conferencia sobre el clima celebrada en Marrakech en noviembre de 2001, se establecieron los últimos detalles para completar los protocolos de Kioto. Los países industrializados se comprometen a reducir sus emisiones de gases invernadero entre 2008 y 2012 en una cantidad total mínima de un 5 por ciento en comparación con 1990. En el marco del reparto de la carga en la UE, Alemania se ha comprometido a reducir en un 21 por ciento la producción de los seis gases invernadero más relevantes (dióxido de carbono, metano, óxido nitroso, hexafluoruro de azufre e hidrocarburos fluorados así como halogenados) en ese intervalo temporal.

Ya se ha dado un primer paso, pero éste resultaría absurdo si los estudios científicos descubrieran que, junto a los factores antropogénicos, es decir, los causados por la humanidad, los factores naturales alteran el clima con más intensidad de lo que se ha supuesto hasta ahora. Entre los factores naturales se cuentan la constante solar, los episodios de vulcanismo súbito y la interacción entre los océanos y la atmósfera. Este último factor da lugar a los fenómenos conocidos bajo el término oscilación, como por ejemplo la oscilación Nordatlántica y la oscilación del Sur, a las cuales va asociada el fenómeno de El Niño (véase pág. 225).

Un estudio publicado en 2000 por el investigador climático de Frankfurt Christian Schönweise merece especial atención por dos motivos. Por un lado, porque sólo se basa en datos observacionales y se puede considerar una alternativa a los cálculos ya conocidos efectuados sobre modelos climáticos. Por otro, porque la repercusión de la acción humana en la temperatura del aire a ras de suelo no se puede ignorar puesto que, a diferencia de la incidencia del vulcanismo, la actividad solar y los fenómenos de oscilación, aquélla se manifiesta con claridad desde un punto de vista estadístico.

Registros meteorológicos en las capitales de provincia de España desde el año 1880

(actualizado hasta diciembre de 2000)

Temperaturas máximas y mínimas absolutas mensuales

Mes	Máxima	Mínima
Enero	29.2 °C, Alicante, 1982	−21.5 °C, Teruel, 1952
Febrero	30.5 °C, Las Palmas G.C., 1960	−22.5 °C, Albacete, 1944
Marzo	35.4 °C, Santa Cruz T., 1951	−15.6 °C, Cuenca, 1971
Abril	41.0 °C, Pontevedra, 1968	−9.2 °C, Soria, 1895
Mayo	39.1 °C, Sevilla, 1999	−7.6 °C, Burgos, 1945
Junio	45.2 °C, Sevilla, 1965	−3.0 °C, Soria, 1894
Julio	47.2 °C, Murcia, 1876	−1.0 °C, Soria, 1890
Agosto	45.0 °C, Alicante, 1881	0.4 °C, Soria, 1890
Septiembre	43.8 °C, Córdoba, 1988	−3.0 °C, Ávila, 1984
Octubre	39.0 °C, Cáceres, 1909	−8.6 °C, Soria, 1890
Noviembre	36.2 °C, Las Palmas G.C., 1997	−17.4 °C, Soria, 1890
Diciembre	31.6 °C, Huelva, 1971	−21.0 °C, Vitoria, 1962

Temperaturas medias mensuales promediadas durante los últimos años

Mes	Media máxima	Media mínima
Enero	17.9 °C, Santa Cruz T.	2.6 °C, Burgos
Febrero	18.0 °C, Santa Cruz T.	4.0 °C, Soria y Ávila
Marzo	18.6 °C, Santa Cruz T.	6.6 °C, León
Abril	19.2 °C, Santa Cruz T.	7.7 °C, Burgos
Mayo	20.5 °C, Santa Cruz T.	11.1 °C, Burgos
Junio	23.4 °C, Sevilla	15.0 °C, Burgos
Julio	26.9 °C, Córdoba	17.2 °C, Lugo
Agosto	26.9 °C, Sevilla	17.8 °C, Lugo
Septiembre	24.4 °C, Sta. Cruz T. y Sevilla	16.0 °C, Lugo
Octubre	22.9 °C, Santa Cruz T.	11.1 °C, Burgos
Noviembre	20.8 °C, Santa Cruz T.	5.9 °C, Burgos
Diciembre	18.8 °C, Santa Cruz T.	3.2 °C, Burgos

Precipitaciones (mm) (1 mm de precipitaciones = 1 litro por metro cuadrado de superficie)

La mayor tasa de precipitaciones registrada en un día se produjo el 30 de septiembre de 1997 en Alicante, con 270 mm. De hecho, la descarga se produjo en tan sólo 6 horas y causó cinco muertos. El fenómeno afectó a otras áreas de Levante (Murcia, Valencia). Siguen en orden de intensidad los registros diarios del 17 de noviembre de 1956 en Valencia (263 mm), del 26 de agosto de 1983 en Bilbao (253 mm) y del 19 de octubre de 1982 en Alicante (235 mm). Este último evento formó parte de las inundaciones que duraron hasta el día 21, causaron unos 40 muertos, requirieron evacuar cien mil personas y durante las cuales se colapsó la presa de Tous.

La tasa mínima de precipitaciones en un mes es de 0 mm y se ha registrado en multitud de ocasiones en muchos observatorios de España a lo largo de la historia.

Registros meteorológicos de la Tierra

Temperatura
Máxima temperatura ambiente: 57.3 ºC en Al'Aziziyah, Libia (112 m sobre el nivel del mar) en agosto de 1923.
Máxima temperatura media: 34.6 ºC en Dalul, Etiopía (79 m bajo el nivel del mar) desde noviembre de 1960 hasta octubre de 1966.
Mínima temperatura ambiente: −89.2ºC en Vostok, Antártida (3420 m sobre el nivel del mar el 21 de julio de 1983.
Mínima temperatura media: −55.1 ºC en Vostok, Antártida (desde 1961 hasta 1990).

Precipitaciones
Tasa máxima de precipitaciones en 24 horas: 1870 l/m^2 en Cilaos, isla La Réunion (océano Índico) entre el 15 y el 16 de marzo de 1952.
Tasa máxima de precipitaciones anuales: 26 461 l/m^2 en Cherrapunji, India (1312 m sobre el nivel del mar) desde el 01 de agosto de 1860 hasta el 31 de julio de 1861.
Tasa máxima de precipitaciones medias anuales: 11 684 l/m^2 en el monte Waialeale Kauai, Hawai (1547 m sobre el nivel del mar) desde 1912 a 1945.
Tasa mínima de precipitaciones medias anuales: 0.7 l/m^2 (oasis Dachla, Egipto) desde 1932 hasta 1985.
Cantidad total máxima de nieve caída en una estación de invierno: 26.1 m (Rainier Paradise Ranger, Estado de Washington, EE UU) 1970/71.
Cantidad total máxima de nieve caída en un año: 31.1 m (Rainier Paradise Ranger, Estado de Washington) del 19 de febrero de 1971 al 18 de febrero de 1972.

Presión atmosférica (convertida al valor correspondiente al nivel del mar)
Máxima presión atmosférica: 1083.8 hPa en Agata, noroeste de Siberia (263 m sobre el nivel del mar) el 31 de diciembre de 1968.
Mínima presión atmosférica: 870 hPa (registrada durante el tifón «Tip» a 482 km al oeste de Guam en el Pacífico) el 12 de octubre de 1979.

Tiempo soleado
Máxima media de tiempo soleado: 4040 horas (= 91% del máximo astronómico) en Yuma, Arizona, entre 1951 y 1978.
Mínima media de tiempo soleado: 478 horas (= 11% del máximo astronómico) en la isla de Orkney del sur, costa norte de Escocia entre 1903 y 1950, y entre 1978 y 1991.

Viento
Media máxima en 10 minutos: 372 km/h (monte Washington, Nueva Hampshire, EE UU, a 1909 m) el 12 de abril de 1934.
Máximo de ráfagas: 416 km/h (monte Washington, Nueva Hampshire, EE UU, a 1909 m) el 12 de abril de 1934.

Lugar con el máximo anual de días lluviosos (0.1 l/m^2 por minuto)
325 días en la isla Campbell, en el Pacífico sur (junto a Nueva Zelanda) desde 1941 hasta 1957.

Temperatura máxima en el polo sur
−13.6 ºC el 27 de diciembre de 1978.

Máximo contraste entre las temperaturas máximas y las mínimas
106.7ºC en Verjoyansk (Rusia).

Recorrido máximo seguido por un tornado
469 km en Illinois (Indiana, EE UU) el 26 de mayo de 1917.

(Fuente: Servicio Meteorológico Alemán, relaciones públicas/portavoz de prensa, Frankfurter Straße 135, 63067 Offenbach.)

Fuerzas que conforman el tiempo atmosférico

El tiempo atmosférico tiene muchas caras. Cuando se sigue con atención durante cierto tiempo la evolución meteorológica, se aprecian condiciones diversas que a menudo cambian de manera muy repentina (de pronto brilla el Sol, aparecen nubes, corrientes de aire, precipitaciones). Todas ellas se producen en la superficie terrestre, en la atmósfera de nuestro planeta Tierra.
En efecto, la atmósfera conforma el escenario de todas las representaciones meteorológicas que van asociadas al transcurso del año. La Tierra posee una atmósfera bastante densa que también resultó ser una condición previa indispensable para la aparición de la vida en el planeta. Las personas, los animales y las plantas necesitan el oxígeno de la atmósfera para respirar, y las plantas elaboran su sustento sirviéndose de la energía del Sol mediante la asimilación del dióxido de carbono, que asimismo se halla en la atmósfera. Por último, la cantidad de vapor de agua en el aire, cuyo máximo posible asciende al 4%, resulta determinante para la meteorología.
Los gases esenciales de la atmósfera son:

78% de nitrógeno
21% de oxígeno
1% de otros gases diversos (por ejemplo, argón, dióxido de carbono).

El nitrógeno actúa ante todo como un diluyente que equilibra la acción del oxígeno. La cantidad de gases traza se sitúa por debajo del 0.1%. Hay gases traza que se mantienen constantes en el espacio y en el tiempo (neón, helio, criptón, hidrógeno, xenón). La abundancia de otros gases traza depende de la interacción con la radiación y por lo tanto aparecen en cantidades variables (vapor de agua, dióxido de carbono, ozono, metano, etc.). El vapor de agua llega a la atmósfera de manera constante procedente de las masas de agua, de las zonas de la superficie terrestre cubiertas de nieve y hielo, y de la evaporación que se produce en las regiones con vegetación, lo cual da lugar a la formación de masas nubosas.
Igualmente, un componente variable e importante de la atmósfera lo conforma el ozono, una forma de oxígeno atómico que se produce mediante la descomposición del O_2. La atmósfera terrestre cuenta con una capa de ozono que bloquea el paso de la peligrosa radiación solar ultravioleta mediante la absorción de la misma. Esta función conlleva la descomposición del ozono, el cual debe volver a formarse.
Otros constitutivos de la atmósfera los representan tanto las partículas pulverulentas como las químicas y orgánicas provenientes de la superficie terrestre y

◁ El Sol, una estrella, proporciona a la Tierra la energía que necesita. El clima y el tiempo dependen de la energía solar.

del espacio. Estas partículas desempeñan un papel crucial para la aparición de precipitaciones (lluvia, nieve, etc.). Las partículas en suspensión de polvo, hollín y otros elementos que contribuyen a la contaminación del aire se manifiestan sobre todo en las capas bajas de la atmósfera.

Una polución intensa del aire impide que la radiación solar llegue a la superficie. Si se mantiene de manera permanente, la contaminación puede deparar un enfriamiento planetario y cambios climáticos desfavorables. Por otra parte, la producción energética de la humanidad aumenta cada año y esto aporta al aire grandes cantidades adicionales de dióxido de carbono. Una proporción creciente de dióxido de carbono bloquea la reflexión de la radiación solar de la superficie terrestre al espacio exterior («efecto invernadero»), lo cual genera un calentamiento planetario. Igual que ocurría con la posibilidad de un enfriamiento, el calentamiento produciría a la larga unos cambios climáticos en la superficie terrestre que podrían poner en peligro la existencia humana.

Como las partículas en suspensión que contaminan el aire se concentran en las capas bajas de la atmósfera, la composición y la densidad de la misma dependen de la altura. Sin embargo, la composición química de la atmósfera muestra bastante uniformidad hasta los 100 kilómetros de altura. El tránsito de la atmósfera mezclada (homosfera) a la atmósfera dispersa no mezclada (heterosfera) se completa en la homopausa. Los constituyentes más ligeros y más pesados del aire se separan en la heterosfera. Gases como el helio y el hidrógeno se concentran más a partir de 100 kilómetros de altura, mientras que en las capas bajas apenas se detectan trazas de los mismos.

La división de la atmósfera en capas se puede describir desde distintos puntos de vista. Junto a la estratificación electromagnética y físico-química, la magnitud de la temperatura, la presión atmosférica y la densidad del aire determinan la estructura vertical de la atmósfera. En la **troposfera,** que llega hasta una altura de 15 kilómetros, la heterogeneidad del aire es especialmente acusada. Aquí se producen los fenómenos meteorológicos, se forman las nubes y ocurren las precipitaciones. Le sigue la **tropopausa,** una capa intermedia que separa la troposfera de la capa que yace sobre ella, la **estratosfera,** la cual disfruta de relativa estabilidad (véase la ilustración de la derecha). En la estratosfera se produce un incremento de la temperatura motivado por la capa de ozono. Este incremento de temperatura alcanza su máximo en la **estratopausa.** Encima de ella, en la **mesosfera,** la temperatura vuelve a descender hasta alcanzar en la mesopausa un valor mínimo. Por encima de la **mesopausa,** la absorción de la radiación solar provoca otro aumento de la temperatura. Esta capa se denomina **termosfera** y abarca hasta unos 600 kilómetros de altura. En ella no sólo se produce la absorción de la radiación solar, sino también la disgregación y la ionización de las partículas atmosféricas más diminutas (átomos, moléculas), sobre todo en el ámbito de la **ionosfera** (a partir de unos 90 kilómetros de altura), la cual se conoce por la absorción y reflexión de ondas de radio (véase ilustración en la pág. 23). La capa más externa de la atmósfera comienza a 600 kilómetros de altura y se denomina **exosfera.** En ella, los átomos con velocidad de escape pueden fugarse del campo gravitatorio terrestre.

Estructura de la atmósfera

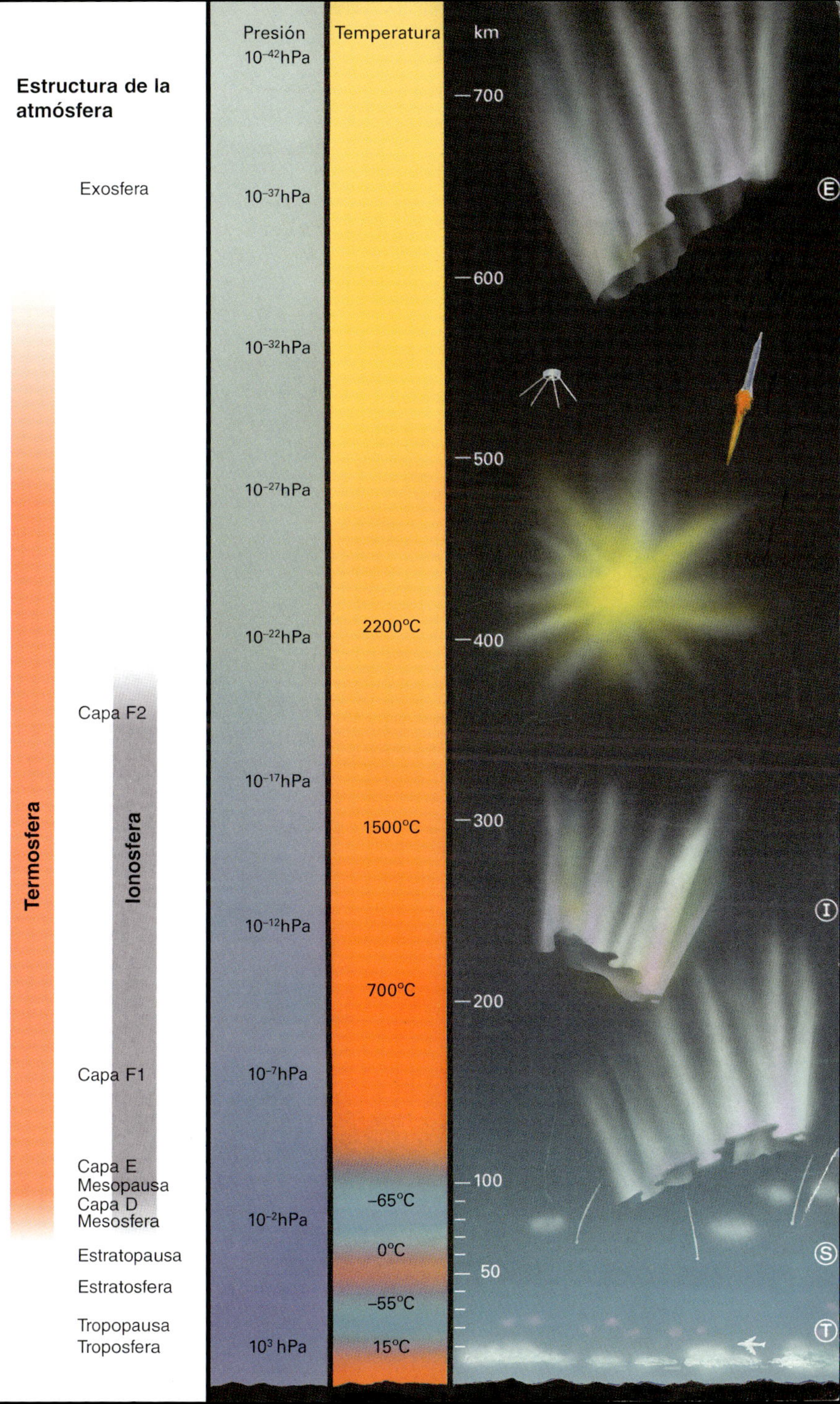

En las capas altas de la atmósfera y como consecuencia de una densidad gaseosa muy escasa, las temperaturas no indican ya el calor preciso perceptible, sino la energía cinética promedio de las moléculas de aire existentes.
El intercambio de masas de aire entre la troposfera y la estratosfera ejerce una gran influencia en la distribución global de los gases traza (¡ozono!) y sus repercusión en la radiación disponible. Esto también tiene relevancia para valorar el estado del clima y su evolución futura. Aún no se ha aclarado por completo qué función desempeña la tropopausa en el transporte de masas de aire. Durante la interacción entre la troposfera y la estratosfera se establecen dependencias con las variaciones irregulares de la presión atmosférica en los trópicos y de la temperatura del agua en el Pacífico ecuatorial y otras oscilaciones (oscilación del Atlántico Norte). Éstas permiten deducir si, por ejemplo, se dará un invierno frío o suave en el hemisferio norte. En todas estas consideraciones deben tenerse en cuenta asimismo factores externos, como la actividad solar y erupciones volcánicas intensas.
Las capas situadas más arriba, la mesosfera y la termosfera, muestran un acoplamiento con alteraciones, por ejemplo, de los gases invernadero, que pueden detectarse midiendo la intensidad del campo en la gama de ondas largas (mesosfera) y mediante sondas iónicas (termosfera). En este caso aún se necesitan con urgencia series de mediciones a largo plazo.
Quienes practican el montañismo o la aviación saben por experiencia que, a medida que se asciende, el aire se torna más tenue y frío. Asimismo, la presión atmosférica disminuye con la altura mientras que en la superficie terrestre alcanza valores notables.
Las primeras mediciones barométricas de la presión atmosférica fueron efectuadas por un discípulo de Galileo Galilei llamado Torricelli. Éste empleó un tubo de vidrio doblado en forma de U para comprobar que la presión atmosférica al nivel del mar está en condiciones de equilibrarse con una columna de mercurio de 760 mm de altura. El mercurio es un elemento relativamente pesado.
La determinación de la presión atmosférica mediante barómetros de mercurio permite aplicar correcciones adicionales para evitar errores. El mercurio se dilata al calentarse. Así pues, para realizar las mediciones debe tenerse en cuenta la temperatura o reducir los resultados obtenidos a 0º C. Como la Tierra gira, la fuerza centrífuga que tira hacia el exterior de la misma atenúa los efectos de la gravedad que atrae los cuerpos hacia el centro del planeta. Este efecto se aprecia con especial intensidad en el ecuador, mientras que en los polos resulta imperceptible. Por tanto, el peso de la columna de mercurio varía en distintos puntos de la superficie terrestre.
La organización meteorológica mundial resolvió que a partir del primero de enero de 1985 sólo se usara el hectopascal (hPa) como unidad para expresar la presión atmosférica en meteorología. Un pascal equivale a la presión que ejerce la fuerza vertical de un Newton (N) sobre una superficie de un metro cuadrado. Desde el punto de vista de la física, 100 pascales (es decir, un hectopascal) se corresponden con un milibar (mbar), de modo que los datos que aparecen en

escalas y tablas con la designación mbar se mantienen tal cual. Basta con poner la designación hPa en el lugar de mbar.

Una columna de mercurio de 760 mm = 1013.2 mbar = 1013.2 hPa

La columna de aire disminuye a medida que aumenta la altura y con ella se reduce la presión. El aire pesa menos y la temperatura desempeña un papel fundamental en este fenómeno. En promedio se pueden esperar los siguientes descensos de presión a medida que aumenta la altura:

Altura (m)	Presión (hPa)	Temperatura (° C)	Densidad (kg/m³)
0	10013	15.0	1.225
111	1000	14.3	1.212
988	900	8.6	1.113
1949	800	2.3	1.012
3012	700	–4.6	0.908
4206	600	–12.3	0.802
5574	500	–21.2	0.692
16180	100	–56.5	0.161

La relación entre la altura barométrica y la altitud es fundamental para medir la presión atmosférica con el altímetro.
La fórmula barométrica de la altura, según la cual la presión desciende a la mitad con cada incremento de altura en 5.5 kilómetros, no es válida hasta los confines de la atmósfera. Asimismo, el enfriamiento observado no se prolonga hasta grandes alturas. Además, las irregularidades en cuanto a distribución de densidad en las capas superiores de la atmósfera están influidas por la evolución de la temperatura. La temperatura varía de forma diversa dependiendo de la diferente absorción que experimenta cada componente de la radiación solar dentro de la atmósfera.

Temp. del aire	a 10 km de altura	–60° C	a 80 km de altura	–90° C
	a 50 km de altura	0° C	a 150 km de altura	+1000° C

Aunque los fenómenos atmosféricos se concentran en las capas de aire que llegan hasta los 15 kilómetros de altura, los estratos superiores de la atmósfera también merecen gran atención. Constituyen las «regiones de contacto» para la radiación procedente del espacio y, en especial, para la radiación solar. Estas capas responden de manera específica ante la radiación incidente y contribuyen a dosificarla. El ejemplo más conocido lo constituye la capa de ozono que absorbe toda la radiación solar ultravioleta (radiación UVA) con una longitud de onda inferior a 300 nm (nanómetros, la millonésima parte de un milímetro). También los rayos X procedentes del Sol son absorbidos por completo en una capa alta de la atmósfera. El aire, que a esas altitudes es muy tenue, actúa en cambio con tanta eficacia como una plancha de plomo de varios metros de grosor. La parte inferior de la atmósfera terrestre conforma el espacio donde se producen los fenómenos meteorológicos, de modo que el Sol representa la fuente de energía que alimenta los mismos y, en consecuencia, para conocer las fuerzas que dan lugar al tiempo atmosférico hay que profundizar algo más en la radiación solar.

Datos sobre las dimensiones del Sol

Radio 696 000 km (109 radios terrestres)
Superficie 6.087 × 10^{12} km^2 (11 930 veces la superficie terrestre)
Volumen 1.412 × 10^{18} km^3 (1 304 000 veces el volumen de la Tierra)
Masa 1.98 × 10^{30} kg (333 000 masas terrestres)
Densidad media 1.41 g/cm^{-3} (0.26 veces la densidad de la Tierra)
Temperatura (en superficie) 5785 K
Emisión energética (en superficie) 63 500 kW/m^{-2}
Tipo espectral G2V
Periodo sidéreo de rotación 25.38 días
Periodo sinódico de rotación 27.27 días

Sólo una parte de la radiación solar alcanza la superficie terrestre. La atmósfera experimenta un calentamiento casi irrelevante al ser atravesada por los rayos del Sol. La radiación sólo es absorbida cuando llega a la superficie. De este modo, la superficie se calienta y eleva la temperatura de la atmósfera de abajo arriba, un proceso que puede compararse de manera simplificada con el calentamiento de una sartén al ponerla al fuego de una cocina.
Cada región de la Tierra recibe una cantidad distinta de radiación solar que depende de la latitud geográfica, la hora del día y la estación del año:

Las latitudes próximas al ecuador reciben mucha más radiación solar que las latitudes cercanas a los polos.

En verano incide mayor cantidad de radiación solar que en invierno. El verano del hemisferio norte de la Tierra coincide con el invierno del hemisferio sur y viceversa.
No obstante, los efectos de la radiación de energía solar sobre la superficie terrestre también dependen de las condiciones que imperan en dicha superficie. Así, la tierra firme y las zonas marítimas presentan diferencias fundamentales en cuanto a capacidad de absorción. Las zonas del interior se calientan con rapidez y durante el día despiden gran cantidad de calor hacia el aire, mientras que de noche pueden experimentar un enfriamiento notable y causar un descenso acusado de la temperatura en las capas bajas de la atmósfera. Estos procesos son extremos en terrenos secos y carentes de vegetación. En zonas verdes o boscosas, el calentamiento no es tan veloz y el enfriamiento ocurre incluso con

Capas de la atmósfera y su opacidad para la radiación solar

1 Rayos X; 2 Radiación ultravioleta; 3 Luz visible («ventana óptica»); 4 Radiación infrarroja; 5 Ondas de radio procedentes del cosmos («ventana radioeléctrica»); 6 Ondas ultracortas de radio; 7 Ondas cortas de radio; 8 Ondas medias de radio; 9 Ondas largas de radio

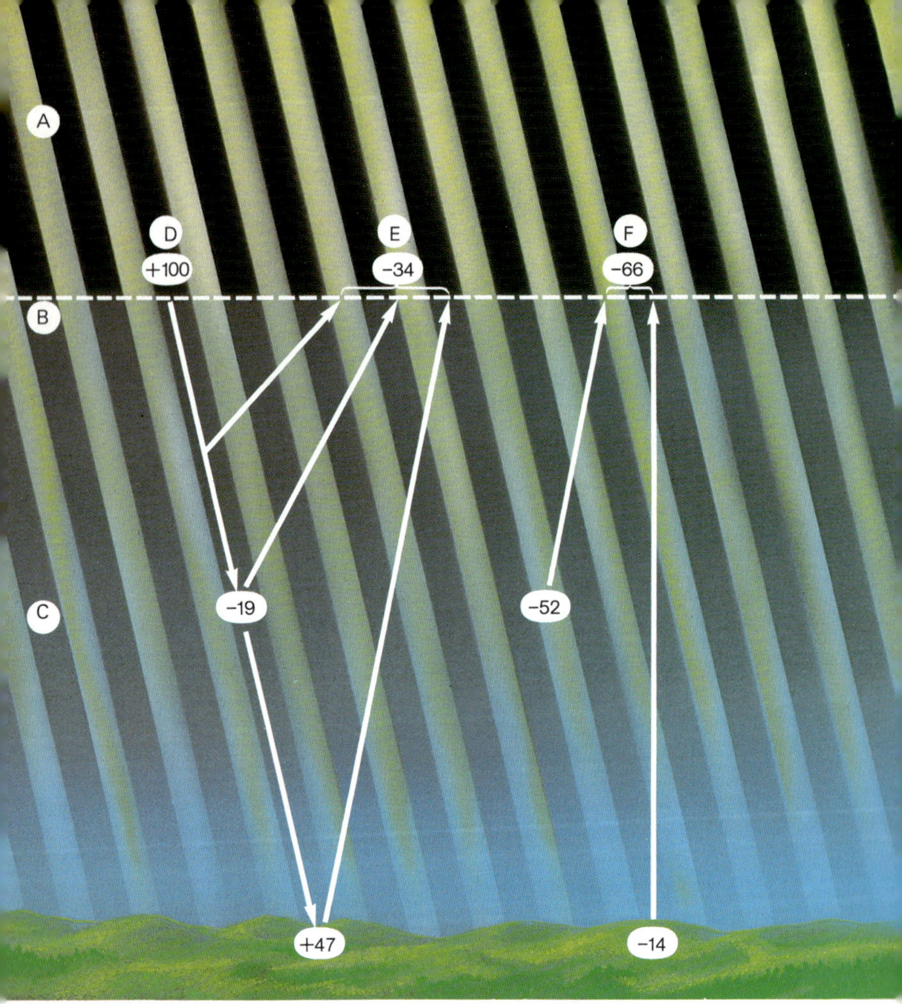

Balance radiativo en la atmósfera terrestre

La difusión, la absorción y la reflexión atenúan la radiación solar en cuanto atraviesa la ionosfera y la estratosfera. En la tropopausa se difunde y refleja el 34 por ciento de la radiación que llega hasta ella, otro 19 por ciento es absorbido por el vapor de agua y el dióxido de carbono y el 47 por ciento restante alcanza la superficie. De la radiación de onda larga que alcanza la Tierra, sólo se pierde el 14 por ciento porque el vapor de agua y el dióxido de carbono absorben mucha radiación que reemiten hacia la Tierra (es el efecto invernadero). En conjunto, el balance radiativo en la superficie terrestre muestra un valor positivo del 33 por ciento. La superficie terrestre vuelve a enviar esa energía al aire. La atmósfera también necesita recibir calor desde abajo porque irradia constantemente tanto hacia arriba como hacia abajo (el 52 por ciento de la radiación de onda larga). A = estratosfera; B = tropopausa; C = troposfera; D = total de radiación incidente; E = pérdida por absorción, reflexión y difusión; F = emisión desde la superficie terrestre y las capas de aire de la troposfera.

La reflexión y la difusión de los rayos del Sol en la atmósfera produce crepúsculos de vistosos colores al amanecer y al atardecer, durante el tránsito entre el día y la noche («arrebol matutino» y «arrebol vespertino»).

mayor lentitud. La variadísima naturaleza de la superficie terrestre favorece en parte que se registren diferencias considerables de temperatura en áreas minúsculas. En las zonas cubiertas de hielo y nieve, el suelo y el aire se calientan menos debido a la alta capacidad de reflexión de esas sustancias y a que la energía incidente se destina al deshielo. En consecuencia, en noches despejadas, la temperatura desciende a mayor velocidad en un suelo cubierto de nieve que en los suelos que se hallan al desnudo. Luego, durante el día, el termómetro no sobrepasa el nivel de los cero grados.
En cambio, los océanos terrestres desempeñan una función importante como acumuladores de calor. La radiación solar penetra a profundidades mucho mayores en el agua que en la tierra firme, de modo que en ese medio la masa calentada es muy superior. El ascenso de la temperatura se produce con más lentitud que en tierra firme y alcanza valores menos elevados. Asimismo, durante las noches o durante el invierno, el enfriamiento de las masas de agua no es tan acusado como en las masas de tierra firme porque el agua que se enfría al desprenderse de calor baja al fondo, y el agua más caliente emerge de las profundidades a la superficie. Entonces libera una cantidad notable de calor por evaporación sin que se produzca con ello un calentamiento inmediato del aire. El vapor de agua sólo libera dicho calor cuando da lugar a formaciones nubosas. Es más, las grandes masas de agua en el interior de los continentes actúan de manera semejante.

La diferencia de comportamiento entre la tierra firme y las masas marinas cuando se calientan o enfrían tiene una repercusión crucial en los fenómenos atmosféricos (clima continental o clima oceánico).

Los océanos determinan la evolución climática al interaccionar con la atmósfera. El sol, el viento y la rotación terrestre mantienen los mares en movimiento constante y condicionan sus corrientes. En las profundidades oceánicas hay poderosas corrientes acopladas al movimiento del agua en la superficie. Las corrientes cálidas de la superficie llegan a latitudes altas. La evaporación incrementa la concentración salina. En el Atlántico Norte, el agua se enfría y se hunde. El agua refluye en corrientes frías del mar profundo en los trópicos. Aquí, el agua emerge a la superficie y produce un enfriamiento. Variaciones ligeras en la temperatura del agua provocan alteraciones climáticas a gran escala, por ejemplo, El Niño (véase pág. 225).
La radiación solar no sólo es absorbida de manera variable en la superficie terrestre, sino que en parte también es reflejada de nuevo hacia el exterior. Antes de alcanzar la Tierra, la radiación se encuentra con nubes que pueden formar

El aire es el medio en el que se mueven los aviones, los parapentes y los globos aerostáticos.

Las estaciones del año y la ubicación del Sol

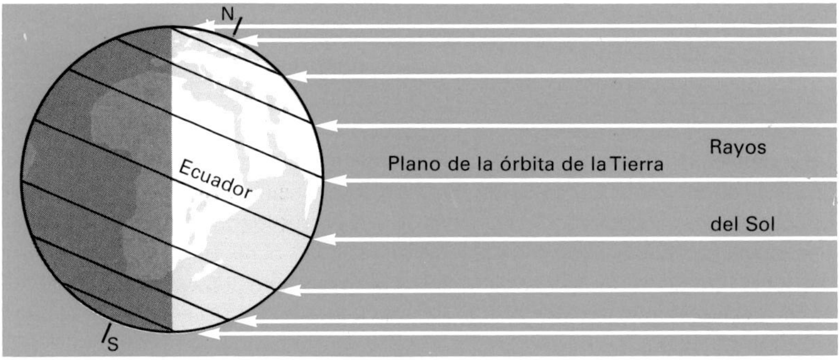

Posición de la Tierra con respecto al Sol cada 22 de junio, comienzo del verano en el hemisferio norte. La media de tiempo que luce el Sol a una latitud de 47° norte es de 15h 50m, a 53° norte es de 16h 52m, y en el polo norte luce 24 horas. En el hemisferio sur empieza el invierno.

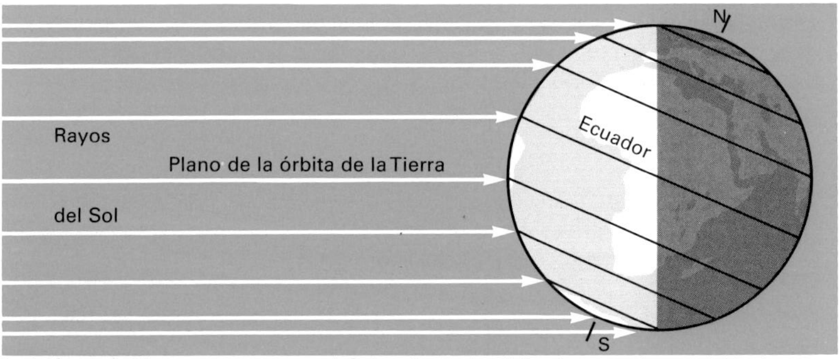

Posición de la Tierra con respecto al Sol cada 22 de diciembre, comienzo del invierno en el hemisferio norte terrestre. La media de tiempo que luce el Sol a una latitud de 47° norte asciende a 8h 26m, a 53° norte es de 7h 29m, y en el polo norte luce durante 0 horas. En el hemisferio sur empieza el verano. N = polo norte; S = polo sur.

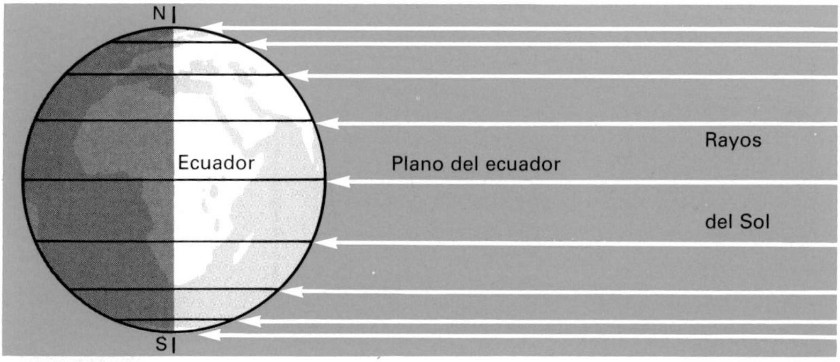

Posición de la Tierra con respecto al Sol cada 21 de marzo y 23 de septiembre, comienzo de la primavera o del otoño en el hemisferio norte terrestre. La media de tiempo que luce el Sol en todas las latitudes geográficas, tanto del hemisferio boreal como del austral, asciende a 12 horas. En el hemisferio sur, el 21 de marzo empieza el otoño y el 23 de septiembre empieza la primavera.

una capa altamente reflectora. A veces, desde cimas de montañas o aviones se observan capas nubosas compactas cuya sorprendente blancura revela su elevado poder de reflexión.

Los fenómenos de absorción, reflexión y difusión provocan un comportamiento óptico muy distinto en la luz con distintas longitudes de onda. La radiación solar tiene un espectro de longitudes de onda que abarca desde el ultravioleta hasta el infrarrojo. La intensidad de la radiación en cada banda del espectro brinda un punto de partida para conocer la temperatura del emisor. La radiación solar alcanza la intensidad máxima a una longitud de onda de 470 nm (nanómetros) y, por tanto, su temperatura asciende a unos 6000 K (grados kelvin).

El Sol emite otros tipos de radiación aparte de la calorífica. Además de la radiación ultravioleta y los rayos X, ambos de onda corta, nuestra estrella despide una radiación atómica corpuscular consistente en electrones y protones. Este tipo de emisión es comparable a la radiación cósmica que también llega a la atmósfera de la Tierra procedente del espacio. Ya se ha comentado aquí la función que ejercen las diversas capas atmosféricas para impedir que estos tipos de radiación nociva para los seres vivos penetren hasta la superficie.

La radiación incidente se ve sometida a procesos de absorción, reflexión y difusión en cuanto se adentra en el aire de la troposfera. La formación de masas

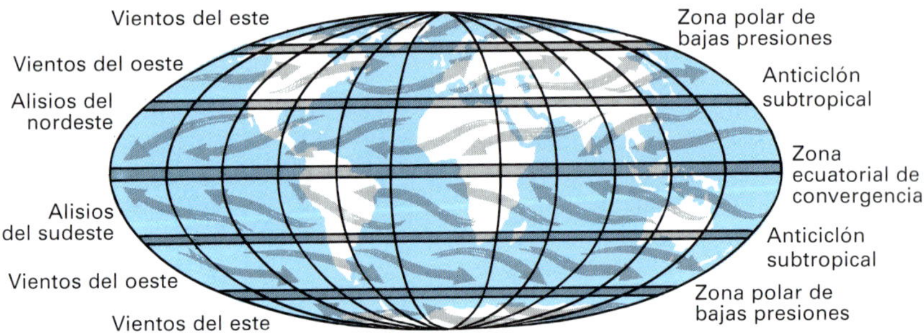

Sistemas eólicos

nubosas y la concentración de dióxido de carbono en el aire repercuten en los fenómenos de absorción y reflexión. La difusión consiste en una desviación de la radiación que incide en las moléculas del aire. La banda azul del espectro (región de ondas cortas) experimenta una difusión mucho más intensa que la banda roja del espectro (región de ondas largas).

La difusión causa el color azul del cielo y las tonalidades rojizas del amanecer y el anochecer cuando no hay nubes.

La difusión de la luz del Sol al interaccionar con las moléculas de nitrógeno y oxígeno presentes en la atmósfera provoca asimismo que la componente azul de la luz solar directa se pierda y, en consecuencia, la luz del Sol no es completamente blanca, sino que en la Tierra se observa más bien amarilla.

La absorción, la reflexión y la difusión juntas hacen además que se pierda en la atmósfera una cantidad de radiación algo superior a la mitad de la luz solar incidente. Al final, sólo el 47 por ciento de la radiación solar llega hasta la superficie terrestre, y también allí se absorbe tan sólo una parte de la misma. La superficie de la Tierra vuelve a perder energía de manera inmediata a través de un proceso de irradiación. El vapor de agua y el dióxido de carbono de las capas bajas de la atmósfera se encargan de que dicha emisión no sea demasiado intensa, captando la energía reemitida y reflejándola de nuevo hacia la superficie. En este caso se observa a gran escala lo mismo que se logra en jardinería mediante el uso de invernaderos. El vapor de agua y el dióxido de carbono ejercen la misma función en la atmósfera que la cubierta de cristal en los invernaderos.

Eliminando toda la radiación que se pierde, se aprecia que sólo alrededor de un tercio de la radiación emitida por el Sol alcanza la superficie terrestre y alimenta los fenómenos meteorológicos. A través de ellos, la energía de dicha radiación vuelve a liberarse en la atmósfera, si no toda, sí en su mayor parte. Un incremento constante de la energía en la superficie del planeta conllevaría un aumento de temperatura que pronto resultaría perjudicial para las formas orgánicas de vida. La superficie terrestre calienta la atmósfera de dos modos distintos. Por un lado, la temperatura se equilibra sirviéndose de las masas de aire que se desplazan hacia arriba y hacia abajo. Cuando el aire se calienta asciende, y cuando se enfría desciende. Por otra parte, la evaporación produce un enfriamiento. Alrededor del 75 por ciento de la superficie terrestre consiste en agua y este porcentaje evidencia la relevancia que tienen los procesos de evaporación para el transporte de calor desde el suelo hacia la atmósfera de la Tierra.

El 33 por ciento de la radiación solar calienta las capas bajas de la atmósfera, donde se producen los fenómenos meteorológicos, y mantiene activo el ciclo del agua.

La atmósfera en sí se enfría muy deprisa. Si no existiera un transporte constante de calor desde la superficie terrestre hacia las alturas, la atmósfera experimentaría un enfriamiento continuo.

Los fenómenos meteorológicos constituyen un proceso físico que se desarrolla en las capas bajas de la atmósfera (hasta 15 kilómetros de altura) y obtiene su energía del Sol.

Los griegos de la antigüedad ya repararon en que la radiación solar mantiene en movimiento los sistemas eólicos de la Tierra. Pero los conocimientos físicos modernos fueron indispensables para conocer bien el mecanismo.

Dos fotografías tomadas el mismo día con una hora de diferencia. Paso de montaña Gran San Bernardo (2459 m). Imagen superior: vertiente norte de los Alpes (Valais). Imagen inferior: vertiente sur de los Alpes (valle de Aosta). A cada lado de las cumbres se pueden observar constantemente situaciones meteorológicas distintas. Las cordilleras prealpinas representan un gran obstáculo para las corrientes de aire que confluyen en masa. Las montañas elevan el aire, lo desvían o lo retienen, y eso repercute en la evolución del tiempo atmosférico.

Los elementos meteorológicos son la presión atmosférica, la temperatura ambiente, el viento, la humedad del aire, la densidad atmosférica, la visibilidad, la nubosidad y las precipitaciones.

La descripción de la evolución del tiempo atmosférico se basa en varios datos importantes. Se trata de elementos meteorológicos que se observan y miden a diario y de manera constante en las estaciones meteorológicas.
Los elementos meteorológicos se describen por separado a partir de la página 109. El tratamiento de estos elementos junto con modelos matemáticos y físicos para esclarecer los fenómenos que se producen en la atmósfera y elaborar pronósticos a corto, medio y largo plazo es complejo. En los últimos tiempos, los satélites meteorológicos y el procesamiento electrónico de los datos han

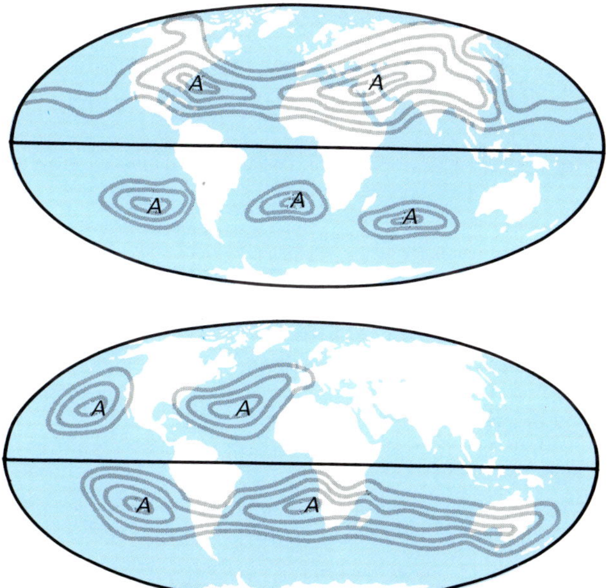

Presión atmosférica en enero (arriba) y en julio (abajo).

simplificado mucho las observaciones y la interpretación de las mismas. También ha mejorado mucho la precisión de los pronósticos.
En meteorología no sólo se observa el estado de la atmósfera en un lugar determinado durante algunos días o varias semanas para obtener una base para las predicciones meteorológicas. Las series de observación tomadas a lo largo de muchos años tienen la misma importancia porque permiten extraer promedios

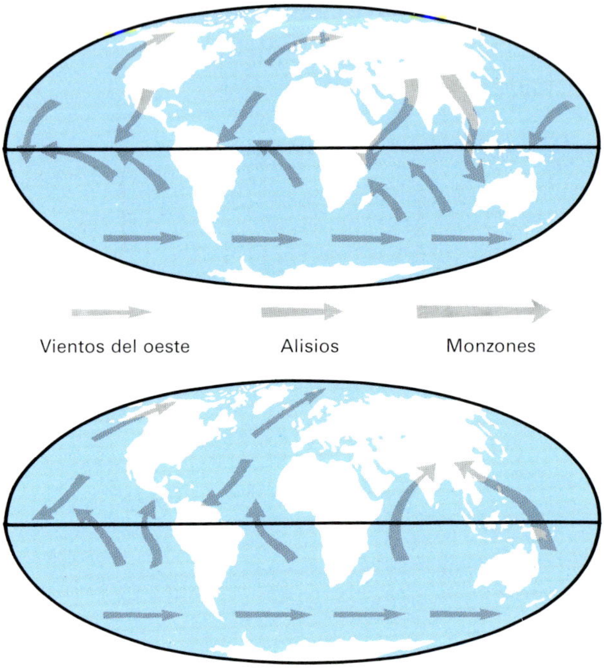

Principales direcciones del viento en enero (arriba) y en julio (abajo).

diarios, mensuales y anuales sobre la presión atmosférica u otros aspectos, en un lugar determinado. Esto permite establecer la evolución meteorológica «media» en una región concreta y, además, determinar el clima. Además de los elementos meteorológicos, en el clima intervienen una serie de datos adicionales como, por ejemplo, la duración del día, las coordenadas geográficas, la vegetación, etcétera.

La latitud geográfica tiene una relevancia sobresaliente. De ella depende la relación entre la entrada y la salida de radiación, es decir, la cantidad de radiación disponible.

Hoy en día se debate mucho sobre la alteración artificial del clima y las fluctuaciones climáticas. Las observaciones indican que la urbanización, los embalses artificiales o los desmontes de zonas boscosas repercuten en el clima local, pero por el momento no se puede afirmar con seguridad que se esté produciendo un cambio climático efectivo a escala mundial como consecuencia de la actuación humana en la naturaleza. Las variaciones climáticas observadas pueden deberse a distintas causas: las oscilaciones del eje terrestre y los cambios consiguientes en cuanto a proporción de radiación incidente y despedida pueden influir del mismo modo que las trazas de gas que repercuten en el clima y cuya presencia cada vez mayor en la atmósfera se atribuye a la acción civilizadora de la huma-

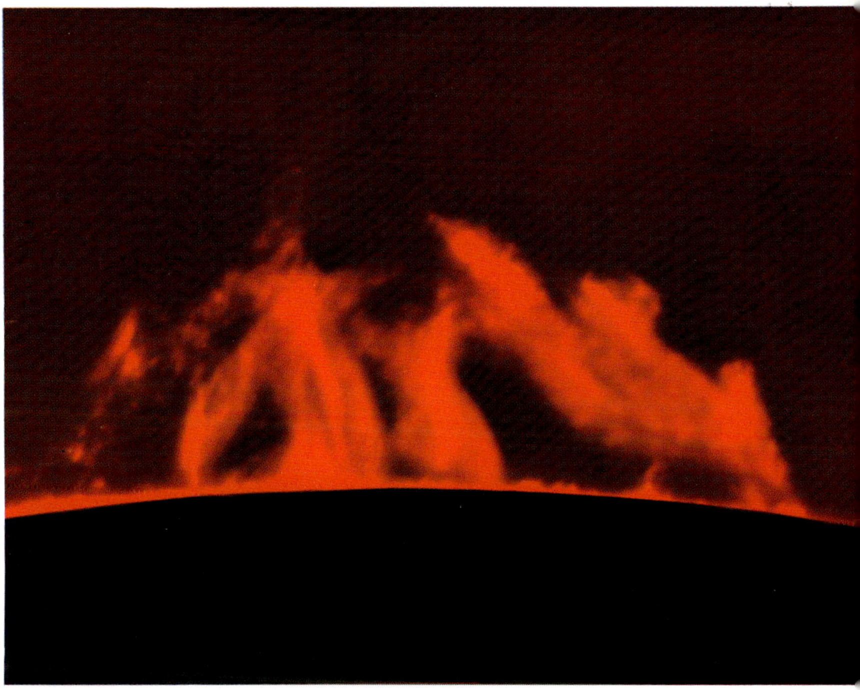

Las protuberancias solares, erupciones de masas de gas incandescente, son una manifestación de la actividad del Sol.

nidad. Una variación de la temperatura de pocos grados basta para desencadenar cambios considerables: si en las latitudes medias la temperatura descendiera un promedio de un grado, la época cálida indispensable en esas zonas para que maduren los cereales se retrasaría una semana. Y al contrario, si se diera un aumento de temperatura de varios grados, las regiones áridas del norte de África se extenderían hasta unos 100 kilómetros al norte de la zona mediterránea.

En el debate actual sobre cambios climáticos en la Tierra, se hace hincapié una y otra vez en la contribución del Sol a dichos cambios. Por el momento aún no hay un consenso científico acerca de las previsiones climáticas firmemente basadas en la incidencia de los efectos civilizadores (gases invernadero y otros). Por otra parte, el estudio de las dependencias Sol-Tierra aún no está terminado en absoluto. Si a eso se le añade la radiación cósmica, que bombardea la Tierra constantemente con radiación corpuscular altamente energética procedente de las profundidades del espacio, nos encontramos con una segunda fuente de radiación (además del Sol) que puede desencadenar cambios o contribuir a ellos. No obstante, sería imprudente buscar en ello una excusa para considerar innecesaria la adopción de medidas preventivas, por ejemplo, contra la contaminación del aire.

Las grandes erupciones volcánicas también repercuten en el clima. Ante todo, se produce un enfriamiento. Además de lava y partículas de ceniza, se liberan gases sulfurosos que se oxidan en dióxido de azufre y se convierten en partículas pulverulentas sulfatadas. Este polvo alcanza la estratosfera, donde apenas se dan desplazamientos verticales de aire. De este modo, las partículas pueden permanecer en suspensión varios años y formar capas de polvo que reducen la radiación solar en la superficie terrestre mediante procesos de absorción y difusión. No está claro hasta qué punto las erupciones volcánicas intensas pueden compensar al menos de manera ocasional el efecto invernadero antropogénico.

Año de erupción	Nombre del volcán	País
1783	Laki	Islandia
1815	Tambora	Java (Indonesia)
1835	Cosigüina	Nicaragua
1875	Askja	Islandia
1883	Krakatoa	Java (Indonesia)
1886	Okataina	Nueva Zelanda
1902	Santa María	Guatemala
1907	Ksudach	Kamchatka (Rusia)
1912	Novarupta	Alaska (EE UU)
1956	Bazymjannaja	Kamchatka (Rusia)
1963	Agung	Bali (Indonesia)
1974	Fuego	Guatemala
1980	St. Helens	EE UU
1982	El Chinchón	México
1991	Pinatubo	Filipinas

Erupciones volcánicas importantes en la Tierra durante los últimos 250 años,
**Klimastatusbericht, pág. 172, editorial Deutscher Wetterdienst Offenbach.
**Basado en P. Bissolli, P.M. Sachs, H.F. Graf y A. Robock.

En cambio, existe una relación entre las erupciones volcánicas y la merma del ozono en la estratosfera (agujero de ozono). Se ha comprobado que entre el material expulsado hay sustancias que disocian el ozono (por ejemplo, cloruros y metales pesados).

Las observaciones de las manchas solares han revelado que junto al ciclo de 11 años existe además una periodicidad de 80 años (ciclo de Gleissberg). El ciclo de 11 años implica cambios en la constante solar con una amplitud aproximada del 0.10 por ciento, mientras que a lo largo del ciclo de 80 años cambia en alrededor del 0.30 por ciento. La duración de cada ciclo de manchas solares, el número de manchas, la variabilidad del diámetro solar y las comparaciones con estrellas similares al Sol brindan datos que pueden servir de parámetros para modelos climáticos. De este modo se pueden detectar influencias del valor variable de los datos solares, sobre todo en la troposfera.

Imagen del Etna tomada por el satélite meteorológico estadounidense NOAA 14 desde 850 kilómetros de altura el 23 de julio de 2001.

Las circulaciones estratosférica y troposférica desempeñan un papel relevante en los procesos atmosféricos que repercuten en el tiempo. El efecto de corrientes de partículas interestelares, que dependen de la actividad solar, se ha discutido mucho. Por encima de las alturas a las que se forman las nubes, estas corrientes de partículas deben calentar la atmósfera (1.5 vatios/m^2). Sin embargo, los cálculos mediante modelos evidencian que las variaciones en la radiación procedente del Sol no bastan para explicar por sí solas el incremento de temperatura experimentado por la Tierra durante los últimos 100 años. En el mejor de los casos responden del 30 por ciento. Y quedan preguntas sin responder porque tras las hipótesis se presumen mecanismos físicos que aún no se han explicado en la actualidad.

Qué observamos nosotros

Sugerencias para observar el tiempo atmosférico por nuestra cuenta

Las siguientes páginas ilustran mediante palabras e imágenes algunos fenómenos naturales que repercuten en la meteorología y en el clima:

Fenómenos externos a la Tierra: claro de Luna 42, radiación solar 44, luz estelar 46.
Fenómenos atmosféricos: cielo azul 48, tintes crepusculares 50, fenómenos de halo 52, coronas alrededor del Sol y la Luna 54, auroras polares 56, arco iris 58, relámpagos 60, calima 62.
Corrientes de aire (viento): foehn 64, corrientes en altura 66, viento terral y marero 68, viento 70, oleaje 72.
Masas de aire y frentes meteorológicos: altas presiones 74, tormentas 76, inversión 78, tiempo posfrontal 80, bajas presiones 82, frentes meteorológicos 84.
Tipos de nubes: cirros 86, cúmulos 88, nubes noctilucentes 90, niebla 92, estratos 96.
Precipitaciones y ciclo del agua: hielo 98, humedad 100, granizo 102, lluvia 104, nieve 106.

Los apartados titulados «observación» describen el aspecto del fenómeno en cuestión para que cualquier persona pueda observarlo por sí sola cuando se produzca. Bajo el epígrafe «física» se ofrece un breve resumen de lo que merece la pena conocer acerca de la aparición del fenómeno y de sus causas físicas. Para ampliar información pueden consultarse además los apartados de las páginas 109 y 187, así como la bibliografía citada a partir de la página 306. Tras el encabezamiento «condiciones atmosféricas» se ubica el fenómeno dentro de la evolución del tiempo atmosférico. En el apartado titulado «pronóstico» se aportan datos para juzgar la evolución del tiempo a partir del fenómeno natural descrito. Hay que tener en cuenta que la evolución atmosférica siempre depende de varios factores y, por tanto, un solo fenómeno no revelará más que ciertas tendencias. Puede que alguien desee completar sus observaciones meteorológicas efectuando mediciones propias de los factores meteorológicos más relevantes, como la presión atmosférica y la temperatura. Para ello existen aparatos sencillos sobre los cuales se aportan algunas sugerencias en la página 124. En la página 275 se ofrecen consejos adicionales para tomar registros meteorológicos regulares. En caso de tener un gran interés por interpretar series de observaciones sistemáticas o por llevarlas a cabo, conviene dirigirse al instituto meteorológico más cercano (véase página 241).

◁ Crepúsculo matutino previo a una jornada de mal tiempo.

Claro de Luna

Observación. Con tiempo despejado, en el espacio de cuatro semanas se pueden observar las diferentes fases que atraviesa la Luna en el cielo, las cuales comienzan cuando este objeto se muestra como una fina hoz en el firmamento vespertino del oeste. Luego, la Luna va creciendo hasta alcanzar el primer cuarto (la «media luna») y por último aparece la Luna llena (visible a lo largo de toda la noche). Durante las fases menguantes, las horas de visibilidad de la Luna se desplazan cada vez más hacia la medianoche y el cielo matutino. La brillante claridad de la Luna nos permite divisarla también durante el día en sus fases menguante y creciente. En fases próximas a la Luna nueva se aprecia la llamada «luz cenicienta» (la parte oscura de la Luna se ilumina ligeramente con la luz del Sol que refleja la Tierra). Cuando hay cierta nubosidad, alrededor de la Luna se forman halos y aureolas. Cuando la Luna llena entra en el cono de sombra de la Tierra se producen los eclipses de Luna. Los eclipses totales de Luna se caracterizan por la tonalidad rojiza del disco lunar.
Física. La Luna es el objeto celeste más próximo a la Tierra. Tarda un mes en dar una vuelta completa a nuestro planeta. Las fases de la Luna dependen de la posición del Sol, la Luna y la Tierra: la Luna nueva se produce cuando nuestro satélite tiene la misma longitud que el Sol (la Luna se sitúa entre el Sol y la Tierra); los cuartos (creciente y menguante) se producen cuando la longitud de la Luna difiere 90 grados de la del Sol; la Luna llena se da cuando la longitud de nuestro satélite se diferencia de la del Sol en 180 grados (la Tierra se halla entre el Sol y la Luna). Las fases lunares revelan que la Luna refleja la luz del Sol. La Luna siempre muestra la misma cara a la Tierra porque su periodo de rotación coincide con su periodo de revolución alrededor de nuestro planeta. Estudios recientes muestran que la Luna estabiliza el eje terrestre y de este modo impide que se produzcan fluctuaciones climáticas caóticas. La influencia más importante de la Luna en la Tierra se manifiesta en las mareas. Las mareas son variaciones rítmicas del nivel del mar, de la superficie terrestre y de la presión atmosférica. Se producen por el efecto de las fuerzas de marea que ejercen los astros (la Luna y el Sol) y causan una alteración periódica de la fuerza gravitatoria terrestre. La Luna tiene un diámetro de 3470 kilómetros y su distancia media a la Tierra asciende a 384 400 kilómetros (la distancia varía entre 363 300 km y 405 500 km).
Condiciones atmosféricas. La afirmación tan repetida de que la nubosidad disminuye cuando hay Luna creciente o Luna llena se basa en un sofisma: las nubes no se dispersan porque brille la Luna sino que cuando las nubes se despejan podemos ver el satélite, siempre y cuando no sea Luna nueva. El argumento de que la Luna favorece las heladas surge también de la confusión entre la causa y el efecto: el tiempo despejado en invierno constituye una condición previa para las heladas de irradiación, y cuando el tiempo está despejado también vemos la Luna si es que luce en el cielo en ese momento. Por cierto, la fase lunar observable desde cualquier punto de la Tierra es idéntica a lo largo de cada noche y, en cambio, no imperan los mismos fenómenos atmosféricos en todos los puntos de la superficie terrestre. Por otra parte, las mareas que provoca la Luna en la atmósfera (variación de la presión atmosférica) son demasiado débiles como para alterar o influir siquiera en la situación meteorológica.
Pronóstico. Las reglas populares de que con Luna creciente hay buen tiempo, con Luna llena cambia y con Luna menguante empeora, se interpretan mejor desde un punto de vista psicológico. No existe ninguna relación real de este tipo entre el brillo de la Luna y los fenómenos atmosféricos. Otra cosa son los fenómenos óptico-atmosféricos causados por su luz, como es el caso de los fenómenos de halo y aureolas (véanse págs. 52 y 54). La coloración de la luz lunar también se debe a fenómenos ópticos que se producen en la atmósfera terrestre (véase pág. 50). A partir de estos fenómenos se pueden extraer conclusiones sobre la evolución que seguirá el tiempo atmosférico.

Luna llena sobre cúmulos; las estructuras oscuras que se aprecian ▷ a simple vista en el disco lunar son los «mares lunares» (en latín, *maria*).

Radiación solar

Observación. Radiación lumínica y calórica procedente del astro central de nuestro sistema solar. La intensidad depende del grado de nubosidad, de la posición del Sol sobre el horizonte, del lugar de observación y de la estación del año. No se precisan instrumentos especiales para observar efectos secundarios: mayor intensidad a medida que aumenta la altitud del lugar de observación (radiación ultravioleta en las montañas y quemaduras en la piel). Coloración rojiza del disco solar durante la salida y la puesta. Las neblinas y la contaminación atmosférica reducen la efectividad de la radiación.
Física. El Sol, fuente de dicha radiación, es una estrella (véase pág. 27). Sin absorción, la luz de la radiación solar es puramente blanca. Consiste en una combinación de los colores espectrales que van desde el rojo hasta el violeta y tienen longitudes de onda desde 800 hasta 400 nm (nanómetros). El centro de este intervalo de radiación se localiza en el verde amarillento (550 nm). La radiación solar posee (además de la luz visible) una componente de longitud de onda larga en el infrarrojo no visible (alrededor de la mitad de la energía de radiación) y una componente de longitud de onda corta (radiación ultravioleta y en rayos X). El ozono concentrado en la atmósfera a una altura de entre 18 y 22 km absorbe con intensidad la radiación UV del Sol. El ozono presente en los 11 kilómetros inferiores de la atmósfera sólo asciende al 10 por ciento de la cantidad total de ozono que hay en la atmósfera. Mediciones realizadas desde el observatorio meteorológico Hohenpeißenberg han evidenciado una disminución anual aproximada del 0.2 por ciento en la cantidad total de ozono durante los últimos 15 años. Una reducción del 1 por ciento en el volumen de ozono provoca un incremento del 1.5 por ciento en el valor de la radiación UV, causante de las quemaduras en la piel, a mediodía, es decir, durante el periodo de 5 o 6 horas alrededor del momento del mediodía. El valor medio de la radiación solar que incide en la capa superior de la atmósfera proporciona la constante solar (S):

$$S = 1368\ W/m^2.$$

Debido a la forma elíptica de la órbita terrestre, la radiación solar acusa una fluctuación de alrededor del 3.5 por ciento del valor medio.
Condiciones atmosféricas. La radiación solar aporta toda la energía que precisan los fenómenos meteorológicos de la atmósfera terrestre. Se cree que los procesos físico-químicos que tienen lugar en el Sol repercuten en la intensidad de la radiación y, por tanto, en los fenómenos atmosféricos. La mayor o menor inclinación con que inciden los rayos solares sobre la superficie terrestre determina asimismo las distintas zonas climáticas del planeta y los cambios de estación. La radiación solar es más intensa en las regiones donde incide en vertical o casi: el Sol se sitúa dos veces al año en el cenit en cada trópico. En las latitudes medias, la radiación solar siempre incide oblicua: en verano más perpendicular y en invierno más inclinada. En las regiones polares, el Sol no llega a salir durante el invierno y en verano no se pone. Durante el estío polar, los rayos inciden rasantes y tienen poca intensidad. En invierno, las montañas impiden que la radiación solar penetre en los valles (de ahí el recrudecimiento de las situaciones meteorológicas hiemales y la dilatación del invierno). El tiempo atmosférico influye en la cantidad de horas de Sol (grado de nubosidad). En las regiones áridas subtropicales (Egipto, Arizona), la cantidad media relativa ronda entre el 80 y el 90 por ciento. En Europa central el promedio de horas de Sol entre mayo y agosto es del 40 y al 50 por ciento, y entre noviembre y enero se sitúa entre el 10 y el 20 por ciento.
Pronóstico. Las partículas en suspensión presentes en el aire (vapor de agua y cuerpos sólidos) debilitan la radiación incidente. El grado de nubosidad permite extraer conclusiones sobre la evolución del tiempo (véase pág. 62). Para pronósticos a largo plazo se han establecido relaciones con el cómputo de las manchas solares, pero han sido cuestionadas científicamente.

ɔosición del Sol y la turbiedad de la atmósfera influyen en la radiación solar. Fotografía del al del mar del Norte en Ijlmuiden.

Luz estelar

Observación. Tras la caída de la noche, la bóveda estrellada va haciéndose cada vez más patente. Los objetos más destacados que se pueden observar incluso sin telescopio son estrellas aisladas, concentraciones estelares (la Vía Láctea), la presencia esporádica de la Luna (véase pág. 42) y los planetas. El grado de visibilidad del firmamento depende en parte de la oscuridad (crepúsculo, véase pág. 50) y en parte de la transparencia de la atmósfera terrestre. Cuando el cielo está completamente cubierto de nubes no se ve ninguna estrella, pero el humo, la niebla y la turbulencia del aire también limitan la observación estelar. En particular, la visibilidad de ciertos cúmulos estelares brillantes permite examinar el grado de turbidez atmosférica (más sobre el tema en el manual práctico *Estrellas y planetas*, ed. Omega). El observador inexperto tampoco pasará por alto el parpadeo de las estrellas brillantes (centelleo) cuando la turbiedad sea muy intensa.
Física. Las diferencias de densidad y temperatura dentro de la atmósfera provocan el temblor de las imágenes estelares que se percibe sobre todo en las observaciones con telescopio. Cuando a esto se le suma una corriente de aire fuerte, el fenómeno se vuelve tan intenso que se aprecia a simple vista. El grado de turbulencia de la atmósfera suele ser más acusado en las zonas próximas al horizonte que en el cenit. Esto también depende del momento del día. Así, el aire alcanza la máxima turbulencia a mediodía, y la mínima poco antes de la salida del Sol y poco después de su puesta. Como la luz estelar tiene que atravesar la atmósfera, también está sujeta a las corrientes turbulentas que haya en su seno. Por tanto, experimenta cambios bruscos de dirección y de intensidad que causan el temblor y centelleo de las estrellas. Además de acusar los efectos de la turbulencia atmosférica (centelleo), sufre un debilitamiento o absorción debido a que la radiación de las estrellas no puede atravesar la atmósfera con uniformidad. En este caso se habla de extinción. Por último, la luz estelar experimenta cierta refracción dentro de la atmósfera. La extinción y la refracción de la luz estelar aumentan con la proximidad al horizonte. La turbiedad de la atmósfera tiene una repercusión nada despreciable en la extinción de la luz estelar, sobre todo en zonas de concentraciones urbanas, donde también se nota la molesta contaminación lumínica, cada vez mayor.
Condiciones atmosféricas. Está comprobado que los movimientos de aire son mayores en unas condiciones atmosféricas influidas por una zona de bajas presiones que bajo la influencia de altas presiones. Es perfectamente posible ver el firmamento estrellado durante una situación meteorológica influida por bajas presiones. La meteorología del oeste de Europa se caracteriza porque sus cielos se despejan a corto plazo. Cuando se producen estos claros repentinos, el centelleo siempre es bastante intenso. En efecto, debe tenerse en cuenta que un grado alto de humedad en el aire favorece la turbulencia del aire. Es lo que sucede cuando hay niebla (siempre que ésta permita ver el cielo desde la superficie). La turbulencia se reduce al mínimo en situaciones prolongadas de altas presiones. No obstante, durante la formación y la extinción de estas situaciones anticiclónicas hay que contar con cierta intensidad de la turbulencia.
Pronóstico. El fulgor y el centelleo de las estrellas en el firmamento nocturno indican procesos turbulentos en la atmósfera terrestre. Si este fenómeno se produce tras varios días de buen tiempo, anuncia un cambio atmosférico que está teniendo lugar antes en las grandes alturas. Si la turbulencia va asociada a una mala visibilidad que permita inferir turbiedad en la atmósfera, se puede suponer con más fiabilidad que se avecina un cambio atmosférico brusco. Con frecuencia, la turbulencia atmosférica va unida a un aumento del viento cerca de la superficie. La estabilidad de la luz estelar y la transparencia del aire son indicativas de una situación meteorológica estable que en la estación más fría del año deparará heladas (radiación).

Imagen de una pequeña región de la Vía Láctea. ▷

Cielo azul

Observación. En la montaña, los días despejados con viento en calma siempre resultan impresionantes porque el cielo muestra un azul de gran intensidad y absoluta pureza, que se torna más patente en invierno que en verano. En cambio, aunque en el valle haga buen tiempo y brille el Sol, el azul del cielo es mucho más macilento. En la ciudad es más frecuente aún la sensación de que el cielo es de un color azul blancuzco o grisáceo, en lugar de tener un color azul intenso cuando hace buen tiempo. No obstante, al viajar también se aprecian diferentes tonalidades en el color del cielo, por ejemplo en los trópicos. En general, el cielo del sur no tiene por qué ser siempre tan azul como se proclama. Para comprobarlo basta con visitar Tesino o Italia.
Física. El azul del cielo resulta de la acción combinada de la luz del Sol y la atmósfera. Sin atmósfera el cielo diurno sería oscuro y, además del Sol, se verían las estrellas. Las moléculas del aire y las partículas y gotas de agua que hay en la atmósfera difunden los rayos del Sol en todas direcciones. ¿A qué se debe la tonalidad azul? Cuando nuestros ojos se encuentran con todos los colores del espectro, vemos el color blanco. Las moléculas, partículas y gotas favorecen que los rayos azules, de longitud de onda corta, se difundan más en la atmósfera. De este modo, la banda azul de la luz solar es la que se manifiesta con más intensidad en la atmósfera que la luz roja, amarilla o verde.
El cambio de intensidad del color azul también estriba en una causa tan sencilla como importante: los elementos que enturbian la atmósfera son las partículas de polvo y las gotas de agua. Cuanta más cantidad de ellas haya en el aire, más ceniciento será el azul. Así, en algunas ocasiones el cielo luce más blanquecino o grisáceo que azul incluso con tiempo seco y soleado. En cambio, la coloración azul se incrementa en ausencia de partículas pulverulentas y gotas de agua (por ejemplo, en la alta montaña).
Condiciones atmosféricas. El cielo azul no siempre va asociado a un anticiclón (buen tiempo). Los claros transitorios (a media altura) suelen conllevar un cielo azul intenso parecido al que deja el foehn en las regiones subalpinas y una visibilidad excelente a larga distancia. En ocasiones, antes de la llegada de un frente cálido (véase pág. 84) y tras un periodo de cielos cubiertos, se producen claros repentinos entre las nubes que muestran un azul tan intenso, casi «irreal», que resulta desconcertante. Entonces impera una situación meteorológica inestable con predominio de bajas presiones. Por el contrario, es frecuente que durante los anticiclones veraniegos llame la atención la palidez del azul del cielo, lo cual indica un incremento de las concentraciones de polvo en el aire. La visibilidad se reduce y hay bastante bruma en las zonas próximas al horizonte. A este respecto se dan diferencias estacionales: por lo general, durante los anticiclones primaverales y otoñales el azul del cielo es más intenso que durante los meses estivales. Aun dominando las altas presiones, la intensidad del azul del cielo durante una inversión (véase pág. 78) en invierno está atenuada por las partículas de polvo. La intensidad del azul sólo aumenta en lugares de observación elevados.
Pronóstico. La intensidad del azul del cielo puede servir como indicador del tiempo venidero. En zonas llanas se pueden aplicar estas tres reglas empíricas:

1. Un azul muy intenso acompañado de una visibilidad casi diáfana indica inestabilidad. No puede descartarse un empeoramiento repentino del tiempo con viento (tempestad) y lluvia.
2. Un azul moderado o de claridad luminosa significa buen tiempo prolongado.
3. Un cambio progresivo de azul a blanco o gris asociado a neblina implica un cambio de tiempo (bajas presiones).

Cielo azul con cirros aislados. ▷

Tintes crepusculares

Observación. Poco después de la puesta del Sol por el horizonte del oeste o poco antes de la salida del Sol por el cielo del este se observan fenómenos de tintes crepusculares. Los más conocidos son los arreboles matutinos y vespertinos. Se trata de un fulgor rojizo que se produce con tiempo despejado y que, dependiendo de la existencia de bruma y nubes, puede adquirir diversas tonalidades hasta el amarillo y el gris. Con frecuencia se produce una extraña coloración rojiza de las nubes. Prestando atención se podrá apreciar una cierta tonalidad verde pálida o amarillo-anaranjada en el «antihorizonte» (por la tarde en el este y por la mañana en el oeste). Se trata del «anticrepúsculo». Durante el crepúsculo vespertino, en las laderas de montaña orientadas hacia el oeste se observa un contrafulgor rojizo, el arrebol de los Alpes. Las erupciones volcánicas también pueden causar fenómenos de tintes crepusculares debido a la formación de grandes vaharadas de gotitas de ácido sulfúrico en la estratosfera.
Física. Los crepúsculos surgen por la reflexión y difusión que experimentan los rayos solares en las capas altas de la atmósfera antes del orto o después del ocaso del Sol:

Tipo de crepúsculo	Sol bajo el horizonte	Duración en latitud +50°
Crep. civil	6 grados	de 30 a 40 minutos
Crep. náutico	12 grados	de 60 a 80 minutos
Crep. astronómico	18 grados	unas 2 horas

Mientras el crepúsculo civil con cielo despejado conserva aún suficiente claridad como para poder leer, cuando sobreviene el crepúsculo astronómico ya no se percibe ni rastro de luz solar diseminada por el lugar de observación. La inclinación de la trayectoria diurna aparente del Sol hace que los crepúsculos sean muy breves en los trópicos. En las zonas polares, los crepúsculos son muy coloreados y de larga duración. En la latitud geográfica de +49 grados comienza la región de las «noches blancas» (crepúsculos de medianoche), donde el Sol en verano nunca desciende más de 18 grados bajo el horizonte. Cuando el Sol se halla a unos 3 o 4 grados por debajo de un horizonte despejado de nubes, se divisa la llamada luz púrpura primaria (entre 15 y 30 minutos después de la puesta del Sol o antes de su salida) y en el horizonte opuesto se ve el anticrepúsculo. Cuando el Sol se encuentra entre 8 y 10 grados bajo el horizonte se forma la pálida luz púrpura secundaria. Ambas luces púrpura despliegan en las nubes y laderas de montañas los conocidos tintes crepusculares (como el arrebol de los Alpes). La frontera difusa entre la parte del cielo que aún está clara y la que ya está oscura conforma el arco crepuscular.
Condiciones atmosféricas. Los fenómenos de tintes crepusculares se producen real y verdaderamente en cielos carentes de nubes. Los cambios de color, sobre todo al amarillo rosáceo o al gris verdoso, indican concentraciones de humedad y partículas pulverulentas en la atmósfera. Los tintes se producen con más efectividad cuando hay mucha nubosidad. Las nubes asociadas a bajas presiones crean un contraste impresionante porque se ven negras u oscuras en la parte oriental (tardes), mientras que al fondo suelen mostrar una mezcla de tonos intensos de rojos, amarillos y blancos. Esto sucede, por ejemplo, cuando se producen claros breves tras el paso de un frente o de una tormenta.
Pronóstico. La coloración amarilla o blanca de la luz crepuscular anuncia la llegada de nubosidad. Si ya hay nubes en las capas bajas de la atmósfera hay que contar con un empeoramiento del tiempo. El arrebol vespertino que anuncia buen tiempo sólo es fiable cuando el cielo está despejado y sin gradación de color.

Crepúsculo vespertino con altocúmulos. ▷
Cirros espesos con coloración crepuscular.

Fenómenos de halo

Observación. Se trata de bandas o cercos en las proximidades del Sol o la Luna, de estructura un tanto circular alrededor de esos objetos celestes. Los anillos de luz con el Sol o la Luna en su centro suelen tener cierta coloración rosácea mate en su parte interna y en ocasiones un borde violáceo en su parte externa. También puede observarse una columna blanca de luz vertical hacia arriba y hacia abajo del Sol y la Luna, además del llamado parhelio (o paraselene), que en la mayoría de los casos es como una mancha de luz horizontal a izquierda y derecha del astro. Todos estos fenómenos se producen únicamente con nubosidad débil y alta. En algunas ocasiones llega a dar la impresión de que casi no hay nubosidad.

Física. El término halo procede del griego y significa círculo o cerco. Los halos consisten en fenómenos óptico-atmosféricos de gran variedad de formas que deben su aparición a la refracción y la reflexión de la luz en los cristales de hielo de la atmósfera. Los cristales de hielo se hallan en los cirros a gran altura (véase pág. 86). Estas nubes son en su mayoría muy tenues y se ve el cielo azul a través del velo nuboso. El hielo cristaliza de forma hexagonal, de manera que se forman prismas de seis lados con secciones hexagonales y caras rectangulares iguales. Las trayectorias que puede seguir la luz del Sol al atravesar los cristales de hielo la desvían según ángulos de 22 y 46 grados. En consecuencia, también los anillos alrededor del Sol o la Luna tienen siempre un radio de 22 o 46 grados (el halo «menor» y el «mayor»). La configuración depende de la disposición de los cristales de hielo en el aire. Los halos más importantes son:

Características	**Dimensiones**	**Visibilidad**
Halo menor	22 grados de radio	Frecuente
Parhelio (paraselene) con halo menor	22 grados a izquierda y derecha del Sol o la Luna	Frecuente. También aparece sin halo menor
Arcos superiores e inferiores tangentes al halo menor	Justo encima y debajo del Sol o la Luna	Frecuente, sobre todo el arco tangente superior, a menudo de gran colorido
Círculo de parhelio (círculo horizontal)	Banda de reflexión blanca, horizontal, a igual altura que el Sol o la Luna, que abarca todo el cielo	Muy infrecuente. Junto a él se producen dos parhelios a menos de 120° de distancia del Sol o la Luna (paranthelios)
Columna de luz	Haz de luz vertical debajo y encima del lugar que ocupa el Sol o la Luna	Frecuente con el Sol muy bajo o durante la puesta o antes de su salida
Halo mayor	46 grados de radio	Menos frecuente que el halo menor. Destaca el colorido del arco tangente superior
Arco circuncenital	Sobre el Sol o la Luna a 46 grados de distancia	Muy infrecuente. Coincide con el arco tangente superior del halo mayor

Con frecuencia se producen «fenómenos de halo combinados» que permiten observar a la vez varios de los elementos citados.

Parte de un halo

Condiciones atmosféricas. Los fenómenos de halo están asociados a una nubosidad tenue y de gran altura. Se trata de cirros o meras nubes de hielo que sólo se dan en las capas altas de la troposfera. No obstante, el grado de nubosidad puede variar mucho: los fenómenos de halo se producen tanto con velos de cirros tenues durante una situación anticiclónica, como en la fase posterior a un periodo de buen tiempo, en la que se forman cirrostratos y una capa compacta de nubes cubre todo el cielo. Los fenómenos de halo se pueden observar en cualquier época del año.
Pronóstico. Los fenómenos de halo no sirven como indicadores inequívocos de un empeoramiento del tiempo. Los cirros no son nubes de lluvia y en situaciones anticiclónicas pueden formarse velos de cirros transitorios. No obstante, la aparición de cirros indica la existencia de corrientes de aire en la troposfera, sobre todo cuando se concentran con rapidez y el cielo se cubre de cirrostratos. En estos casos evidencian una evolución a altostratos (véase pág. 282) y, por tanto, el paso de un frente de precipitaciones.

Coronas alrededor del Sol y la Luna

Observación. Alrededor del Sol o la Luna puede observarse una superficie circular blanca o amarilla a veces delimitada en su parte externa por un borde morado pardusco casi imposible de confundir con los fenómenos de halo (véase pág. 52). A diferencia del halo, no se produce un anillo de luz, sino más bien un «disco luminoso» de diámetro bastante menor que el «halo menor» que se observa con frecuencia en los fenómenos de halo. En ocasiones, las coronas pueden tener tonalidades cromáticas, sobre todo las que se producen alrededor del Sol, y desde luego no tienen el colorido típico del arco iris (véase pág. 58), pero la parte externa se muestra de color rojo. Entonces, el «disco de luz» adquiere una estructura circular rayada. A diferencia de los fenómenos de halo, cuando se produce una corona alrededor de la Luna llena, los colores se ven con claridad. Para observar una corona alrededor del Sol conviene no mirar el astro directamente. Es más conveniente para la vista situarse, por ejemplo, detrás de un edificio y cubrir el Sol con él. Por otra parte, también se producen coronas alrededor de los planetas (Venus) y de estrellas brillantes (Sirio).

Física. Las coronas no sólo se diferencian de los fenómenos de halo en cuanto a su aspecto. También deben su aparición a circunstancias físicas distintas. Mientras que los halos surgen por la refracción y la desviación de la luz solar al atravesar cristales de hielo en las capas medias y altas de la troposfera, las coronas se producen por la difracción que sufre la luz solar o lunar en las gotas de agua presentes en estratos nubosos a media altura (véase pág. 96). Las gotas de agua actúan como un obstáculo insalvable para la propagación de las ondas de luz procedentes del Sol, la Luna, planetas o estrellas. Como en el caso de las gotas de agua se trata de partículas pequeñas, también se produce dispersión cromática de la luz.

Condiciones atmosféricas. Partiendo de que la formación de coronas se debe a fenómenos de difracción causados por gotas de agua, hay que descartar que se produzcan en nubes muy altas, que en la práctica consisten únicamente en cristales de hielo («nubes de hielo»), como los cirros (véase pág. 86), pero también cirrostratos y cirrocúmulos (véanse págs. 282 y 281). La aparición de coronas es más probable con altostratos, tenues capas nubosas formadas por gotas de agua y cristales de hielo, y con altocúmulos, que consisten sobre todo en gotas de agua y son acumulaciones nubosas muy planas. Si se muestran claramente abultadas se habla de «nubes de algodón». No obstante, los altocúmulos también aparecen fibrosos y difusos, y entonces actúan más bien como estratos. En ellos, los colores de difracción se muestran especialmente bellos («nubes iridiscentes»). Por lo general, la aparición de altostratos y de altocúmulos va asociada a una situación atmosférica influida por una zona de bajas presiones.

Pronóstico. De manera semejante a los fenómenos de halo, la formación de una corona alrededor del Sol, la Luna o cualquier otro astro brillante comunica algo sobre la humedad del aire. En comparación con los pronósticos derivados de un fenómeno de halo, en este caso hay que esperar cambios más rápidos: la aparición de la corona en una capa nubosa a media altura indica que el aire sobresaturado de humedad ya ha descendido a capas más bajas. Con un frente cálido a la altura «idónea» debe contarse con la aparición de precipitaciones a corto plazo. En invierno es perfectamente posible que se produzca una corona en un periodo de heladas bastante persistente. No obstante, el fenómeno indica un cambio de tiempo que conllevará el fin del frío, en determinadas circunstancias tal vez incluso la época de deshielo, pero esas mejoras irán precedidas de nevadas intensas.

Estratos a media altura crean un cerco alrededor de la Luna. ▷

Auroras polares (aurora boreal y austral)

Observación. Las auroras polares suelen producirse al mismo tiempo en el polo norte y en el polo sur: ondas incandescentes de luz que ascienden siguiendo movimientos giratorios desde el horizonte hasta el cenit. O arcos brillantes sobre el horizonte con varias estructuras aisladas (como rayos en todas direcciones). Todo ello de un color rojizo, dominado en latitudes geográficas altas por un amarillo verdoso, con sombras entreveradas de tonos azules y plateados. En Europa, la zona donde la aurora boreal se produce con mayor frecuencia se localiza en la línea del «círculo polar ártico» (Islandia, Noruega, Laponia). En la obra *Handbuch für Sternfreunde* (Manual apara aficionados a la astronomía), Werner Sandner comenta: «Mientras que en la zona de mayor frecuencia de la aurora boreal se puede contar con un promedio anual de más de 100 noches con aurora, según registros muy antiguos, la cifra en Escocia asciende a un mínimo aproximado de 30 noches, en el norte de Alemania a 3, en el sur de Alemania a 1 al año y en el sur de Italia a 1 aurora boreal cada 10 años». La intensidad es tan variable que tanto provoca un resplandor mortecino en el cielo septentrional como crea tanta claridad como la Luna llena, y permite leer textos impresos con letras grandes a la luz de la aurora polar.
Física. Las auroras polares son fenómenos luminosos que se producen en la alta atmósfera. Su brillo, color y forma son muy diversos. Las auroras polares ocurren en la ionosfera, es decir, entre 100 y 400 kilómetros de altura. Aunque se pueden registrar auroras polares tanto a una altura de 70 kilómetros, como a una de 1000 kilómetros, por lo general se producen entre los 100 y los 150 kilómetros de altura. En ellas se aprecia cierta periodicidad. Un intervalo en el que se pueden repetir auroras polares intensas abarca 27 días, el tiempo que tarda el Sol, visto desde la Tierra, en completar una vuelta sobre su propio eje. Otro periodo se prolonga a lo largo de unos 11 años y guarda relación con la aparición de las manchas solares. En la actualidad, la aparición de una aurora polar se explica del siguiente modo: los electrones y protones procedentes del Sol llegan a la atmósfera terrestre, penetran en ella y actúan de tal manera sobre el nitrógeno y el oxígeno atmosféricos que se producen fenómenos luminosos. Además, es probable que las partículas solares se aceleren al entrar en la atmósfera, a la cual llegan ya con una velocidad de entre 1000 y 2000 kilómetros por segundo, lo que les permite cubrir la distancia Sol-Tierra en unas 20 o 40 horas. El campo magnético terrestre hace que estas partículas se encaminen mayoritariamente hacia los polos magnéticos terrestres, o sus proximidades, donde penetran en la atmósfera del planeta. Entonces se producen fenómenos de ionización y sistemas de corrientes eléctricas que, entre otras cosas, causan interferencias en la recepción radiofónica en onda corta. Los colores más frecuentes de las auroras polares son el rojo (630 nm) y el verde (557.7 nm) de los átomos de oxígeno.
Condiciones atmosféricas. La capa atmosférica en la que se producen las auroras polares se denomina ionosfera. Su límite inferior yace a unos 60 kilómetros de altura y el superior se extiende hasta los 2000 kilómetros y llega hasta las capas exteriores de la atmósfera terrestre. A 50 kilómetros de altura, la presión atmosférica ya asciende tan sólo a una milésima parte del valor que tiene en la superficie, alrededor de un hectopascal (hPa). Asimismo el enrarecimiento del aire aumenta mucho a esas alturas y en ellas ya no se producen los eventos que determinan de manera directa el tiempo atmosférico. Los fenómenos meteorológicos relevantes en la vida cotidiana tienen lugar hasta una altitud máxima de 15 kilómetros. Aun así, la comunidad científica sostiene que no se puede pasar completamente por alto la incidencia de la corriente de partículas procedente del Sol en la meteorología. Por el momento aún no se ha demostrado con exactitud que guarde relación con la formación de extensas zonas de bajas presiones, como la del norte del océano Pacífico, pero al menos se sospecha.

Las auroras polares se caracterizan por un intenso colorido. ▷

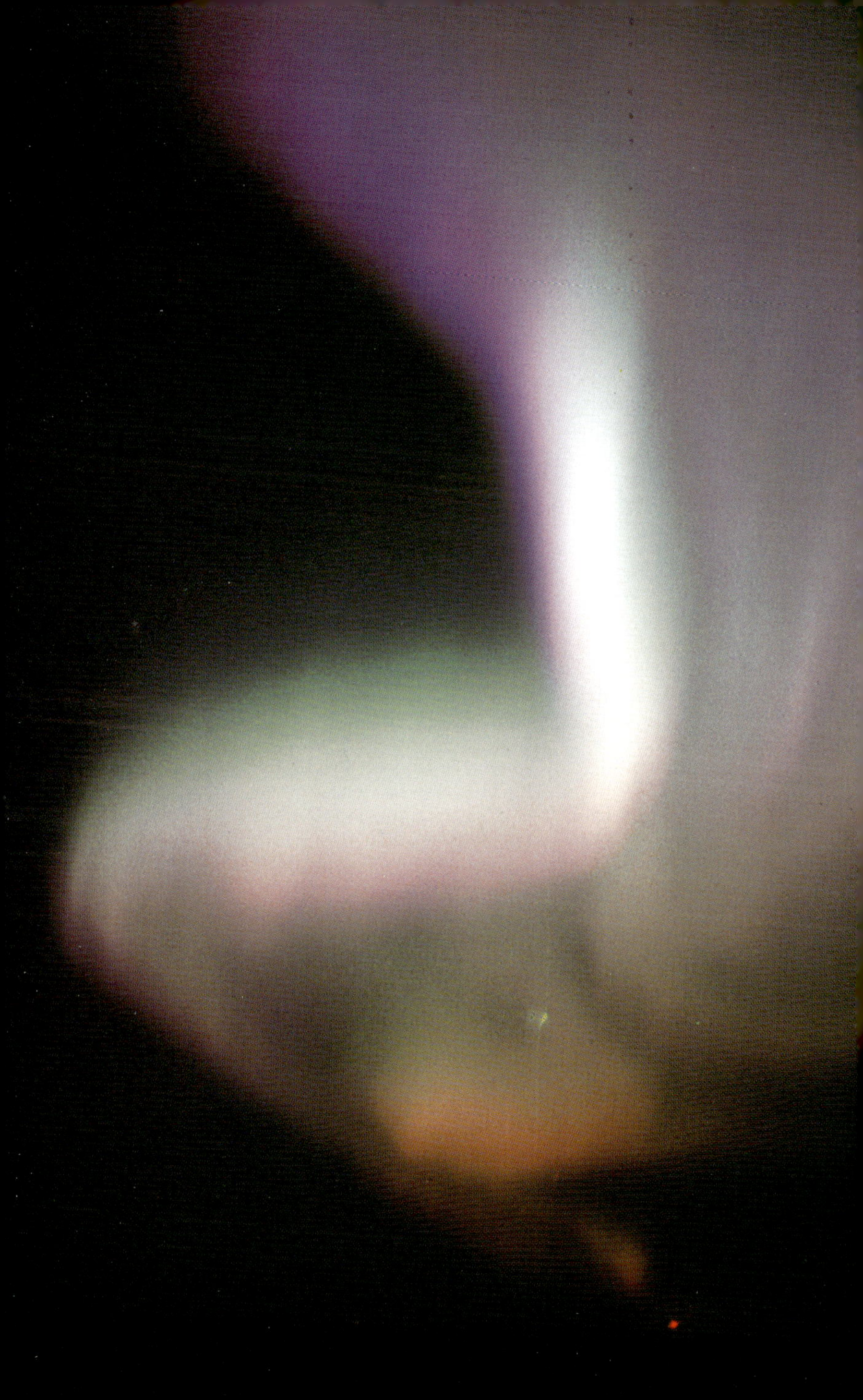

Arco iris

Observación. Se ve un arco resplandeciente con los colores del espectro de unos 42 grados de radio cuando el Sol, situado detrás del observador, incide sobre una cortina de lluvia que se halla delante del observador. El violeta ocupa el interior y el rojo el exterior. Con frecuencia se forma un segundo arco denominado arco iris secundario, de menor intensidad y con un radio de 51 grados. En este arco, el color violeta se sitúa en el exterior y el rojo en el interior. En ocasiones se han llegado a ver seis arcos secundarios que confluían en el extremo violeta del arco principal. El arco iris sólo se ve como un círculo completo desde la cumbre de una montaña alta o desde los aviones.
El arco iris también se ve de vez en cuando con el claro de Luna. Entonces no es coloreado sino blanco y macilento o, rara vez, con un borde rosáceo.
Física. El arco iris consiste en un fenómeno óptico que sucede en la atmósfera terrestre, pero nunca se produce con cielos totalmente despejados o completamente cubiertos. Para que ocurra debe darse una zona de lluvia local iluminada por el Sol. En lugar de la lluvia, el fenómeno lo puede provocar una fuente (o una cascada) iluminada convenientemente por el Sol. El arco iris aparece como consecuencia de la refracción y la reflexión de los rayos solares en las minúsculas gotas de agua. Durante la entrada y la salida de los rayos se produce la refracción, la cual descompone la luz blanca del Sol en los colores del espectro. En virtud de la reflexión, los rayos se curvan hacia los ojos del observador. Como no se puede diferenciar cada gota aislada, el arco iris aparece como una banda ininterrumpida. Una sola reflexión crea el arco iris primario, una segunda da lugar al secundario. El tamaño de las gotas de agua resulta decisivo para la intensidad de los colores y la anchura del arco. Así, cuando llovizna (con gotas de 0.05 mm) el arco iris se muestra muy pálido y casi sin color.
Condiciones atmosféricas. Cuanto mayores son las gotas de lluvia, más intensos lucen los colores del arco iris. Por tanto, los arcos iris más vistosos guardan relación con precipitaciones intensas como las que caen, por ejemplo, durante las tormentas. Asimismo, las lluvias abundantes que deparan las situaciones meteorológicas del oeste generan gotas con un diámetro suficiente para crear arcos iris muy manifiestos. Los claros breves garantizan que la luz del Sol incida una y otra vez sobre las nubes cargadas de agua. Muy a menudo se forman arcos iris fragmentados cuya explicación estriba en que la cobertura nubosa se abre y la lluvia cae de manera irregular. Las precipitaciones de nieve no dan lugar a la aparición del arco iris. El Sol se sitúa en la mejor posición para la formación del arco iris en primavera y en otoño. Cuanto más se eleva el Sol en el cielo, tanto más limitada será la aparición del arco iris a primeras horas de la mañana o a últimas horas de la tarde.
El «arco iris de niebla», casi blanco, se forma con niebla o con las denominadas humedades de niebla. Se divisa, por ejemplo, por las mañanas, cuando los rayos solares calientan el suelo y con ello dispersan la niebla a ras de suelo.
Pronóstico. Por las mañanas el arco iris se sitúa en el oeste y por las tardes en el este. Cuando aparece por la mañana anuncia la llegada de chubascos procedentes del oeste y no cabe esperar una mejoría del tiempo a corto plazo. Cuando se observa por la tarde, indica la existencia de nubes de lluvia en el oeste que en muchos casos se desvanecen (por ejemplo, después de una tormenta). Con situaciones meteorológicas del oeste tampoco se pueden descartar claros cuando menos breves, por ejemplo, asociados a una cuña anticiclónica.

Arco iris sencillo. ▷
Arco iris doble.

Relámpagos

Observación. Descargas de rayos durante una tormenta (véase pág. 76). A menudo se ven caprichosas estelas de luz de diversa longitud. Los relámpagos forman líneas simples, pero también muestran ramificaciones hacia arriba y hacia abajo. Algunos sólo se manifiestan como un resplandor entre la capa nubosa. El «relámpago en rosario» permite ver durante varias décimas de segundo una especie de collar de perlas luminoso. En ocasiones se han observado rayos en bola con forma de «globo de fuego» sobre la superficie terrestre. Con frecuencia las descargas eléctricas intensas van seguidas de precipitaciones bastante fuertes.
Física. Cada rayo consiste en una descarga eléctrica que precisa un campo eléctrico tan intenso como el que crean las nubes de tormenta. La diferencia de potencial puede surgir en una misma nube, entre nubes distintas, entre las nubes y la superficie terrestre, o entre las nubes y las capas altas de la atmósfera. Por lo común, el relámpago va precedido de una descarga débil seguida de la descarga principal, la cual puede consistir en varias descargas parciales. Las diferencias de potencial ascienden a unos 100 millones de voltios. Se calcula que la energía media que se libera al producirse un rayo ronda los 100 kilovatios-hora y que el equilibrio se restablece en un intervalo ínfimo de 0.02 segundos en promedio, mientras que en el proceso intervienen intensidades de corriente de hasta 200 000 amperios. Los relámpagos más habituales consisten en un rayo rectilíneo. El relámpago difuso no se ve de manera directa, sino que ilumina las nubes. Todos los rayos se desplazan por un canal. La desaparición irregular del canal da lugar a relámpagos de aspecto entrecortado o de rosario. Los «misteriosos» rayos en bola aún no han recibido una explicación física satisfactoria. Se ha hablado de «nubes eléctricas de polvo», de la incineración lenta de una mezcla de carbono en el aire, o incluso de una masa gaseosa ionizada y brillante formada en el canal del rayo. En comparación con la cantidad total de relámpagos que se forman, cae a tierra un número muy reducido de rayos y éstos se extienden tanto desde las nubes de tormenta hacia la superficie como a la inversa, desde la superficie hacia las nubes. Cuando el relámpago produce un incendio, se trata de un rayo de baja intensidad eléctrica pero de mucha duración. Los rayos muy breves consisten en descargas frías, aunque por momentos alcanzan temperaturas de unos 10 000 °C, pero demasiado breves como para prender.
Condiciones atmosféricas. Los relámpagos aparecen con tormentas tanto cálidas como frontales. Cuando la tormenta se encuentra muy alejada dejan de oírse los truenos, mientras que los relámpagos se ven como resplandores en el horizonte. La impresión de que después de un rayo se producen lluvias o incluso granizo de especial intensidad tiene su origen en las propiedades físicas del rayo. Precisamente las partículas grandes de hielo o agua dejan de desplazarse hacia arriba a través del campo en cuanto se produce la descarga y se precipitan con rapidez hacia el suelo. Cuando se da un ascenso notable de la temperatura puede tener lugar una «tormenta seca»: en algunos casos la lluvia se evapora entre masas de aire más calientes y no llega a alcanzar la superficie. ¿Dónde cae el rayo? En parte lo determina la conductividad de la superficie terrestre. Los suelos húmedos son más peligrosos que los secos. También son peligrosos los árboles y los edificios altos. Los lugares más seguros para resguardarse de un rayo son un coche o una casa (¡en habitaciones cerradas!). Cuidado: el metal del coche protege a los ocupantes a modo de jaula de Faraday, ¡pero no la goma de las ruedas, que cuando hay aguaceros tormentosos se mojan y conducen la electricidad! En casa deben desenchufarse de la red y de las antenas los aparatos de radio y televisión. Hay que alejarse de canalizaciones fluviales o de agua. En campo abierto, conviene ponerse en cuclillas y tocar el suelo únicamente con la punta de los pies. En caso de que haya árboles próximos hay que alejarse de 5 a 10 metros de ellos. La caída de ramas o de árboles también puede suponer un riesgo (¡rayos o turbo-

Rayo lineal.

nada con tormenta!). Los aviones y embarcaciones metálicas actúan, como los coches, a modo de jaula de Faraday (pero los picos de tensión pueden dañar la electrónica). Los botes deportivos de madera se pueden proteger mediante una banda de pasta que vaya de los obenques hasta la superficie del agua.

Pronóstico. Con descargas eléctricas intensas puede contarse con fuertes precipitaciones durante la tormenta. La observación de relámpagos en el cielo occidental y suroccidental indica la llegada de un frente de tormenta. Cuando los rayos se divisan en el cielo oriental y nororiental apenas cabe esperar tormentas en el lugar de observación. Los relámpagos durante una situación estival de altas presiones permiten concluir la aparición de tormentas cálidas locales, pero no hay que temer un empeoramiento severo del tiempo.

Calima

Observación. Con buen tiempo, en especial cuando impera durante un periodo prolongado, se aprecia una capa de color amarillento o incluso rojizo hacia el horizonte que, contra un fondo oscuro, adquiere tonalidades azules. Asimismo, en las alturas, el cielo pierde su color azul (véase pág. 48) y parece estar cubierto por un velo blanco grisáceo. Tanto la coloración del horizonte como el velo macilento del cielo crean una sensación de turbidez que en invierno puede resultar muy manifiesta cuando se dan a la vez altas presiones e inversión (véase pág. 78). Esta turbiedad reduce la visibilidad en mayor o menor medida. La calima, como se denomina dicha turbiedad, cobra especial densidad en las zonas con concentraciones urbanas o industriales e impide que el Sol luzca nítido con cielos despejados. A medida que aumenta la densidad de la capa de calima, no sólo se observa un descenso de la visibilidad, sino que también imperan los tonos grises y da la impresión de que pronto sobrevendrá la niebla (véase pág. 92). De hecho, la calima suele preceder a la niebla y a las precipitaciones subsiguientes.

Física. Debe diferenciarse entre la «calima seca» y la «calima húmeda». La calima seca consiste en una mezcla de polvo, humo, arena y partículas de suciedad que es arrastrada desde la superficie terrestre hacia las capas bajas de la atmósfera. La turbidez como consecuencia de la calima seca puede deberse además a procesos típicos de un paisaje determinado (por ejemplo, tormentas de arena en el desierto) o a episodios relacionados con la civilización, la técnica y la industria: incendios, emisión de gases industriales o gases de escape del tráfico rodado. En la mayoría de los casos, las partículas pulverulentas de origen natural y artificial se mezclan y dan lugar a la calima. Lo relevante para la meteorología estriba en que estas partículas en suspensión aportan al aire los llamados núcleos de condensación que dan lugar a precipitaciones. Cuando confluyen las condiciones necesarias, el vapor de agua del aire se incorpora a las partículas en suspensión y produce precipitaciones. No obstante, las gotas de lluvia también pueden enturbiar el aire y la visibilidad cuando aparecen en la atmósfera con un tamaño y una densidad minúsculos. En este caso se habla de calima húmeda, la cual puede convertirse en poco tiempo en niebla. Por lo general basta un descenso insignificante de la temperatura para que las gotas que forman la calima aumenten de tamaño. Cuando la visibilidad alcanza hasta un kilómetro o más, se habla de calima; cuando no sobrepasa los 1000 metros de distancia empieza a considerarse niebla.

Condiciones atmosféricas. La calima seca, que casi siempre va acompañada de cierto vapor de agua, se forma a menudo durante situaciones de buen tiempo. La existencia de vientos moderados favorece la incorporación de partículas de polvo de origen diverso a las capas más bajas del aire. Por eso recibe el nombre alternativo de «calima de buen tiempo». Distinto es que, como consecuencia de una situación de bajas presiones, se enfríe el aire caliente rico en vapor de agua y forme una capa de bruma transparente que dé origen a la aparición de la siguiente niebla o masa nubosa.

Pronóstico. El tipo de calima y el grado de formación de vapor resultan determinantes para juzgar qué tiempo hará. Mientras impere una humedad baja en el aire, y por tanto haya una calima relativamente seca, el incremento de la turbiedad no implicará la desaparición de la situación dominante de altas presiones. Debe prestarse una atención especial a la turbiedad debida a la entrada de aire húmedo y cálido desde el mar. La formación paulatina de calima y el agravamiento del velo gris unidos, si cabe, a signos de formación de estratos (véase pág. 96) indican un cambio de tiempo que, por lo general, permite augurar precipitaciones. Para calibrar el tipo de calima son relevantes los tintes crepusculares (véase pág. 50).

Formación típica de bruma en una cordillera con reducción de la visibilidad. ▷
Bruma sobre el mar. En el cielo se aprecian cúmulos.

Foehn

Observación. Irrupción repentina de vientos tormentosos desde las cumbres de los Alpes hacia los valles alpinos de la ladera septentrional y en dirección a las regiones subalpinas. Esto va acompañado de un aumento notable de la temperatura de entre 10 y 20 °C, un aire de una claridad y nitidez extremas, y formaciones nubosas características con forma lenticular contra un cielo azul. Este efecto es especialmente acusado en invierno: por decirlo así, durante la noche impera un tiempo primaveral y la nieve se derrite. En los valles y en las regiones subalpinas el foehn del sur es un viento seco y cálido.
Estas condiciones no sólo se observan en la vertiente septentrional de los Alpes y en el sur de Alemania. También en la ladera meridional de los Alpes se produce el foehn del norte en forma de vientos tormentosos del norte. En Groenlandia y en las islas Spitzbergen, así como en Japón, se dan vientos descendentes. Al este de las Rocosas, el viento descendente sopla en forma de viento tormentoso del oeste y lo mismo ocurre al este de las cordilleras de Sudamérica. En los Andes se lo denomina puelche y, en Argentina, zonda. (Véase además la pág. 206.)
Física. Una condición indispensable para la aparición del foehn y de otros vientos descendentes consiste en la existencia de una cordillera elevada. Ésta, que en el caso del foehn son los Alpes, bloquea las capas de aire más bajas en el lado del que procede la corriente. Sólo el aire situado sobre ellas cuenta con energía suficiente para atravesar el obstáculo y se precipita hacia el norte de las cimas alpinas en forma de viento de foehn que desciende hacia los valles. En el proceso se calienta alrededor de 1° /100 metros. Las nubes se deshacen con rapidez puesto que el aire aumenta de temperatura y así, con la misma cantidad de vapor de agua, se torna más seco. De este modo, es típico que el aire de foehn descienda desde 2000 o 3000 metros sobre la superficie del mar hasta 500 metros en los valles. Cuando la altura de la cordillera ronda los 2500 metros las cifras modelo se asemejan a:

Temperatura del aire a 2500 metros	5 ºC
Calentamiento aproximado de 1º/100 metros en el descenso a 500 metros	+ 20 ºC
Temperatura del aire de foehn en el valle	25 ºC

El foehn también aumenta de temperatura con el descenso, puesto que el aire se somete a mayor presión. Esto se observa muy bien al inflar la cámara de una bicicleta. A diferencia de lo que afirmaba la antigua teoría del foehn, el aire de la vertiente meridional de los Alpes no asciende desde el suelo hasta las cumbres (Johannes Vergeiner).
Alrededor de 2/3 de los casos de foehn producen precipitaciones en la ladera contra la que incide el viento. Si el aire incidente ya es húmedo, dicha humedad se acumula en las cumbres más altas de los Alpes, mientras que en la ladera sur alpina se forma una «pared de foehn». Parte del aire también se ve obligado a ascender hasta las cumbres de la cordillera. Después, dependiendo de la humedad que tenga la masa de aire situada en la ladera de incidencia, pueden formarse nubes de evolución y darse precipitaciones en forma de lluvia o nieve.
Condiciones atmosféricas. Observaciones en los Alpes muestran que durante el foehn, las cumbres soportan vientos y precipitaciones abundantes. También en la vertiente contra la que incide el aire (en el caso del foehn del sur, la vertiente alpina meridional) impera un tiempo frío y lluvioso. Con situaciones de foehn muy débiles y al inicio de una situación de foehn de intensidad normal, suele imperar un tiempo seco en la ladera sur alpina. Si se mira desde las estribaciones septentrionales de los Alpes se aprecia la «pared de foehn» sobre las cumbres alpinas, la cúspide de las nubes concentradas sobre la zona meridional alpina. Un foehn intenso puede durar varios días. La desaparición del foehn en el sur de Alemania suele conllevar la entrada del frente de aire frío de una región de bajas presiones, mediante el cual se acumula aire frío en la vertiente norte de los Alpes.

Esta fotografía aérea se tomó durante una situación de foehn el 28 de febrero de 2000 desde un Falcon 20 E5 del DLR Oberpfaffenhofen. En dirección sur a lo largo del Wipptales se atraviesa el Geschnitztal a una altitud de 7200 m, mirando hacia el SO. Bajo la pronunciada inversión entre 2700 y 3000 m (límite superior de las nubes) predomina una corriente del sur canalizada. Se aprecian con claridad las ramificaciones de nubes que se precipitan a lo largo de las cimas alpinas. Sobre ellas sopla un viento del sudoeste de 15 m/s. Además de la acumulación típica, es interesante el ligero ascenso de la capa de nubes en los Alpes Stubaier y el Vinschgau relativamente abierto. (Johannes Vergeiner, Universidad de Innsbruck)

La formación de ondas en la cordillera, la condensación en la cresta de las ondas y la sequedad en el valle de las mismas desencadena las típicas nubes lenticulares, las cuales se mantienen paralelas a la cordillera con flujos del sur muy copiosos. El foehn suele ir asociado a un cambio de viento en altura hacia el oeste. Las nubes lenticulares se extienden más paralelas a las cumbres alpinas y constituyen formaciones llamativas contra el cielo azul. En las cordilleras de alturas intermedias también se dan situaciones de foehn, sin bien suavizadas.

Pronóstico. El foehn no representa una situación meteorológica duradera. El descenso de la presión atmosférica en la vertiente septentrional alpina desencadena el mecanismo del foehn durante las frecuentes situaciones meteorológicas del oeste que se producen, lo cual mantiene alejada la depresión atmosférica del sur de Alemania varios días. No obstante, por lo general acaba prevaleciendo el aire frío de la depresión. En Europa central sólo predomina el buen tiempo en situaciones meteorológicas del sur destacadas, con un anticiclón estacionario sobre el este de Europa y una depresión atmosférica sobre el Atlántico, las cuales se refuerzan aún más debido a que el aire cálido procedente de las zonas mediterráneas discurre hasta los Alpes e intensifica el «mecanismo del foehn».

Corrientes en altura

Observación. Si se observa con atención, de vez en cuando se descubren delicadas nubecillas en forma de plumas en el cielo azul y despejado. Se trata de cirros (véase pág. 86). A menudo, estas «plumas» blancas parecen mantenerse inmóviles en el cielo y no se aprecia ningún cambio en su frágil estructura. Pero a veces se muestran como vapuleadas con fuerza por el viento y entonces se ven cirros arrastrados por las corrientes. En otras ocasiones adquieren un aspecto estriado característico con ramificaciones en forma de gancho en uno de sus extremos. También quien observa con despreocupación tiene la sensación de que hay movimiento, de que está actuando un flujo de aire. Algo similar se observa en los cirrostratos nebulosos (véase pág. 96), que por lo común van asociados a la llegada de frentes cálidos (véase pág. 209). Los cirrostratos nebulosos confieren a la luz del Sol un aspecto lechoso en el cielo. De vez en cuando, estos estratos en forma de velo se disponen en bandas horizontales que en algunos lugares muestran una estructura arremolinada. También en este caso resulta evidente que una intensa corriente de aire mantiene en movimiento estas nubes a gran altura.

Física. Las situaciones atmosféricas no vienen determinadas tan sólo por las masas de aire próximas a la superficie terrestre. El aire frío y el caliente también chocan entre sí a 5 y 10 kilómetros de altura, si bien la diferencia de temperatura y de presión atmosférica es ahí bastante más pronunciada que en las capas de aire próximas al suelo. En consecuencia, se originan corrientes de aire muy intensas que alcanzan velocidades sorprendentes. A más de 5 kilómetros de altura han llegado a medirse velocidades eólicas de 300 y 400 kilómetros por hora, lo cual cobró especial relevancia desde el momento en que la aviación empezó a transitar a estas alturas. Los flujos de aire en las capas superiores de la troposfera («corrientes en chorro») son tan intensos que deben tenerse en cuenta incluso para los horarios aéreos. En los vuelos entre Europa y Norteamérica se dan diferencias de duración de alrededor de una hora entre el trayecto de ida y el de vuelta, debido a estas corrientes en chorro. Las corrientes en altura propulsan un movimiento circular entre el aire más próximo a la superficie y el que se halla en las capas más altas de la troposfera. El aire ascendente que fluye desde las zonas de bajas presiones alcanza las corrientes en altura y regresa a ras de suelo empujado por el aire descendente que circula en las zonas de altas presiones.

Condiciones atmosféricas. La corriente en altura relevante para Europa arrastra el aire de oeste a este aproximadamente sobre la línea que une Irlanda, Inglaterra, el norte de Alemania y Polonia. Se ha comprobado que las zonas de bajas presiones comparten grandes tramos con las corrientes en altura. Hay que tener en cuenta que los flujos en altura no siguen con exactitud «las rutas eólicas», sino que se producen incesantes cambios repentinos de dirección, lo cual, como es natural, repercute asimismo en el sentido de arrastre de las zonas de bajas presiones. Para las condiciones atmosféricas tiene más importancia el efecto succionador que ejercen las corrientes en altura. En consecuencia se producen remolinos de bajas presiones de especial intensidad acordes con situaciones meteorológicas con intensos vientos y precipitaciones.

Pronóstico. Las corrientes en altura se tornan manifiestas en el movimiento y el cambio de forma que experimentan los cirros y los estratos. Estas nubes altas indican, sobre todo en las proximidades de una zona de bajas presiones, el sentido de arrastre de los vientos en altura que determinan el tiempo atmosférico. Así, cuando los cirros se desplazan de oeste a este, se observa en las nubes más bajas una dirección opuesta de arrastre. Hay que prestar atención a las direcciones de arrastre observadas: por lo general el lugar de observación sólo padecerá mal tiempo cuando los cirros interrumpen de izquierda a derecha la dirección de arrastre de los estratos y cúmulos situados a alturas medias o bajas.

El movimiento de cirros sutiles indica las corrientes en altura.

En este caso, el observador se encuentra de espaldas al viento en superficie. Si se comprueba que los cirros entrecortan de derecha a izquierda la dirección de arrastre de las nubes más bajas, que es idéntica a la del viento en superficie, será señal de que se aleja una zona de bajas presiones. Una tercera posibilidad consiste en que no se produzca ningún cambio en las condiciones meteorológicas de la zona si las corrientes a ras de suelo y las de altura se desplazan en la misma dirección, bien siguiendo el mismo sentido o bien uno opuesto.

Viento terral y marero, viento de montaña y de valle

Observación. Quien pase las vacaciones en la costa observará que un agradable viento frío se adentra en la tierra desde el mar en días soleados después del mediodía. El aire marítimo más frío discurre bajo el aire cálido procedente de la tierra. El aire cálido asciende y se forman pequeños cúmulos («cúmulos de buen tiempo») que vuelven a desvanecerse con rapidez. En la montaña se observan casos semejantes: con buen tiempo fluye desde el valle hacia las cumbres el llamado viento de valle al final de la mañana y, en especial, después de la misma. También se lo denomina «viento ascendente de ladera». Con él pueden desarrollarse cúmulos dispersos que se deshacen después.
Regresemos al mar. El viento marero amaina poco a poco a medida que avanza la tarde. Pero a lo largo de la noche arriba de nuevo un viento que esta vez fluye de las zonas terrestres hacia el mar. Si nos levantamos antes del amanecer notaremos este viento terral con toda intensidad. En la montaña se observa asimismo que el viento de valle se detiene al caer la noche. Pero ya a comienzos de la tarde se percibe un viento frío que discurre desde las montañas hacia el valle; es el viento de montaña o viento catabático. A ras del suelo del valle se desarrolla otra corriente eólica. Entre la segunda mitad de la noche y las últimas horas de la mañana sopla un viento a veces intenso en dirección al valle.
Física. El mar y la tierra firme se calientan y se enfrían de forma muy dispar. Con el viento marero y terral, así como con el viento de montaña y de valle, se observan fenómenos fundamentales que tienen relevancia para las condiciones atmosféricas. Cuando el Sol alcanza el cenit, la masa de tierra se calienta más que el mar. El calentamiento de las capas bajas del aire situado sobre la tierra provoca un descenso de la presión. Se produce un descenso de la presión del mar hacia la tierra firme y entra en acción el viento marero. En la montaña, se produce un descenso de la presión debido a que el Sol calienta más el suelo del valle que las cumbres. El aire que se calienta en el suelo del valle se desplaza hacia arriba.
En cambio, durante la noche, la tierra firme se enfría más que el mar. Como el viento terral fluye de la costa al mar, sobre la masa de agua se forma una zona de depresión atmosférica. En la montaña, el ambiente se enfría con la caída del Sol y el viento frío se hunde hacia el valle, donde sopla el viento de montaña. Durante la noche, el aire del suelo del valle continúa enfriándose y se produce un nuevo descenso de la presión hacia la salida del valle. Las estribaciones de las montañas se encuentran más hondas y son más cálidas. Ese descenso de la presión libera después de la medianoche el segundo viento descendente, el viento descendente de valle.
Esta actividad eólica con buen tiempo en la costa y en la montaña amaina cuando la diferencia de temperatura entre el mar y la tierra firme, o entre el valle y la montaña, está bastante compensada. Esto ocurre por lo común durante las horas posteriores al orto del Sol y previas al ocaso.
Condiciones atmosféricas. El viento terral y marero, así como el viento de montaña y de valle, consisten en corrientes de aire locales. Sólo soplan de manera genuina en días estivales claros, cuando no cabe esperar ningún tipo de perturbación en la situación meteorológica global. Resultan más llamativos cuanto más acusada es la diferencia de temperatura entre el día y la noche. Por tanto, el mecanismo de estos sistemas eólicos actúa con más eficacia en las latitudes bajas que en las altas y se nota más en las montañas elevadas que en las de alturas intermedias. Las circunstancias, muy variables dependiendo del lugar, tienen gran relevancia. Junto a estos sistemas eólicos cuya orientación varía con las horas del día, existen otros asociados a las estaciones del año que se basan en el mismo principio. Entre ellos se cuentan los monzones, por ejemplo en India, que soplan durante el verano (tierra firme caliente/mar más frío) y durante el invierno (tierra

Cúmulos térmicos en la vertiente norte alpina.

firme fría/mar más caliente). También en Europa se dan situaciones meteorológicas de carácter monzónico: con los flujos del norte que se dan en primavera y comienzos del estío sopla un aire marítimo frío y húmedo del noroeste como consecuencia del calentamiento del continente. Las situaciones meteorológicas del sur que se producen a finales del verano y durante el invierno como consecuencia del enfriamiento del continente van asociadas a un aire seco del sudoeste.

Pronóstico. Los vientos diarios auténticos tanto mareros como terrales son «vientos de buen tiempo», lo cual viene corroborado por la formación de nubes en forma de cúmulos que vuelven a desvanecerse con rapidez.

Viento

Observación. Existe un gran número de corrientes de aire observables. En la montaña, por ejemplo, se percibe el viento de valle que sopla durante el día hacia las cumbres. Una corriente comparable es el viento marero de la costa que fluye de día desde el mar hacia la playa. También está el viento racheado y tormentoso que precede a una tormenta o a una lengua de aire frío. O los vientos catabáticos, cuyo representante más conocido es el foehn (véase pág. 64). Con temporal se desarrollan vientos con fuerzas de borrasca y huracán de gran poder destructivo. El viento avanza sin trabas y con toda su energía especialmente en mar abierto. Existen vientos periódicos asociados a las estaciones del año como, por ejemplo, los monzones que soplan en India en verano e invierno (véase pág. 200). Otro sistema eólico de gran alcance lo representan los alisios, los cuales soplan en los trópicos sin estorbos, sobre todo en el mar, y con gran regularidad.
Física. La explicación de que el viento fluye de las zonas con altas presiones a lugares con presiones más bajas y compensa así las diferencias de presión sólo puede aplicarse de forma estricta a corrientes locales. Asimismo, el viento no sólo circula en horizontal. Existen corrientes verticales considerables como, por ejemplo, los vientos ascendentes durante una tormenta. Junto a las diferencias de temperatura entre las masas de aire, que provocan diferencias de presión por todas partes, actúan otras fuerzas que desvían las corrientes de aire:

1. la rotación de la Tierra,
2. fuerzas de fricción que se forman en la superficie terrestre.

La mecánica de los vientos terrales y mareros se basa en las diferencias de temperatura y de presión que se manifiestan a diario. En las corrientes extensas de aire se torna perceptible la «fuerza de Coriolis»: la desviación de las corrientes eólicas a medida que la Tierra gira sobre su eje. Un sistema eólico semejante de gran alcance lo conforman los alisios al norte y al sur del ecuador. En este caso son relevantes, además de la rotación terrestre, el aporte energético de las masas de aire y la distribución del mar y la tierra firme sobre la superficie terrestre. La fuerza del viento se mide en metros por segundo o en nudos (= millas marinas por hora), aunque también está muy extendido el uso de los grados de fuerza establecidos por la escala de Beaufort (véase pág. 128).
Condiciones atmosféricas. Si exceptuamos las tormentas cálidas locales, los flujos del oeste y del norte con irrupciones frías conllevan los vientos más activos. La velocidad del viento aumenta con la altura. Cuanto más intenso es el viento, más racheado es a su paso. Las rachas se forman debido a la naturaleza del terreno y a la estratificación de la temperatura en las alturas. Las ráfagas más fuertes se producen con las lenguas de aire frío. Sobre vastas masas de agua (el mar), el viento suele soplar con uniformidad puesto que carecen de las irregularidades propias del relieve en tierra firme.
Pronóstico. El meteorólogo neerlandés Buys-Ballot descubrió la siguiente regla: «Si me sitúo en la dirección del viento de manera que éste quede a mi espalda, tendré a mi izquierda una región de bajas presiones con predominio de mal tiempo y hacia atrás a mi derecha habrá una región de altas presiones con mejor tiempo». Los vientos del oeste y del norte conllevan humedad y frío, los del este y el sur, sequedad y calor. Los cambios repentinos de viento indican cambios de tiempo. Si las nubes a distinta altura se desplazan unas hacia otras, es señal de que a cada altura soplan vientos diferentes. Por lo general, los vientos altos (vientos en altura) determinan la evolución del tiempo. La aparición de vientos refrescantes por la tarde, sobre todo procedentes del sudoeste o del noroeste, permite esperar un tiempo inestable tendente a traer precipitaciones. En invierno anuncia deshielos después de un periodo de heladas.

Inicio de una manga de agua (turbión) a partir de un gran cúmulo. ▷
Polvareda frente a África occidental causada por el harmatan.

Oleaje

Observación. Con las olas de gran tamaño sucede algo similar a lo que ocurre con nieblas tan densas que no dejan ver más allá de la nariz. Sin duda se trata de una expresión exagerada, pero incluso en aguas continentales se observan olas grandes durante las tormentas. Las olas de varios metros de altura se producen principalmente en el mar. En él se observa la sorprendente circunstancia de que cuanto mayor es la intensidad del viento, más se ensanchan las olas y, en consecuencia, más planas se tornan, sobre todo cuando no hay costas que alteren su desplazamiento. Así, las olas más anchas se forman en el hemisferio sur de la Tierra, tanto en el océano Pacífico entre Tierra de Fuego y Nueva Zelanda, como en el Atlántico Sur. Estas olas rondan los 800 metros de longitud y no superan los 20 metros de altura. Quienes navegan con frecuencia por el mar conocen las olas especialmente turbulentas de lo que se denomina «mar cruzada». Sin viento también se observan olas en el mar procedentes de centros eólicos lejanos. Cuanto más lisa se vuelve el agua del mar, tanto más se acercan entre sí las crestas de las olas; entonces se observan olas breves y empinadas cuyas crestas rompen frente a la costa, y pueden aparecer golpes de mar de gran altura.
Física. Todo lo comentado en el apartado de observación se engloba bajo el término conjunto de oleaje. Su agente desencadenante es el viento y se forma a partir de las olas del mar. El oleaje que se levanta directamente a partir del viento se denomina «mar de viento». Cuando el oleaje surge de manera indirecta como consecuencia de las corrientes de aire que circulan en otro lugar, se habla de «mar de fondo». El oleaje está constituido por una variedad de olas del mar que se diferencian en cuanto a altura, longitud de onda y periodo, así como a dirección de propagación. El tiempo («duración efectiva») y la extensión («longitud efectiva») de la acción eólica determinan el oleaje.

Oleaje con vientos de intensidades diversas (véanse además las págs. 289-295)

	Fuerza 2 «ventolina»	Fuerza 6 «brisa fresca»	Fuerza 10 «temporal»
Longitud efectiva	0.56 millas marinas	140 millas marinas	1570 millas marinas
Duración efectiva	0.7 horas	15 horas	73 horas
Periodo de onda	1.4 segundos	7 segundos	14.7 segundos
Longitud de onda	2 metros	51 metros	225 metros
Altura de ola	0.05 metros	2.5 metros	15.8 metros

Cuando la profundidad del mar es menor que la mitad de la longitud de las olas del mar (cerca de la costa), el oleaje se convierte en resaca. Las ondas del oleaje no se deben tan sólo a la presión y el empuje de las corrientes de aire, sino también a las diferencias de presión atmosférica y a las fuerzas de marea, así como a maremotos y a movimientos generados por icebergs.
Condiciones atmosféricas. La intensidad del oleaje guarda relación con situaciones meteorológicas asociadas a corrientes de aire. Las tormentas tienen gran relevancia al respecto cuando se trata de aguas continentales, pero también afectan los vientos descendentes (foehn) o las irrupciones frías (flujos del norte). Los vientos intensos que aparecen con flujos del oeste se adentran mucho en las zonas continentales interiores. En la costa predomina entonces un viento fuerte que en mar abierto llega a ser tormentoso o incluso huracanado (véase pág. 128).
Pronóstico. El oleaje en sí no sirve para efectuar predicciones. En cambio, la aparición de pequeñas olas encrespadas en la orilla del mar en un día en pleno verano sí que es señal y preludio de oleaje (véase pág. 68), y signo de buen tiempo. La aparición repentina de oleaje intenso con crestas blancas de espuma indica vientos racheados. El oleaje sirve como referencia para determinar la fuerza del viento.

Pesquero en mar de fondo con viento flojo. ▷
Oleaje durante una tormenta.

Altas presiones

Observación. Cielo muy azul, cúmulos aislados que se deshacen con rapidez y ningún viento o alguno muy ligero caracterizan una situación típica de buen tiempo en verano. Cuando se prolonga durante varios días aumenta la temperatura («ola de calor»). En invierno, este tipo de situaciones atmosféricas suele deparar grandes heladas. En lugar de un cielo azul también pueden aparecer bancos altos de bruma o estratos nubosos. Esto se observa sobre todo en situaciones de inversión (véase pág. 78), las cuales se dan con frecuencia en otoño e invierno. Si el cielo se despeja con rapidez tras el paso de una borrasca y queda una visibilidad muy buena con chubascos aislados, también suele conllevar un anticiclón. En contraste con los periodos de buen tiempo que duran varios días, estos claros persisten en la mayoría de los casos uno o dos días a lo sumo.

Física. La desaparición de la nubosidad se debe al movimiento descendente del aire. Como las zonas de altas presiones albergan pocas nubes, la estructura espiral del movimiento eólico no se manifiesta, por ejemplo, en las fotografías tomadas por satélites. El sentido de giro en el hemisferio norte terrestre es dextrógiro («anticiclónico»). La masa de aire de una zona de altas presiones suele ser homogénea. El viento en superficie sopla contra las bajas presiones con trayectorias espirales como consecuencia del rozamiento contra el suelo. Así, el aire fluye hacia el exterior del núcleo anticiclónico. De este modo, la masa de aire desciende con lentitud, se calienta en el proceso y desintegra todas las nubes de alrededor. La mayoría de los anticiclones consisten en aire cálido. La bajada de temperatura con la altura es, pues, bastante menor que la que deparan las zonas de bajas presiones. Sin embargo, esto no impide que las temperaturas en lugares próximos al suelo sean tórridas en verano y frías durante los meses de invierno con anticiclones carentes de nubes. La formación de una zona de altas presiones sucede con bastante lentitud. En las regiones subtropicales se dan los anticiclones más duraderos porque el efecto conjunto de las fuerzas circulatorias que imperan en estas latitudes (véase pág. 36) provoca un descenso del aire. El cinturón subtropical de altas presiones influye considerablemente en la meteorología europea (véase pág. 188). Además de los anticiclones de gran alcance, existen «cuñas de alta presión» localizadas entre anticiclones sucesivos. En este caso, el agente desintegrador es un aire frío que fluye detrás de la depresión que avanza hacia el este. Su extensión en las alturas siempre es reducida y, en consecuencia, también lo es su capacidad para repercutir en el tiempo.

Condiciones atmosféricas. Una situación atmosférica característica para la formación de un anticiclón en zonas amplias de Europa viene representada por los flujos del oeste y del sur a una altura estacionaria sobre Escandinavia o el este de Europa. Como el aire descendente desintegra las nubes en las alturas, los anticiclones son sinónimos de buen tiempo, aunque con restricciones. El intenso calentamiento del aire próximo al suelo en verano propicia la formación de cúmulos («cúmulos térmicos») y de tormentas de calor (véase pág. 76). En invierno predomina el enfriamiento por radiación durante la noche, lo que favorece la formación de niebla alta (estratos). El anticiclón de las Azores tiene una repercusión destacada en la meteorología europea, tanto para traer buen tiempo como para los recurrentes flujos del oeste. A diferencia de los anticiclones estacionarios con situaciones de buen tiempo que suelen perdurar, la «cuña anticiclónica» tiene gran movilidad y apenas influye en las condiciones atmosféricas. Las cuñas se localizan entre dos zonas sucesivas de bajas presiones y por lo común conllevan periodos de calma de uno a dos días con grandes claros, chubascos aislados y poca actividad eólica. Casi siempre les sigue el paso de la siguiente borrasca.

La aparición de cúmulos dispersos, sobre todo por la mañana y a mediodía, durante un anticiclón no es nada inusual.

Pronóstico. Mientras los cúmulos (véase pág. 88) altos se desvanezcan en cuestión de horas, no hay que contar con un empeoramiento del tiempo. La formación progresiva de niebla en otoño e invierno durante un anticiclón tampoco indica variaciones repentinas de tiempo. En cambio, la aparición y persistencia de cirros (véase pág. 86) señala un cambio de tiempo.

Tormentas

Observación. Sobre todo durante los meses estivales aparecen cúmulos de formación rápida, las denominadas «torres de tormenta». Las condiciones previas para que se produzcan precipitaciones se dan cuando la torre de cúmulos se «deshace» por los extremos y los bordes adquieren un aspecto filamentoso similar al del humo. Un viento racheado precede el estallido de la tormenta o la caída de lluvias torrenciales y, en parte, también caracteriza las precipitaciones de granizo o nieve. Varias horas antes de la tormenta, se observa un descenso notorio de la presión atmosférica.
Física. Las tormentas se desencadenan por al ascenso veloz de aire cálido húmedo hasta grandes alturas (tormentas de calor) o por el choque violento entre un aire cálido húmedo y un frente mayor de aire frío (tormentas frontales). Durante este proceso se desarrollan intensas corrientes de aire y los vientos ascendentes alcanzan los 10 000 metros de altura. El enfriamiento parejo del aire produce condensación, de modo que el vapor de agua se licua. Como las nubes de tormenta albergan temperaturas inferiores a 0 °C, el agua que contienen puede encontrarse en forma de cristales de hielo o de gotas sobreenfriadas, aunque por lo común coexiste en ambos estados. La interacción de las partículas de hielo y agua con el campo eléctrico de la nube genera grandes voltajes. En las nubes de tormenta se han medido intensidades de campo de 3500 V/m. Las cargas eléctricas positivas y negativas se separan en virtud de las distintas velocidades de caída de las partículas de hielo y agua. La nube actúa como un generador. En las correspondientes intensidades de campo se produce la descarga (relámpago) después de la cual empieza a cargarse de nuevo la nube que hace de generador. El incremento repentino de presión en el canal caliente del rayo se expande como una onda de choque y se oye en forma de trueno. La velocidad de expansión (igual a la del sonido, 330 m/s) permite calcular a qué distancia se halla la tormenta. Como la atmósfera absorbe las ondas sonoras, los truenos sólo llegan a oírse a distancias aproximadas de 18 kilómetros. Los sistemas modernos de medición registran señales electromagnéticas producidas por relámpagos a distancias de hasta 1500 kilómetros.
Condiciones atmosféricas. Las tormentas de calor son fenómenos muy localizados y surgen como consecuencia de una radiación solar intensa. El ascenso del aire húmedo caliente viene favorecido por vientos ascendentes que se forman sobre todo en las laderas montañosas. Las tormentas de calor son propias de situaciones atmosféricas estivales. A menudo duran sólo una o dos horas y después vuelve a lucir el Sol. Las tormentas frontales se producen cuando un frente de aire frío arriba al continente debido a un flujo del oeste y tropieza a su paso con aire caliente. Este aire se calentó en una zona de bajas presiones y está cargado de vapor de agua (evaporación). El frente frío se adelanta al aire cálido, el cual intensifica aún más el conocido ambiente bochornoso. Los fenómenos de turbulencia en las tormentas frontales son inmensos. El frente tormentoso alcanza a menudo varios cientos de kilómetros de largo y atraviesa Europa de oeste a este. Las tormentas frontales abundan más en la costa que en el interior y no se limitan al verano. Las tormentas de invierno son tormentas frontales con fuertes ventiscas.
Pronóstico. Las tormentas de calor, muy localizadas, no tienen por qué implicar un empeoramiento del tiempo, pero conllevan un descenso de temperatura que a menudo es incluso pasajero. Cuando la dirección del viento no varía después de la tormenta, puede contarse con un apaciguamiento del tiempo. Si el agua caída se evapora con rapidez no puede descartarse la formación de otra tormenta de calor durante la misma jornada. Cuando la tormenta de calor conlleva un enfriamiento muy acusado cabe esperar precipitaciones más duraderas (calabobos). Esto ocurre en especial cuando el viento sopla de este a oeste. Las tormentas frontales introducen a menudo un cambio de tiempo (flujos del oeste).

Los cúmulos esponjosos anuncian la tormenta que se avecina. ▷
Paso de un frente tormentoso.

Inversión

Observación. Sobre todo en otoño e invierno con tiempo despejado y seco se observa una capa sucia de polvo que parece tener un límite superior. La delimitación de esta frontera viene determinada por las nubes de humo, que se extienden de forma plana. Da la impresión de que el humo no asciende. La disminución de la visibilidad resulta muy manifiesta. También en las cumbres montañosas se aprecia una capa semejante a niebla alta con una delimitación estable en la parte superior como si se hubieran detenido todas las corrientes de aire verticales.

Física. Los claros que depara una zona de altas presiones favorecen, en especial en otoño e invierno, la radiación nocturna. La capa de aire próxima al suelo experimenta un enfriamiento acusado, de tal manera que el aire frío, pesado, se concentra a ras del suelo y sobre él se sitúa el aire caliente, más ligero. En el aire frío se forma niebla. Los registros térmicos evidencian una evolución anormal de la distribución vertical de la temperatura: incremento de la temperatura hasta la frontera entre el aire frío del suelo y el aire caliente a mayor altura (de ahí la palabra *inversión*). El descenso uniforme de la temperatura del aire no vuelve a darse hasta pasada la capa de inversión (capa fronteriza entre el aire frío del suelo y el aire caliente de las alturas). Esta estratificación muestra una estabilidad sorprendente. La capa de inversión actúa como una barrera que impide el ascenso del aire caliente procedente de la parte inferior, así como del humo y los gases de emisión. La característica principal de la inversión consiste en que bloquea con eficacia cualquier intercambio vertical del aire. Así, el humo y el polvo se concentran bajo la capa de inversión, sobre todo en las zonas urbanas, y provocan un ensuciamiento del aire que puede resultar muy peligroso. Justo en los meses de otoño e invierno el calentamiento diurno no suele bastar para producir una corriente ascendente capaz de atravesar la inversión.

En capas más altas también se produce el fenómeno de la inversión: la inversión en altura como consecuencia del aumento de presión que ocurre tras una depresión atmosférica y la corriente de aire que fluye en dirección al suelo. En la transición de la troposfera hacia la tropopausa comienza una «inversión permanente» (véase pág. 23)

Condiciones atmosféricas. Abundan más las situaciones de inversión asociadas a anticiclones otoñales e hiemales como, por ejemplo, las que acompañan a flujos del este (anticiclón sobre Escandinavia y depresión sobre el Mediterráneo) o flujos del sur (anticiclón sobre el este de Europa y depresión sobre el oeste de Europa). Como en otoño e invierno el Sol alcanza menos altura sobre el horizonte, favorece la formación de la inversión. El llamado «tiempo de noviembre» es típico en este sentido. La corriente de aire estancada en vertical vuelve a ponerse en marcha cuando ceden las altas presiones. Este caso se da, por ejemplo, cuando vientos intensos preceden a una situación meteorológica del oeste que conlleva tiempo inestable. De este modo, los distintos estratos de aire vuelven a mezclarse con aire fresco hasta la capa de inversión y con ello concluye el estancamiento de los gases de emisión en las zonas con concentraciones urbanas.

Pronóstico. El ascenso vertical del humo indica una gradación normal de la temperatura en la atmósfera y caracteriza las situaciones anticiclónicas. Si se desvía en una capa de inversión revela una progresión térmica «invertida». No obstante estaremos ante un anticiclón que puede ser muy estable. En puntos altos (montañas) hará un tiempo soleado y relativamente cálido, mientras que el valle permanecerá con una niebla acusada. Apenas cabe esperar un cambio repentino del tiempo.

La inversión térmica retiene por debajo la bruma cerca del suelo. ▷
Situación de *smog* donde las altas chimeneas industriales emiten gases sobre la capa de niebla a ras de suelo.

Tiempo posfrontal

Observación. El frente frío de una depresión atmosférica (véase pág. 82), que se distingue por una sucesión masiva de cúmulos, conlleva viento, precipitaciones y en parte también las denominadas tormentas frontales. En el lugar de observación se perciben vientos intensos que soplan de oeste a noroeste, un descenso notorio de la temperatura y precipitaciones en forma de aguaceros. No obstante, el frente frío se mueve y, tras su paso, el cielo se aclara a menudo de manera repentina y queda una visibilidad de excepcional nitidez. La presión atmosférica aumenta y el viento, aún fresco, vira hacia el noroeste. Entonces nos encontramos ante una situación atmosférica posfrontal. El brillo del Sol y el cielo azul son engañosos, ya que la mejoría no suele durar. Volverán las precipitaciones acompañadas de un tiempo inestable. En ocasiones incluso vuelve el mal tiempo en toda regla, con chubascos muy intensos y vientos recios que en mar abierto alcanzan fuerzas de temporal y huracán.
Física. El sistema eólico en una depresión atmosférica se forma de un modo particular. El torbellino de aire que aparece durante una depresión se nutre de vientos del sur (desde el frente/el este) y del norte (desde atrás/el oeste). Se trata de masas de aire calientes y frías en cuyas superficies límite se manifiesta una situación meteorológica típica (frente cálido/frente frío). Tras el paso del frente frío se produce una desaparición transitoria de la nubosidad debido a los movimientos de aire descendentes, que conlleva una breve mejoría del tiempo. En la mayoría de los casos no tardan en formarse cúmulos debido a que el Sol calienta la capa de aire frío próxima al suelo, que está muy cargada de vapor de agua como consecuencia de la lluvia caída con anterioridad. Las burbujas de aire caliente ascienden y se condensan en forma de cúmulos. El enfriamiento progresivo depara nuevas precipitaciones. No obstante, también puede suceder que la presión atmosférica no aumente tras el frente frío, sino que se aprecie una concentración del torbellino de la depresión. Con velocidades eólicas elevadas correrá un aire especialmente frío, y se producen los vientos recios y las precipitaciones muy intensas («depresión secundaria posfrontal») ya mencionados.
Condiciones atmosféricas. El tiempo posfrontal es una componente fija de las situaciones atmosféricas caracterizadas por una depresión, en especial las de los flujos del oeste y del norte. Conviene tener presente que la desaparición de la nubosidad que depara buen tiempo transitorio en el norte de Europa central (Países Bajos, norte de Alemania, Dinamarca y Polonia) se produce con más rapidez y menos perturbaciones que en los alrededores de los Alpes (Suiza, sur de Alemania y Austria). Los Alpes actúan como un gran obstáculo para las masas de aire que fluyen hacia ellos. Los vientos del noroeste o del norte que suceden al frente frío acumulan las nubes en la ladera norte de los Alpes. Las nubes se ven obligadas a ascender y vuelven a enfriarse. Entonces se producen precipitaciones copiosas que a menudo duran un día completo. Debe tenerse en cuenta que durante una depresión puede ocurrir con frecuencia que no se produzca un frente frío único, sino varios sucesivos y escalonados, de manera que el tiempo posfrontal no aparece hasta que pasa el último de ellos.
Pronóstico. Sirva como regla que las condiciones atmosféricas venideras son más inestables cuanto más deprisa se despejan las nubes tras el paso de un frente frío. Un apaciguamiento transitorio del tiempo puede deparar un anticiclón pasajero (véase pág. 217). No obstante, eso significa que la mejoría sólo durará de uno a dos días. Como el anticiclón está inmerso en una serie de depresiones atmosféricas sucesivas, al final hay que contar con un nuevo empeoramiento. Sólo cuando el ascenso de la presión va acompañado de una desviación del viento hacia el norte y el nordeste, puede interpretarse como indicio de un cambio de tiempo.

Altocúmulos tras el paso de una región de precipitaciones. ▷
Aparición de cúmulos densos tras el paso de un frente lluvioso.

Bajas presiones

Observación. Cirros aislados (véase pág. 86) en el cielo seguidos por un desfile de cirrostratos y altostratos indican un cambio de tiempo. La nubosidad se torna aún más densa al día siguiente hasta que una capa gris de nubes cubre el cielo y caen las primeras gotas de lluvia (o copos de nieve). El encapotamiento irá acompañado de un descenso de la presión atmosférica y de un viento cada vez más frío que en principio viene del sudeste, pero después se desvía por el sur hacia el sudoeste y el oeste. Mientras este proceso de empeoramiento del tiempo se prolonga durante una o dos jornadas, existe otro tipo de mal tiempo que se presenta veloz, tormentoso y con chubascos. En el horizonte del oeste y del noroeste aparecen cúmulos cilíndricos e irrumpe un viento racheado del sudoeste que pronto vira hacia el oeste y el noroeste. En pocas horas, los cúmulos se vuelven colosales y adquieren un aspecto amenazante en el cielo. Los chubascos, a veces unidos a granizo, rayos y truenos, no se hacen esperar más. Las nubes, la lluvia y el viento dominan la zona.

El número total de zonas de bajas presiones con una presión central de 950 hPa o inferior ha aumentado durante los últimos años en la región atlántica europea y se han producido depresiones huracanadas. Por el momento aún no se pueden establecer con precisión las causas de las anomalías térmicas observadas durante las mismas. Estas situaciones meteorológicas deparan un frío extremo en el Atlántico noroccidental y demasiado calor en el norte de Rusia.

Física. La meteorología europea está determinada por las corrientes de aire cálido que fluyen hacia el este y proceden de las zonas subtropicales, y por las masas de aire frío procedentes del Ártico que avanzan hacia el oeste. La frontera donde confluyen el aire caliente y el aire frío se conoce como «frente polar». Ahora bien, este frente polar no es en modo alguno rectilíneo. Las diferencias de temperatura y de densidad que se producen entre el frente de aire frío y el de aire caliente provocan incursiones del aire frío en el caliente. Las ondas del aire cálido y húmedo subtropical y las del aire frío y seco polar se superponen sin cesar y surgen regiones de bajas presiones atmosféricas (ciclones). La mezcla de ambas masas de aire completamente diferenciadas dentro del ciclón requiere tiempo. En las superficies fronterizas se forman potentes remolinos de aire que dan lugar a una situación meteorológica típica (véanse págs. 84 y 209 para frentes frío y caliente).

Las depresiones tienen en principio una extensión de un par de centenares de kilómetros. A lo largo de su existencia de 2 a 4 días alcanzan dimensiones de entre 1000 y 3000 kilómetros. Los ciclones que llegan a Europa se desplazan de oeste a este. Las corrientes en altura tienen bastante relevancia para la formación del remolino.

Condiciones atmosféricas. El desarrollo del tiempo sigue el siguiente esquema si no se producen alteraciones:

1. Primera irrupción de aire frío (por el este).
2. El aire cálido marino (sector cálido) es obligado por vientos del sudoeste a deslizarse sobre el aire frío situado en el este.
3. Segunda irrupción de aire frío (por el oeste).
4. El aire frío del oeste invade el sector del aire cálido («frente frío»).
5. El sector de aire cálido se reduce cada vez más porque el aire frío del oeste se desplaza más deprisa hacia el este.
6. Confluencia del «frente frío» con el «frente cálido», arremolinamiento completo de las diversas masas de aire («oclusión») y, con ello, fin del ciclón.

No obstante, en realidad, el tiempo no evoluciona de un modo tan «ideal». Los obstáculos, como por ejemplo las montañas, aceleran la confluencia del frente frío y el cálido y, con ello, el fin de la depresión atmosférica. Asimismo, el resto de la tierra firme y del

Capa de altostratos y altocúmulos compactos como preludio de un cambio de tiempo que puede deparar precipitaciones.

mar influye tanto en la existencia del ciclón como en la corriente en altura que determina su orientación. En Europa existen trayectorias típicas de las zonas de bajas presiones (véase pág. 214).

Pronóstico. El aire de las depresiones asciende, soporta presiones menores a medida que aumenta la altura, se dilata y se enfría. La emisión de vapor de agua provoca la formación de nubes y de precipitaciones.

Frentes meteorológicos

Observación. El comienzo lo conforman cirros delicados (véase pág. 86). Luego les suceden consistentes «nubes rodillo» procedentes del oeste y del noroeste. El viento se enfría y sopla con fuerza. Se observa un descenso de la temperatura, pero un aumento de la presión. A menudo siguen chubascos tormentosos en forma de lluvia o nieve. Luego no se descarta una subida repentina de la temperatura, aunque, en general, el tiempo permanece inestable. Así pasa un frente frío. La llegada de un frente cálido es más tranquila. También va precedida de cirros, pero evolucionan con rapidez hasta convertirse en estratos (véase pág. 96). Casi sin grandes movimientos eólicos da comienzo una precipitación «suave» que suele caer de forma continuada. El barómetro sigue indicando un descenso de la presión. Tras el paso del frente, la subida de temperaturas suele ir acompañada de una desaparición duradera de la nubosidad.
Física. A idéntica presión atmosférica, el aire frío se concentra cerca del suelo porque pesa más que el aire caliente, mientras que el aire caliente se sitúa en las capas más altas. Para poder comparar el aire frío y el caliente, se sigue la convención de transformar sus parámetros o los que presentarían a una misma altura y presión atmosférica determinadas y arbitrarias. En su origen, el aire caliente procede del sur y el aire frío viene del norte. Cuando alcanzan las latitudes europeas, las masas de aire frío y caliente están siempre muy próximas y en movimiento. Sin embargo, esto no conduce a un estado de equilibrio, sino al contrario, el encuentro del aire frío y el caliente es el responsable de la inestabilidad atmosférica. El contraste térmico provoca turbulencias y el equilibrio sólo llega cuando el aire frío y el caliente se mezclan. Es natural que allí donde el aire frío y el caliente chocan entre sí impere una situación atmosférica especialmente variable. Se trata de la región de los frentes meteorológicos. Si el aire frío avanza en dirección a una masa estática de aire caliente, se habla de frente frío («frente de choque»); cuando el aire caliente choca contra una masa de aire frío en reposo se habla de frente cálido («frente de deslizamiento»). El avance del aire frío obliga a ascender al aire caliente; cuando avanza el aire caliente, éste se desliza hacia arriba sobre el aire frío.
Condiciones atmosféricas. Tanto los frentes de aire frío como los de aire caliente mantienen una relación estrecha con las depresiones atmosféricas (véase pág. 82). Como la distribución vertical u horizontal de las masas de aire frías y calientes puede ser muy distinta, la evolución de las condiciones atmosféricas es bien diversa. Asimismo varía la duración de los procesos de choque y de deslizamiento. Son típicas las situaciones meteorológicas del oeste que aparecen en toda Europa en cualquier época del año: por el extremo occidental de una depresión situada sobre Islandia penetra una masa de aire frío que se desplaza hacia el sur con viento del norte. Por el extremo occidental de un anticiclón situado sobre las Azores penetra aire cálido que se desplaza hacia el norte con viento del sur. En el lugar donde ambos frentes confluyen se forman regiones de bajas presiones (ciclones) en serie que se desplazan de oeste a este. La situación se estabiliza cuando todo el aire cálido a ras de suelo migra a las alturas y cerca de la superficie terrestre se encuentran dos masas de aire frío de temperatura distinta («oclusión»). Si la depresión se halla sobre una montaña, el proceso de oclusión se acelera. Las condiciones meteorológicas se caracterizan por campos de nubes, precipitaciones, vientos cambiantes y diferencias de temperatura pasajeras.
Pronóstico. Como los frentes meteorológicos están estrechamente relacionados con las depresiones atmosféricas, cuando entra un frente frío o cálido en el lugar de observación por lo general puede contarse con un tiempo inestable y con precipitaciones para los días subsiguientes. Si las masas de aire chocan sobre una cordillera (como la costa rocosa del oeste noruego o los Alpes), suelen producirse precipitaciones más duraderas.

Llegada de un frente frío en el mar con cúmulos densos.
Nubes rodillo en el mar del Norte (límite de masas de aire con irrupción eólica).

Cirros

Observación. Los cirros avanzan qué tiempo hará. Estas nubes penden del cielo azul con forma de plumas o de franjas estrechas. Son delicadas, como aventadas. Si no se observa con atención o se carece de experiencia, no se repara en ellas. Como el tiempo es soleado y cálido tanto antes como después de su aparición, no parece haber motivos para tener en cuenta esta nubosidad insignificante. No obstante, los cirros merecen atención. En ocasiones se los observa asociados a cirrocúmulos (véase pág. 88) y a cirrostratos (véase pág. 96). Pero entonces el cielo ya está bastante más cubierto y el cambio de tiempo suele ser más inminente. Los cirros indican la existencia de corrientes intensas en altura cuando adoptan forma de pluma alargada y muestran remolinos en forma de gancho en la parte frontal. Entonces se habla de «cirrus uncinus». Cuando estas nubes filamentosas se observan algo más largas, da la impresión de que son perseguidas y desgreñadas por el viento.
Física. La morada de los cirros se halla a alturas superiores a unos 6 kilómetros. Por tanto, se cuentan entre las nubes altas, al igual que los cirrocúmulos y los cirrostratos. Cuando aparecen en el cielo sin estos últimos siempre presentan una estructura muy delicada. Estas nubes, las más altas de la troposfera, son auténticas nubes de hielo y consisten exclusivamente en cristales de agua helada. En Europa, los cirros alcanzan alturas superiores a 10 kilómetros. El comportamiento de los cirros resulta interesante e informa sobre desplazamientos de aire en las capas superiores de la troposfera. Revelan el ascenso de aire cargado de humedad que a esa altura se condensa en forma de hielo. A partir de la trayectoria y la forma de los cirros se torna evidente la fuerza de las corrientes de aire. Asimismo los cirros indican la dirección de los vientos en altura (véase pág. 66), los cuales ejercen una influencia notable en la evolución de la meteorología.
La temperatura de los cirros se mantiene por debajo de −40 °C.
Condiciones atmosféricas. En principio, la aparición de los cirros va asociada a un flujo del oeste. Se presentan en la superficie anterior de un frente cálido (véase pág. 84) en parte con un movimiento agitado. Cuanto mayor movimiento adquieran las masas de aire, más «desmembrados» se muestran los cirros. Esto se aprecia con especial claridad en el mar o cerca de la costa. El proceso ocurre con más lentitud aún que la entrada de aire frío durante un flujo del norte y, sobre todo en el interior, puede prolongarse durante varios días. Los cirros también marchan a la cabeza de la irrupción de aire frío, pero entonces ya suelen ir acompañados de cúmulos más bajos (véase pág. 88) que avanzan a una velocidad considerable.
Pronóstico. Todos los cirros que se condensan en una capa de cirrostratos indican la entrada más o menos veloz de un frente cálido con precipitaciones. Asimismo, la aparición rápida de cirros asociados a cúmulos densos en sucesión horizontal anuncia la llegada de aire frío del norte o del noroeste. En este caso también hay que contar con precipitaciones un tanto intensas que eventualmente van acompañadas de tormentas frontales. Los cirros también pueden aparecer durante una situación de buen tiempo. Entonces, se desplazan en su mayoría de este a oeste y vuelven a desaparecer a lo largo del día. Su lentitud resulta manifiesta. Algunos hasta parecen inmóviles en el cielo. El desplazamiento regular de las nubes causado por la aparición momentánea de una corriente insignificante en altura no se aprecia de inmediato desde la distancia.

Cirros ascendentes; en la imagen inferior ya aparecen algo concentrados. ▷

Cúmulos

Observación. Cuando se cierne una tormenta en el cielo (véase pág. 76), existe la posibilidad de que con ella se formen cúmulos y podamos observarlos. Al principio se trata de pequeños glóbulos de nubes que casi de inmediato aumentan hasta convertirse en densos nubarrones. A medida que estas nubes se desarrollan en el cielo, da la impresión de que se contempla en directo su borboteo y su hinchamiento. Son nubes de contornos bien definidos y pronunciados. En realidad, los bordes superiores de las torres nubosas se deshilachan cuando la situación se torna tormentosa. No todos los cúmulos dan lugar a tormentas. Durante el verano se observan a menudo agrupaciones pequeñas de cúmulos en el cielo que se desvanecen con la misma rapidez como llegaron («cúmulos de buen tiempo»). Otra causa para la formación de cúmulos consiste en que la irrupción de aire frío contra aire cálido en reposo desencadene intensos desplazamientos verticales de aire, lo cual depara asimismo el surgimiento de altas torres de cúmulos (por ejemplo, el «tiempo de abril»).

Física. Los cúmulos, al contrario que los cirros (véase pág. 96), están orientados en vertical. Deben su aparición a un ascenso veloz («expansión») de aire caliente. Por eso se los llama también nubes térmicas. Los vientos ascendentes que se han medido, por ejemplo, en nubes de tormenta elevan el aire caliente a alturas de 6, 8 e incluso 10 kilómetros. La estructura de la parte superior de la nube es especialmente típica. Las «torres» o «protuberancias» suelen resplandecer con una blancura cegadora a la luz del Sol. La parte inferior de los cúmulos es gris, con frecuencia hasta oscura, y sigue un rumbo bastante horizontal. Esta zona marca el área de precipitación («nivel de condensación»). Un comportamiento típico de los cúmulos consiste en cambiar con gran rapidez (en promedio, entre 5 y 20 minutos). Los cúmulos aparecen a diversas alturas:

1. Cúmulos altos: cirrocúmulos (cc) a alturas superiores a 6000 metros. En su mayoría, pequeños glóbulos de nubes blancas dispuestos con regularidad (en series), también insignificantes manchas blancas de nubes. Nubes de hielo.
2. Cúmulos medios: altocúmulos (ac) entre 2000 y 6000 metros de altura. Conocidos como «borregos» o «algodones». Nubes en laminillas, o también con forma de «rodillo», redondeada, filamentosa y, en ocasiones, también difusa.
   Cumulonimbos (cb) entre 1000 y 5000 metros de altura. La gran torre de tormenta formada por nubes mixtas de gotas de agua y cristales de hielo. Conocidos por sus precipitaciones de granizo y vientos racheados.
3. Cúmulos bajos: estratocúmulos (sc) a alturas inferiores a 2000 metros. Nubes rodillo («bancos») a baja altura de color gris o blanco grisáceo con partes oscuras.

Los cúmulos, más densos que las nubes de hielo (cirros), alteran el balance radiativo en la atmósfera y en la superficie terrestre, porque reducen la transparencia de la parte superior de la atmósfera tanto para la radiación solar como para la radiación infrarroja, de longitud de onda larga. En cambio, la elevada capacidad reflectora de las nubes favorece la radiación solar. Las nubes muy densas y altas vuelven a irradiar el 80 por ciento de la radiación solar incidente. La relación entre el grosor de las nubes y su extensión horizontal es relevante para las propiedades de la radiación. Los laterales de las «torres de nubes» actúan como superficies adicionales de absorción y emisión. Por eso crean tanta oscuridad las nubes de tormenta. La mayoría de la radiación escapa de la nube por los laterales.

Condiciones atmosféricas. La formación de cúmulos puede darse con diversas situaciones meteorológicas. Aparecen sobre todo donde la expansión veloz de aire caliente desencadena la formación de nubes. Así sucede con los cúmulos de escasa duración que aparecen por la mañana durante situaciones de buen tiempo, así como con los cúmulos

Cúmulos que con esta densidad aún deben considerarse «cúmulos de buen tiempo».

redondeados que indican amenaza de tormenta, o las nubes de lluvia durante un flujo del norte, que acompañan a una irrupción fría contra una masa estática de aire caliente. El aire frío, más pesado, penetra bajo el aire caliente, más ligero, y lo eleva con fuerza hacia las alturas, lo cual se torna visible gracias a los cúmulos.

Pronóstico. Los cúmulos pequeños que vuelven a deshacerse a lo largo de la mañana confirman un predominio del buen tiempo (alta de verano). Sólo los cúmulos persistentes, con bordes superiores cada vez más deshilachados después de desarrollarse con rapidez en la altura, anuncian tormenta.

Nubes noctilucentes

Observación. En este caso nos enfrentamos a un fenómeno inusual. Estas nubes pueden observarse durante los meses estivales hacia el horizonte septentrional 1 o 2 horas después de la puesta del Sol. Las «nubes noctilucentes» tienen un aspecto similar al de los cirros: nubes filamentosas y alargadas de color blanco plateado, a veces con delicados tonos azules. Estas nubes poco habituales también se han observado con una peculiar estructura en bandas onduladas. Son extremadamente finas y translúcidas, tanto, que las estrellas se ven a través de ellas. Cuando aparecen se las puede observar durante varias horas a lo largo de la noche. No deben confundirse con las llamadas «nubes nacaradas», que también se observan tras el ocaso del Sol y se hallan a una altura aproximada de 30 kilómetros. La aparición de las nubes noctilucentes se restringe a las latitudes geográficas situadas entre 45 y 70 grados norte y sur. La mejor época para buscarlas y contemplarlas en el hemisferio norte es al inicio del verano, desde finales de junio hasta comienzos de julio.

Las denominadas «bandas luminosas» (a una altura media de 125 km) se encuentran más altas aún que las nubes noctilucentes, pero son mucho menos acusadas. «En Europa central, las bandas luminosas aparecen con más frecuencia hacia el horizonte septentrional» (Werner Sandner en *Handbuch für Sternfreunde*). La época menos probable para ver las bandas luminosas abarca de marzo a septiembre, mientras que los meses propicios van de octubre a febrero. En cuanto a su origen, se cree que estas bandas consisten en polvo cósmico que se interna en la atmósfera terrestre.

Física. Las nubes noctilucentes se diferencian de todas las demás por su elevada altura, entre 70 y 90 kilómetros. Fueron observadas por primera vez en 1885, dos años después de la erupción del volcán de la isla Krakatoa, y se las reconoció como nubes de excepcional altura. El resplandor de estas nubes es luz solar dispersada. El Sol tiene que hallarse al menos 6 grados bajo el horizonte del lugar de observación para que estas nubes puedan detectarse contra la claridad del fondo de cielo. Aunque permanecen visibles durante horas, la estructura de cada nube varía con relativa rapidez. Su frecuencia de aparición experimenta grandes oscilaciones. Para comprender la naturaleza de las nubes noctilucentes hay que saber algo acerca del estado de la atmósfera a esas alturas. La presión y la densidad a estos niveles ascienden a sólo 1/100 000 parte del valor al nivel del suelo. Resulta curioso que en esas regiones aún haya suficiente vapor de agua para una condensación. Tal como ocurre en las nubes de hielo y de agua de capas atmosféricas más bajas, para que la condensación tenga lugar se precisan núcleos de condensación (véase pág. 62) donde puedan depositarse las moléculas de agua. Se presume que en el caso de las nubes noctilucentes, ese papel es asumido por partículas cósmicas. Para que esta capa nubosa conserve su contenido de vapor de agua es preciso que ascienda aire húmedo de las capas que yacen bajo la mesopausa (véase pág. 23). Allí donde impera el mínimo de temperatura de la mesopausa, a unos 80 kilómetros de altura, se forman cristales de hielo.

El transporte de vapor de agua a la estratosfera con ayuda de erupciones volcánicas o de pruebas con armas nucleares no está asegurado. Así, si las erupciones volcánicas enviaran con regularidad vapor de agua a la mesopausa, entonces tendría que registrarse de año en año una relación inequívoca entre la frecuencia de aparición de las nubes noctilucentes y las erupciones volcánicas. No es ése el caso. Barnhard Haurwitz, que estudia el fenómeno desde hace años en Estados Unidos, declara: «Al menos los cálculos sobre la circulación asociada al balance térmico atmosférico indican que existen realmente los movimientos atmosféricos necesarios para que se produzca tal transporte de vapor de agua. No obstante, para lograr una respuesta definitiva se precisan, como es natural, ob-

Nubes noctilucentes fotografiadas desde Moldavia, Chequia, el 3 de julio de 1999.
f = 58 mm, 1:2, 8.2 s de exposición con una Kodak Elite 400.

servaciones directas del movimiento del aire y de la humedad del mismo, lo cual requiere costosos lanzamientos de cohetes» (*Sterne und Weltraum* 1972/7). Mediciones mediante satélite han revelado que durante el semestre estival, cada casquete polar de la Tierra se cubre con mucha frecuencia de una tenue capa nubosa cuya altura, grosor, tamaño de partículas y densidad muestran gran semejanza con los valores registrados en las nubes noctilucentes.

Condiciones atmosféricas. Aunque en la actualidad se sabe que las nubes noctilucentes no son de polvo, sino de hielo con núcleos de condensación, y por tanto guardan relación con los cirros, no ejercen ningún influjo directo ni indirecto en la meteorología. Esto también es aplicable a las nubes nacaradas, que «sólo» rondan los 30 kilómetros de altura.

Pronóstico. Antaño se decía con frecuencia que las nubes noctilucentes aparecen después de épocas con fenómenos crepusculares inusuales y por tanto indican que partículas de polvo ensucian las capas más altas de la atmósfera. Sin embargo, como estudios recientes cuestionan la «teoría del vulcanismo», tales consideraciones han perdido vigencia en la actualidad.

Niebla

Observación. Velos y cortinas blancos de tipo nuboso sobre todo por la tarde, la noche y la mañana que se sitúan densos sobre el suelo y a baja altura. A menudo viene preludiada por bandas de bruma. A temperaturas bajo cero, la niebla suele ir asociada a la formación de escarcha y de placas de hielo. Con niebla intensa la visibilidad puede reducirse a 10 y 5 metros. En meteorología se habla de niebla cuando la visibilidad se reduce a menos de 1000 metros.

Física. Estrictamente, la niebla es un «tipo de nube» que se forma a ras de suelo. Para la aparición de la niebla resulta determinante que se mezcle aire caliente y húmedo con aire más frío («niebla de mezcla») o que aire caliente y húmedo entre en contacto con la superficie terrestre a menos temperatura («niebla de radiación»). En ambos casos tiene lugar un proceso de enfriamiento que provoca la condensación de vapor de agua. No obstante, el enfriamiento no es lo bastante intenso como para causar grandes precipitaciones. La formación de la niebla va asociada en ocasiones a una lluvia muy fina y entonces se denomina «niebla meona».

Condiciones atmosféricas. Hay días, épocas del año y condiciones atmosféricas típicos para que se forme la niebla (véase cuadro en pág. 94).

Las nieblas de radiación (a menudo a ras de suelo) van unidas a vientos en calma y cielos despejados (anticiclones). Las nieblas de mezcla (a menudo en la costa) aparecen con cielos cubiertos y son acarreadas por el viento, por ejemplo, con flujos del oeste.

La niebla meona representa una de las condiciones indispensables (junto a la lluvia y la llovizna) para la formación de placas de hielo. Si la temperatura de las gotas supera los 0 °C, entonces la temperatura del suelo debe hallarse por debajo del cero. Si, por el contrario, las gotas están bajo cero, las placas de hielo aparecen cuando la temperatura del suelo tiene poco más de 0 °C. Para la conducción debe ponerse especial cuidado en las épocas de entretiempo (entre otoño e invierno, y entre invierno y primavera).

Pronóstico. Como la niebla puede aparecer con distintas situaciones meteorológicas, la regla popular de que cuando «levanta» la niebla hay mal tiempo sólo es aplicable en casos muy concretos. La desaparición de la niebla guarda una relación estrecha con la radiación solar, puesto que ésta aporta el calentamiento necesario para que la niebla se desvanezca del suelo. Con la niebla de radiación, el calor del Sol actúa casi siempre sin trabas: la niebla desaparece poco a poco a lo largo de la mañana. Si la niebla es muy intensa (de 200 a 300 metros), este calentamiento suele resultar demasiado escaso para deshacerla por completo. No obstante, también puede ocurrir que una capa de nubes más altas bloquee el paso de la radiación solar y retenga la niebla. La presencia de tal nubosidad no permite descartar un empeoramiento del tiempo. En cualquier caso, la niebla no asciende ni desciende y siempre se desvanece del suelo debido a un aumento de la temperatura.

Niebla dispersa a ras de suelo en las estribaciones de los Alpes. ▷
Niebla de mar dispersa.

Tipo de niebla	Lugar de aparición	Momento de aparición	Visibilidad	Características
Niebla lacustre	Superficies de agua	Al caer la tarde, por la noche o de madrugada	10-20 m	A 0 °C, escarcha y placas de hielo
Niebla a ras de suelo	Llanuras y valles de montaña	Al caer la tarde, por la noche o de madrugada en otoño, invierno y primavera	5-10 m	Aparición repentina. En invierno persiste durante todo el día
Niebla de evaporación	En cualquier lugar, sobre todo en las calles	Tras la lluvia, cuando el Sol calienta el suelo	15-20 m	Casi nunca supera los dos metros de altura
Niebla fluvial	En corrientes de agua	De fin de verano a primavera, al caer la tarde, por la noche y a primeras horas de la mañana	10-20 m	Especial intensidad en los meses de noviembre, diciembre y enero
Niebla helada	Prados y tierras de labor	En invierno con heladas intensas	10-20 m	Niebla «seca» que no produce hielo
Niebla de tormenta	Bosques	En verano después de precipitaciones tormentosas	15-20 m	Aparece de pronto y muy localizada
Niebla costera	En el mar o terrenos costeros	En todas las épocas del año	5-10 m	Niebla de mezcla que el viento arrastra del mar a la tierra
Niebla de pantano	En terrenos húmedos y pantanos	En todas las épocas del año. Tampoco va asociada a ningún momento del día ni a situaciones meteorológicas determinadas	5-10 m	Suele alcanzar tan sólo un par de metros de altura
Smog	Zonas con concentraciones urbanas	Sobre todo en otoño e invierno. También a lo largo del día	1-5 m	Niebla enriquecida con humo y hollín
Niebla de valle	Hondonadas, lomas, desfiladeros	Al caer la tarde, por la noche y de madrugada. En todas las épocas del año. Con tiempo húmedo y viento en calma	10-20 m	Caracterizada por jirones ascendentes de niebla
Niebla nubosa	Montañas medias y altas	En todas las épocas del año. Con tiempo frío y ventoso	5-10 m	Niebla de mezcla. A menudo con niebla meona. En invierno da lugar a placas de hielo

Niebla densa a ras de suelo bajo el castillo Neuschwanstein (a 954 m sobre el nivel del mar).

Estratos

Observación. Tal vez los estratos más pronunciados puedan observarse cuando el aire caliente se acerca a una zona que aún está dominada por masas bajas de aire frío. Entonces, el cielo azul se torna cada vez más pálido y el Sol aparece rodeado por un fenómeno de halo (véase pág. 52). Con el paso de las horas, los estratos se vuelven densos y grises, de modo que al día siguiente apenas queda un resquicio de Sol y el cielo está cubierto por una llanura de nubes grises. Éstas también pueden tener un aspecto filamentoso o estriado y siempre dejan un ambiente tan enrarecido que el Sol luce como a través de una capa de vidrio opalino. Si aumenta la tendencia a las precipitaciones, la tonalidad gris se intensifica (oscurece) y da la impresión de que la nubosidad se acerca cada vez más al suelo. Durante las precipitaciones y tras ellas, suelen formarse «jirones de nubes» a ras de suelo. Los estratos también aparecen con formación de niebla y de niebla alta.

Física. Los estratos surgen, o bien unidos a un proceso de deslizamiento como consecuencia de un frente cálido (véase pág. 84), o bien como consecuencia de un enfriamiento intenso mediante irradiación térmica (formación de niebla alta). La estratificación es muy estable en este tipo de nubes y se orienta en horizontal. Tanto puede ocurrir que el aire caliente ascendente se enfríe y, con ello, se torne bastante más húmedo, como que el calor que irradia la superficie terrestre, por ejemplo con tiempo despejado de invierno, depare un enfriamiento acusado del aire. Ambos casos desencadenan una condensación, es decir, la licuación del vapor de agua y, por consiguiente, la formación de nubes.

Los estratos también aparecen en las tres «etapas» importantes para la formación de nubes en la troposfera:

1. Estratos altos: cirrostratos (cs) a alturas superiores a 6000 metros. Tienen el aspecto de un velo nuboso tenue y blanquecino, en ocasiones de estructura fibrosa. Consisten en cristales de hielo. En la capa de cirrostratos se dan los fenómenos de halo.
2. Estratos medios: altostratos (as) a alturas de entre 2000 y 6000 metros. Campos de nubes de coloración grisácea, en ocasiones azulada. Tienen un aspecto estriado o carente de estructura. En estas extensiones nubosas no aparecen fenómenos de halo.
3. Estratos bajos: nimbostratos (ns) a menos de 2000 metros de altura. Nubosidad de lluvia de color gris oscuro, que depara lluvias en verano y nevadas en invierno. Las capas bajas y continuas de nubes unidas a niebla o a niebla alta también se denominan estratos (st).

Con estratos bajos dispuestos en horizontal, su capacidad reflectora (albedo) tiene un efecto más intenso que la disminución por pérdida de radiación de onda larga en el espacio. Por tanto, a diferencia de los cielos despejados, las nubes bajas tienen la capacidad de enfriar el sistema tierra-atmósfera. La extensión y la estructura de la nubosidad tienen relevancia para el clima, porque alteran la transferencia energética en la atmósfera mediante radiación electromagnética.

Condiciones atmosféricas. Los estratos se dan, sobre todo, con situaciones meteorológicas del oeste. La aparición sucesiva de cirrostratos, altostratos y nimbostratos caracteriza la parte anterior del frente cálido en una depresión atmosférica (véase pág. 82) y señala la llegada de mal tiempo. Las precipitaciones que desencadena el proceso de deslizamiento del aire caliente, se conocen en muchos lugares como «calabobos» y aparecen en las épocas más cálidas del año. Con temperaturas bajas dan lugar a nevadas. En la parte delantera del frente cálido, donde el aire frío desciende, se forman nieblas («niebla frontal»). También corren brisas de suaves a moderadas. El viento se desvía poco a poco de sudeste a sudoeste u oeste, pasando por el sur.

Altostratos con altocúmulos.

Pronóstico. Para efectuar pronósticos tienen especial relevancia los estratos altos. Antes de que aparezca la capa de cirrostratos, se observan en el cielo (hacia el oeste) cirros fibrosos o bandeados («cirros de hielo») como primer indicio de un cambio en el tiempo dominante. La formación de la capa de cirrostratos, el descenso de la cubierta de nubes y su conversión en altostratos son signos seguros de una irrupción de mal tiempo, como muy tarde, el día siguiente.

Hielo

Observación. Las formaciones de hielo se observan en diversos lugares y con distintas formas. El hielo se precipita desde la atmósfera sobre todo en forma de cristales: por ejemplo, agujas de hielo, granizo menudo, granizo. En la superficie terrestre, el hielo se forma por la congelación de la humedad del suelo, por ejemplo, hielo liso, hielo resbaladizo o helada nocturna, y por la congelación de masas de agua. El hielo marino adopta formas más consistentes a medida que desciende la temperatura del agua (cobertura compacta de hielo). Con viento y mar gruesa, esta cobertura se quiebra y produce témpanos de hielo y hielo compacto. Cuando las aguas congeladas se funden, el hielo suelto da lugar a la aparición de hielo a la deriva. El suelo también se hiela con frecuencia después de las nevadas (véase pág. 106) y de las precipitaciones de granizo. Las umbrías de los bosques y las zonas a la sombra de montañas son los parajes idóneos para albergar hielo (como las carreteras que discurren por zonas boscosas). Sin embargo, la aparición de viento también favorece la formación de hielo. Todo ello depende de la estación del año y de la latitud geográfica (posición del Sol).
Física. El hielo es agua en estado sólido. El proceso de congelación ocurre a 0 °C con una presión de 1013.25 hPa. La densidad del agua no aumenta con el descenso de la temperatura. El agua alcanza su densidad máxima a 4 °C y a partir de ahí vuelve a perder densidad. Durante la congelación su densidad disminuye en un 10 por ciento. Antes de llegar al punto de congelación ya se forman estructuras de hielo en el agua. Este comportamiento de la densidad del agua con el descenso de la temperatura constituye la causa de que el hielo flote («anomalía del agua»). Las masas de agua se congelan desde la superficie hacia abajo. Cuando el aire alcanza el punto de congelación, a través de un movimiento ascendente y de un enfriamiento, el vapor de agua que contiene pasa a estado sólido (cristales de hielo). La altura del punto de congelación no es constante (por la interposición de masas de aire más caliente). En promedio, la temperatura desciende unos 0.5 °C cada 100 metros.
Condiciones atmosféricas. Cuando la temperatura desciende por debajo de 0 °C se habla de tiempo de helada. El tiempo de helada no va asociado al invierno. Se habla de día de helada cuando la temperatura mínima es inferior a 0 °C, se habla de día glacial cuando a lo largo de todo el día la temperatura no supera los 0 °C. Se diferencia entre:

- ▷ Helada de irradiación debida a la irradiación con tiempo despejado y viento en calma (por ejemplo, helada nocturna en primavera u otoño).
- ▷ Helada de advección como consecuencia de la llegada de aire frío desde otro lugar (por ejemplo, aire polar con flujos del norte en primavera).
- ▷ Helada nocturna para aludir a la formación de hielo a ras de suelo y hasta unos 2 metros de altura (casi siempre como consecuencia de la helada de irradiación).

En Europa central, el agua del suelo se hiela hasta 1 metro de profundidad (profundidad de helada). Los suelos con aguas congeladas permanentes (permafrost) existen, por ejemplo, en Siberia y Alaska. El incremento de volumen del agua congelada provoca levantamientos por helada en el terreno. Mientras la helada de irradiación va unida en su mayoría a anticiclones, el aire frío ártico que causa la helada de advección es transportado tanto con tiempo lluvioso («tiempo de abril») como con buen tiempo (por ejemplo, flujo del este con alta estacionaria sobre Escandinavia y baja sobre el Mediterráneo).
Pronóstico. El tiempo despejado y con viento en calma garantiza estabilidad, sobre todo en otoño e invierno. Las irrupciones frías no afectan demasiado a la meteorología. En zonas altas (montañosas) y también en verano, pueden deparar nieve resbaladiza y heladas. El hielo liso, que no debe confundirse con el hielo resbaladizo ni con la nieve resbaladiza, indica a menudo la transición del tiempo de helada a la época de deshielo, es decir, un aumento de la temperatura (por ejemplo, en el frente cálido de un flujo del

Barranco helado.

oeste). El hielo liso se forma cuando cae lluvia sobreenfriada en el asfalto, o cuando lluvia a temperatura normal cae sobre asfalto sobreenfriado. Sobreenfriado significa que las gotas de agua o el asfalto albergan temperaturas inferiores al punto de congelación. Cuando la superficie de una carretera mojada por la lluvia o cubierta por restos de nieve se enfría por radiación nocturna y baja de 0 °C, se forma hielo resbaladizo («congelación de la humedad»). La escarcha incrustada en el asfalto da lugar a escarcha resbaladiza y, si se trata de nieve incrustada, se habla de nieve resbaladiza.

Humedad

Observación. No siempre tiene que aparecer en forma de lluvia o nieve. Cualquiera puede acumular experiencias con la humedad atmosférica y realizar observaciones de la misma en las mañanas estivales, cuando los prados están cubiertos de rocío. Por supuesto, también cuando caen las tardes estivales se comprueba que la hierba se humedece de pronto. Al veranear en la costa se perciben con claridad los efectos del aire húmedo del mar. Pero también en el interior se hace patente si el aire está seco o húmedo («bochornoso», «sofocante»). Otra observación interesante: las ventanas del coche o del tren se empañan por dentro cuando el interior se calienta por la mañana después de enfriarse durante la noche. En ocasiones, los cristales no sólo se empañan, sino que llega a correr auténtica agua por ellos.
Física. El aire siempre alberga vapor de agua, unas veces más, otras menos. El vapor de agua existe en estado gaseoso en el aire, de modo que no se puede ver, ni oler, ni probar. A cada temperatura concreta, el aire sólo puede absorber una cantidad limitada de vapor de agua. Cuanta más temperatura tiene el aire, mayor humedad (vapor de agua) puede absorber. Y, viceversa, el enfriamiento del aire reduce la absorción de vapor de agua. A cada metro cúbico (m^3) de aire le corresponden los valores:

Cantidad de vapor de agua en g	Temperatura en °C	Cantidad de vapor de agua en g	Temperatura en °C
30.3	+30	4.8	0
17.3	+20	2.4	–10
9.4	+10	1.1	–20

Como la temperatura desempeña un papel tan relevante, no basta con saber cuánta humedad contiene una masa de aire. Por eso se ha acordado relacionar la humedad absoluta con la máxima humedad que puede alcanzarse a una temperatura concreta («humedad de saturación»), y esto da como resultado la «humedad relativa». Por ejemplo, la humedad relativa de aire a 20 °C con 10 gramos de vapor de agua por centímetro cúbico equivale a

$$\frac{10 \times 100}{17.3} \quad \frac{(\text{humedad absoluta} \times 100}{\text{humedad de saturación})}$$

Lo que da como resultado una humedad relativa de alrededor del 60 por ciento. Si ese metro cúbico de aire con 10 gramos de vapor de agua pasa de 20 a 10 °C, la humedad de saturación desciende a 9.4 gramos de vapor de agua, y los 0.6 gramos sobrantes se convierten en líquido, lo cual se traduce en verano en la aparición de rocío en el suelo, o en la formación de escarcha en la estación más fría del año. Por cierto, el punto en que una masa de aire alcanza el límite de saturación (= 100% de humedad en el aire) se denomina «punto de rocío».
Condiciones atmosféricas. Para comprender la evolución meteorológica, resulta crucial conocer la humedad del aire y su comportamiento con el aumento o descenso de la temperatura. Cuando el aire se calienta, conserva su contenido de vapor de agua y disminuye la humedad relativa. Se trata de aire bastante seco. En cambio, cuando el aire se enfría produce un incremento de la humedad relativa que puede llegar a sobrepasar el límite de saturación y, en tal caso, da lugar a la condensación de vapor de agua (por ejemplo, nubes) o a su solidificación (por ejemplo, cristales de hielo). La condensación va asociada a ras de suelo con el rocío; la solidificación, a la aparición de escarcha.
Pronóstico. El aire caliente con una humedad relativa elevada favorece la formación de nubes y precipitaciones. Cuanto más frío está el aire y cuanto menor es su humedad relativa, mayor es su capacidad para impedir la formación de nubes y precipitaciones.

Formación de escarcha junto a los árboles. ▷

Granizo

Observación. Fragmentos de hielo con forma esférica, oval o cónica que caen sobre todo con tormenta. El diámetro de estos trozos de hielo oscila entre los 5 y los 50 milímetros, aunque durante algunas granizadas se han observado fragmentos de 1 kilogramo de peso y un diámetro de 6 a 7 centímetros. Los gránulos de hielo inferiores a 5 milímetros de diámetro se denominan granizo menudo. Las nubes de tormenta (cumulonimbos) son típicas durante las granizadas. Cuando la tormenta está cerca, las nubes presentan una estructura deshilachada característica por la parte superior que denota un intenso movimiento ascendente y su consiguiente congelación. La tonalidad de las nubes suele ir del amarillo macilento (como el azufre) al gris marengo. Llama la atención la clara delimitación espacial del pedrisco, de varios kilómetros cuadrados. Estas precipitaciones casi nunca duran más de un cuarto de hora.
Física. Sobre todo en los cúmulos de tormenta imperan vientos intensos tanto ascendentes como descendentes que en un instante desplazan arriba y abajo la precipitación en el aire, antes de que ésta llegue al suelo. Dada la altura a la que se hallan, las nubes de tormenta siempre contienen partículas de hielo y gotas de agua sobreenfriada (véase pág. 123). Cuanta mayor cantidad de gránulos de hielo se acumule, más aumenta su peso. Durante la caída, se encuentran con las gotas de agua sobreenfriadas y éstas se congelan (formación de granizo menudo). Las gotas de agua pueden permanecer aisladas entre el hielo (granizo de escarcha) o formar una capa lechosa de hielo (granizo de helada). Entonces, allí donde las corrientes ascendentes alcanzan ciertas velocidades (30 m/s en lo que se denominan «chimeneas»), estos trozos de hielo ven impedida su caída. La corriente ascendente los mantiene suspendidos en el aire o vuelve a trasladarlos a las alturas. Una vez allí se congelan y el granizo menudo aumenta hasta convertirse en pedrisco. Este proceso dura al menos una hora antes de que los fragmentos de hielo «bien formados» caigan hasta el suelo. El peso de los gránulos se ha vuelto ya tan elevado que logran vencer el empuje contrario de la corriente ascendente. La estructura a capas del granizo corrobora que las gotas de agua sobreenfriada atraviesan un proceso de varios enfriamientos sucesivos.
Condiciones atmosféricas. Las tormentas de calor y las frontales son las más propensas a causar granizadas. Sin embargo, también los flujos del oeste y del norte pueden precipitar gránulos de hielo a la superficie terrestre cuando irrumpe aire frío polar y predomina mal tiempo inestable. En este caso suele tratarse de granizo menudo y un ejemplo de ello se produce durante el tiempo variable de abril, cuando se dan precipitaciones de agua, nieve y granizo. No todos los trozos de pedrisco llegan a la superficie en estado sólido. Si se funden a medida que caen a través del aire, llegan al suelo en forma de gotas de lluvia de un tamaño extraordinario.
Como las granizadas suelen causar graves daños en los cultivos y en los campos de frutas y hortalizas, y en parte también en edificios y vehículos, en algunas zonas de alto riesgo de han tomado medidas de protección contra el granizo. Como no podemos vencerlo a cañonazos, se confía más en evitar a tiempo que el pedrisco desarrolle un tamaño considerable. Para ello se lanzan yoduro de plata y otros compuestos de plata contra las nubes de tormenta.
Pronóstico. Cuando se produce con tormentas, véase la página 76. Sin tormenta, suele anunciar un frente frío. Cuando el frente frío llega al lugar de observación, se le suma el viento, desciende la temperatura, aumenta la presión atmosférica y caen precipitaciones, a menudo en forma de granizo que puede alcanzar los 5 milímetros e ir acompañado de copiosos aguaceros. Durante los días subsiguientes el tiempo permanece inestable y se mantiene la tendencia de lluvias (en invierno, de nevadas).

Cúmulos densos con lluvia de granizo. ▷

Lluvia

Observación. Precipitación en forma de gotas de agua. Puede mostrar distinta intensidad. Puede aparecer como una humedad ligera que casi siempre va asociada a niebla (llamada niebla meona) o como llovizna o lluvia fina con gotas de escaso diámetro; en ambos casos la velocidad de caída también es muy baja. Más intensidad tiene el calabobos (lluvia menuda y continua). Con las tormentas (véase pág. 76) se producen chubascos (chaparrones) o aguaceros. Las gotas de agua son muy grandes y caen con fuerza. Los aguaceros son muy copiosos y en poco tiempo descargan cantidades sorprendentes de agua. En invierno, pero sobre todo en entretiempo, otoño y primavera, caen lluvias que se hielan en cuanto se depositan sobre una superficie (formación de hielo liso).
Física. El aire contiene vapor de agua que se torna líquido, es decir, se condensa, cuando el aire se enfría. Rige la ley física de que, a una temperatura determinada, el aire sólo puede albergar una cantidad concreta de vapor de agua: un metro cúbico de aire a 20 °C contiene 17.3 gramos de vapor de agua, mientras que a 0 °C sólo tolera 4.8 gramos. El vapor de agua condensado se precipita desde las nubes, por ejemplo, en forma de lluvia, o bien se evapora antes de llegar a la superficie. Por eso, para la formación de precipitaciones, es importante que las gotas de agua o los cristales de hielo incrementen su tamaño en el aire. Sólo cuando alcanzan unas dimensiones y un peso suficientes pueden caer hasta el suelo. El crecimiento por acumulación de varias partículas de vapor de agua condensado depende en gran medida de las corrientes ascendentes y descendentes y del estado eléctrico de la nube. Una gota normal de lluvia, con un diámetro de varios milímetros, se compone de 1 000 000 de gotas más finas.

Lluvia	Diámetro de las gotas	Velocidad de caída
niebla meona	0.006-0.06 mm	0.10-20 cm/s
llovizna	0.06-0.6 mm	20-100 cm/s
lluvia	1-3 mm	150-400 cm/s
aguacero	4-6 mm	500-800 cm/s

El índice de pluviosidad equivale a la cantidad de lluvia caída en un intervalo temporal determinado (milímetros por día y por metro cuadrado). La jornada en la que al menos cae 0.1 milímetro de lluvia se denomina día de lluvia.
Condiciones atmosféricas. Cuando una masa de aire cálido tropieza con otra de aire frío en reposo, la primera se desliza sobre la segunda y se forman estratos que deparan lluvia. Eso es lo que sucede cuando aire húmedo marino del oeste circula hacia Europa central (flujo del oeste). Pero la embestida de aire frío contra aire cálido en reposo también favorece la formación de nubes densas (cúmulos) con aguaceros. Esta irrupción fría puede provenir tanto del oeste como del norte (flujo del norte). Cuando se produce el enfriamiento adecuado, la lluvia se transforma en nieve. Las tormentas de calor del verano traen consigo lluvias intensas. En algunas zonas, las lluvias que duran varios días están condicionadas por la orografía (por el relieve), como sucede en las montañas, debido a que el aire incidente se acumula ante un obstáculo (lluvia de compresión). Cuando las corrientes de aire que traen lluvia inciden sobre todo contra una de las vertientes de una cordillera, la vertiente que queda a sotavento está a la sombra pluviométrica porque la mayoría de las lluvias cae antes de que el aire supere la primera vertiente (por ejemplo, en la costa occidental de Noruega abundan las lluvias y al sur de Noruega escasean).
Pronóstico. Cuanto más copiosa es la lluvia y más grandes son las gotas, menos dura. Las nubes que pasan bajas tras una lluvia persistente, no indican un cambio de tiempo: el aire que las sucede es húmedo y frío y no permite que se despejen.

Zona de lluvia durante el paso de un frente frío. ▷
Cumulonimbos con lluvia intensa.

Nieve

Observación. La nieve es una forma de precipitación que se da sobre todo en invierno, cuando la temperatura ronda los 0 °C. Mientras que a esta temperatura suelen predominar las nevadas densas y caen los copos típicos, a temperaturas inferiores se observan los llamados cristales de nieve de formas diversas. A menos temperatura, las precipitaciones de nieve abundan menos o desaparecen por completo. Pero también nieva a temperaturas superiores a 0 °C, sobre todo en forma de precipitaciones más breves. Esto ocurre incluso desde + 5 hasta + 8 °C y siempre junto con las situaciones meteorológicas de otoño y primavera. Quienes practican deportes de nieve diferencian sobre todo dos tipos de nieve: la nieve en polvo, seca y formada por copos finos, y la nieve primavera, granulada y humedecida (sobre todo con temperaturas próximas o mayores que 0 °C). La nieve caída se compacta a medida que se hunde y funde (nieve compacta). La nieve pisada en caminos y carreteras da lugar a nieve resbaladiza. Los denominados bancos de nieve se forman a sotavento y llegan a alcanzar dimensiones considerables. Sobre todo en las montañas, el viento acumula nieve en lugares determinados. Estos ventisqueros son peligrosos y causan frecuentes accidentes por alud.

Física. La nieve se forma en el aire por congelación de gotas de agua subenfriadas a temperaturas de –12 a –16 °C. De ahí surgen cristales de nieve de formas diversas como agujas, prismas, estrellas o laminillas. Estos cristales de nieve poseen diámetros de 0.005 a varios milímetros y su grosor ronda 1/10 del diámetro. La tensión saturante del vapor (véase pág. 120) y la temperatura repercuten en la forma y el tamaño de los cristales de nieve. Cerca del punto de congelación, los cristales se engarzan y se forman los conocidos copos de nieve. Como a temperaturas muy bajas hay muy poca humedad en el aire, las nevadas copiosas se restringen a temperaturas próximas a 0 °C. De ahí que las nevadas más abundantes se produzcan en latitudes medias y no en el Ártico o la Antártida. El límite de las nieves señala la frontera entre las zonas que siempre están cubiertas de nieve y las que no. Depende de la altura del terreno y de las temperaturas medias dominantes, así como del perímetro abarcado por las precipitaciones fijas. Son ejemplos de zonas siempre cubiertas de nieve (con glaciares):

Zona	Altitud (límite más bajo)
Alpes septentrionales	2500 m
Alpes centrales	2900 m
Alpes meridionales	2700 m
Islandia	700 m
Pirineos	2600 m
Escandinavia	1300 m
Spitzberg	300 m

Condiciones atmosféricas. Cuando la temperatura a ras de suelo alcanza el límite de los cero grados, las precipitaciones no caen en forma de lluvia, sino en forma de nieve. Por eso, las condiciones atmosféricas cuando nieva son comparables, en general, a las que imperan cuando llueve (véase pág. 104). Resulta curioso que las nevadas más copiosas se produzcan durante deslizamientos de aire cálido («frente de deslizamiento», véase pág. 84). Mientras que en la montaña la nieve perdura, en la llanura suele fundirla el aire caliente subsiguiente que yace bastante próximo al suelo. El tiempo de precipitaciones que desencadenan los flujos del norte en primavera va asociado, también en la meseta, a nevadas. El aire frío del Ártico es el que depara las irrupciones frías. En los frentes de aire frío se forman tormentas de invierno (tormentas frontales) que a menudo van acompañadas de nevadas intensas.

Pronóstico. Con mucho frío, entre –5 y –10 °C, apenas caen nevadas. En todo caso se produce la llamada «nieve arenosa» por precipitaciones muy finas en forma de cristales de nieve. Las nevadas copiosas van seguidas casi siempre de tiempo cálido (tiempo de deshielo), sobre todo en la meseta, cuando ocurren con un flujo típico del oeste. Si el terreno está bastante cubierto de nieve, la temperatura del aire aumenta muy despacio porque la fusión de la nieve consume mucha energía.

Elementos meteorológicos

En la página 21 ya se ha hablado de forma somera sobre las fuerzas que conforman el tiempo atmosférico. Los «elementos meteorológicos» desempeñan un papel esencial para la observación y la predicción del tiempo: *presión*, *temperatura*, *humedad*, *corrientes de aire (viento)*, *visibilidad*, *nubosidad* y *precipitaciones*. Basándonos en ellos podemos describir y explicar en gran medida, no en toda, las situaciones atmosféricas. Y, además, las observaciones meteorológicas accesibles a los amantes de la naturaleza se basan casi siempre en estos valores determinantes. He ahí dos razones para ahondar algo más en ellos. Asimismo, para avanzar en su aplicación práctica conviene empezar por los aparatos de medición típicos en cada caso.

La presión atmosférica

El aparato más utilizado para medir la presión del aire es el aneroide o barómetro metálico. Consiste en un compartimento metálico (acero, berilio) al vacío. Esta cápsula se comprime cuando aumenta la presión y, si ésta baja, la superficie metálica elástica puede volver a expandirse. La compresión o expansión del compartimento metálico pasa a un indicador gracias a un mecanismo de palanca. Para las observaciones meteorológicas resultan determinantes:

1. El aumento o descenso de la presión.
2. La velocidad del aumento o descenso.

Así pues, los barómetros cuentan con un indicador de comparación que se mueve sobre el indicador de medida durante la lectura y permite registrar las variaciones. En cambio, hay que atribuir escasa importancia a las indicaciones del barómetro «seco», «bueno», «variable» o «lluvioso». Para traducir los cambios de presión a un sistema de medida, se precisa una escala graduada,

> o
> una columna de mercurio en milímetros (torr, mm Hg)
> o
> milibares (mbar), ahora sustituidos por hectopascales (hPa).

Véanse además los datos de la página 25. Un buen barómetro de mercurio ofrece la mejor graduación para efectuar calibraciones. Por cierto, en territorio anglosajón, los datos suelen tomarse en pulgadas (inches Hg). La siguiente tabla aporta una idea sobre la equivalencia entre las tres medidas de presión:

◁ Los cristales de nieve suelen tener un aspecto muy curioso (sobre su formación véase la pág. 106).

Columna de mercurio en milímetros	Hectopascal	Columna de mercurio en pulgadas
720	960	28.35
724	965	28.5
727.5	970	28.65
731	975	28.8
735	980	28.9
739	985	29.1
742.5	990	29.25
746	995	29.4
750	1000	29.5
754	1005	29.7
757.5	1010	29.8
761	1015	30
765	1020	30.1
769	1025	30.3
772.5	1030	30.4
776	1035	30.55
780	1040	30.7

Entre las unidades más utilizadas en la práctica para medir la presión atmosférica, mm Hg y hPa (mbar), rige la siguiente equivalencia:

1 mm Hg = 1.333 hPa (mbar)
1 hPa = 0.750 mm Hg

Un modo sencillo de hacer un seguimiento de los cambios de presión que se producen durante un tiempo prolongado consiste en pasar a un papel milimetrado los valores leídos en el barómetro: los días en horizontal (5 mm por día) y el valor de la presión en vertical. Para ello se parte de una presión media de 760 mm Hg (= 1013 hPa). La lectura del barómetro debe realizarse a la misma hora todos los días. Resultará útil anotar además la situación atmosférica existente, de manera que al cabo de semanas o meses se acumule una experiencia propia sobre el tiempo y la presión.
Mediante este sencillo método, los observadores atentos comprobarán pronto que, por ejemplo, las altas presiones no siempre van asociadas a buen tiempo. La evolución real de las condiciones atmosféricas no depende únicamente de la presión atmosférica.
Los registros sobre papel milimetrado también se realizan de forma automática. El aparato destinado a ello se denomina barógrafo (registrador de presión). Para obtener indicaciones lo bastante amplias, el barógrafo consiste en varios compartimentos metálicos. Las mediciones de la presión atmosférica se transfieren a una palanca de impresión que las traslada al papel con una tinta especial. El

papel se dispone sobre un rodillo que gira lentamente (una vuelta por semana) propulsado por un mecanismo de relojería. Para que el barógrafo tome registros fiables debe situarse en un lugar estable donde no sufra sacudidas.

Un aparato práctico para detectar cambios de presión debidos a la meteorología es un altímetro, como el que se usa para subir montañas. En la página 25 ya se ha mencionado que la presión disminuye con la altura. El altímetro permite comprobarlo en la práctica. Algunos altímetros portan, además de una escala y un indicador de altitud, una escala barométrica en mm Hg, mbar, hPa o pulgadas de Hg. Con ellos se puede determinar la presión barométrica absoluta, la media y la mínima al nivel del mar. Las marcas en la esfera de cristal permiten captar variaciones de la presión barométrica a corto plazo. Quien utilice este tipo de altímetro estará en condiciones de determinar la tendencia de la presión. No obstante, si efectúa excursiones a la montaña siempre deberá tener en cuenta que el aparato registrará cualquier cambio de altitud (y un buen altímetro reacciona a ± 10 metros) y que el cambio de la presión con la altura no tiene nada que ver con la meteorología.

En las capas inferiores de la atmósfera, la presión decrece alrededor de 1 milímetro en la columna de mercurio (= 4/3 hPa) con cada incremento en altura de 11 metros. El barómetro lo muestra con claridad durante una excursión por la montaña. Pero se aprecia aún mejor con un altímetro corriente, que no es más que un barómetro metálico que, en lugar de ir provisto de una escala de presión, porta una escala de altitud. El altímetro también registra los cambios de presión debidos a las condiciones atmosféricas. Existen altímetros provistos de la graduación correspondiente (síganse las instrucciones de uso). Como la presión varía con el tiempo y de un lugar a otro, el altímetro debe ajustarse desde una altitud conocida antes de empezar a utilizarlo (por ejemplo, en una estación funicular inferior).

▷ **Presión barométrica absoluta** La presión atmosférica real que impera en el lugar de observación. Para predicciones de tiempo es importante compararla con registros tomados desde otros lugares (véase «presión barométrica reducida»).

▷ **Presión barométrica media (relativa)** La disminución de presión esperable en promedio con el aumento de la altura en la «atmósfera normal». A 0 metros de altitud 760 mm Hg (= 1013 hPa), a 500 metros de altitud 716 mm Hg (= 954.5 hPa), a 1000 metros de altitud 674 mm Hg (= 899 hPa), etc. En las capas inferiores de la atmósfera, desciende 1 hPa cada 8 metros de altitud.

▷ **Presión barométrica reducida** La presión barométrica reducida al nivel del mar («cero normal»), aunque las medidas procedan de estaciones más elevadas, facilita la comparación de unas medidas con otras. Nivel del mar = 0 metros = 760 mm Hg o 1013 hPa. Lo mejor es ajustar nuestro barómetro a una presión constante de acuerdo con los datos de la previsión meteorológica oficial (información radiofónica) para el lugar de observación. Si se anuncia, por ejemplo: «Presión reducida al nivel medio del mar en Amsterdam 765 mm = 1020 hectopascal», el valor dado debe ajustarse con la tuerca que lleva la mayoría de los barómetros en la parte posterior.

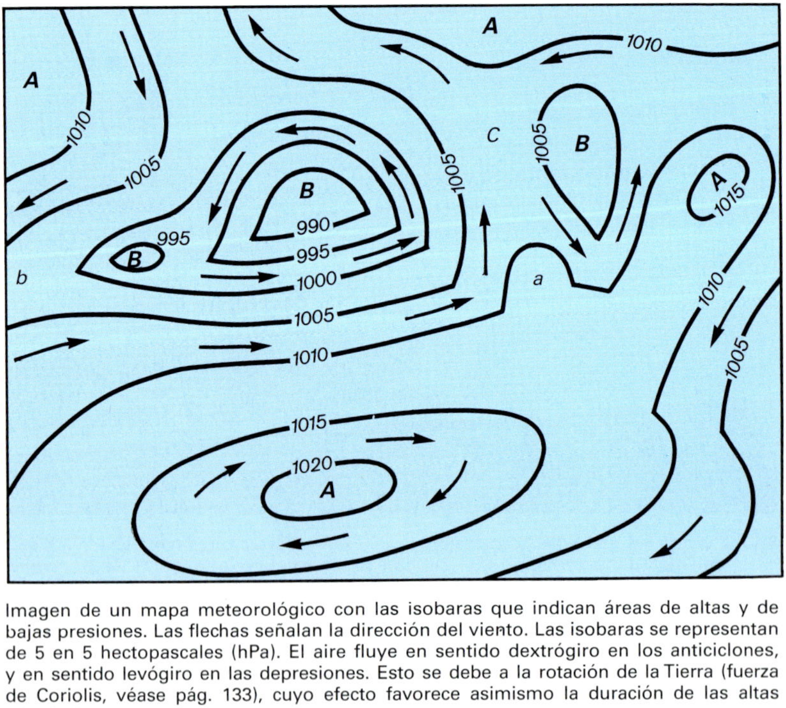

Imagen de un mapa meteorológico con las isobaras que indican áreas de altas y de bajas presiones. Las flechas señalan la dirección del viento. Las isobaras se representan de 5 en 5 hectopascales (hPa). El aire fluye en sentido dextrógiro en los anticiclones, y en sentido levógiro en las depresiones. Esto se debe a la rotación de la Tierra (fuerza de Coriolis, véase pág. 133), cuyo efecto favorece asimismo la duración de las altas y las bajas.
A = alta, B = baja, C = cresta de altas presiones, a = cuña anticiclónica, b = vaguada

La evolución de la presión manifiesta una clara periodicidad diaria: tendencia ascendente por la mañana y a media noche; descenso por la tarde, sobre todo en verano como consecuencia del aumento de la temperatura. En parte, estas oscilaciones diarias, de 1 hPa en promedio, no tienen nada que ver con las condiciones atmosféricas. Se parecen más al flujo y reflujo de las mareas y vienen determinadas por la posición del Sol y la Luna. Estas variaciones diarias se observan especialmente bien cuando el tiempo es constante. Por cierto, en las montañas actúan a la inversa: tienden a subir por la tarde porque el aire ascendente provoca un incremento de la presión.

También se han constatado valores medios anuales que manifiestan una tendencia a tener presiones más altas durante los meses de agosto a septiembre y presiones más bajas durante el mes de abril. En las montañas, la época con mayor presión corresponde al verano, y la de presión más baja equivale al invierno. Estas observaciones concuerdan con la evolución de las condiciones atmosféricas: el otoño se caracteriza por la escasez de depresiones atmosféricas, mientras que la primavera está influida más a menudo por situaciones de bajas presiones. En las montañas tienen especial relevancia las depresiones hiemales.

El barómetro registra la columna de aire situada sobre el lugar de observación. El aire frío pesa más y «oprime» el barómetro. Entonces registramos una presión alta. Como el aire caliente es ligero, el barómetro revela un descenso de la presión. La velocidad a la que varía la presión ofrece el punto de partida más útil para efectuar previsiones meteorológicas.

Presión barométrica	Hectopascal/hora	Situación atmosférica
En aumento	0.25-0.5	Entrada de altas presiones (no inmediata)
En aumento	1-1	Cuña anticiclónica (inmediata)
En descenso	0.25-0.5	Entrada de bajas presiones (no inmediata)
En descenso	1-2	Situación turbulenta. En verano, tormenta

Existe una serie de desviaciones a partir de las tendencias principales indicadas en la tabla. Veamos un par de ejemplos.

En el lugar de observación, el barómetro revela una **tendencia descendente.** En cambio, en las horas subsiguientes impera el buen tiempo. El aire caliente del sur logra desplazarse hacia el norte a ras de suelo. Ante esta circunstancia el barómetro reacciona con un descenso de la presión. El aire caliente próximo al suelo avanza a una velocidad considerable (mayor que en las alturas) y tras él irrumpe aire frío procedente de las alturas. Sin embargo, este aire descendente dispersa las nubes y permite que luzca el Sol.

En el lugar de observación, el barómetro muestra una **tendencia ascendente.** En cambio, el tiempo subsiguiente es nuboso y lluvioso. En este caso hay aire frío a ras de suelo procedente del norte que avanza muy deprisa hacia el sur, una circunstancia ante la cual el barómetro reacciona con un aumento de presión. El aire frío desplaza a las alturas el aire caliente estacionario que yace sobre él. Sin embargo, esto conlleva el enfriamiento del aire caliente con las consecuencias consabidas: formación de nubes y precipitaciones.

Tras el paso de una depresión atmosférica, cuñas de aire frío incidente suelen desencadenar un **aumento fugaz de la presión.** Pero, a pesar de ello, a continuación caen tormentas, lluvias o nevadas. También en este caso, el aire frío eleva el caliente y provoca el enfriamiento de este último.

En resumen: durante el paso de un anticiclón persistente, se observa otro **aumento de la presión.** Pero, al mismo tiempo, ni aclara ni luce el sol cada vez más, sino que empeora la visibilidad y el cielo se cubre de bruma (niebla) (véase pág. 62).

La evolución de la presión atmosférica se representa en los mapas del tiempo a través de las denominadas «isobaras», las cuales unen mediante líneas todos los lugares que tienen la misma presión. Las isobaras suelen indicarse en los mapas de 5 en 5 hectopascales (hPa). Como es natural, las medidas que proceden de estaciones a diferentes alturas se reducen previamente al valor correspondiente al nivel del mar.

Las zonas de altas presiones se distinguen porque están rodeadas de isobaras que muestran un descenso de presión en todas direcciones. Las isobaras que circundan una zona de bajas presiones indican un aumento de la presión en todas direcciones. Tiene especial interés comprobar qué separación mantienen entre sí las isobaras, ya que en ello se manifiesta con claridad la caída de presión imperante.

Separación entre isobaras	**Diferencia de presión**	**Tiempo atmosférico**
Escasa	Grande	Turbulento (borrascoso)
Grande	Escasa	Apacible (poco viento)

Las diferencias de presión se pueden calcular estableciendo el «gradiente», el cual equivale al descenso de presión en una extensión de 60 millas marinas, expresado en hectopascales (milibares) y medido perpendicularmente a las líneas isobáricas. Por ejemplo, la separación entre una isobara de 1005 hPa y otra de 1010 hPa es de 50 millas marinas. El cálculo sería:

$$50 : 60 = 5 : \times, \times = \frac{5 \cdot 60}{50} = 6$$

El gradiente asciende en este caso a 6 hPa cada 60 millas marinas.

La rotación de la Tierra resulta decisiva para la evolución de las corrientes dentro de los desplazamientos de aire a gran escala. Las corrientes de aire derivadas de la distribución de la presión atmosférica sólo pueden explicarse teniendo en cuenta la llamada «fuerza de Coriolis» (véase pág. 133).

La temperatura del aire

Los termómetros disponibles en el mercado son termómetros de líquido rellenos de alcohol o mercurio, o termómetros bimetálicos. Algunos de estos últimos cuentan con tuercas de ajuste. Los termómetros de líquido se basan en el principio de la dilatación o la contracción del alcohol o el mercurio que contienen cuando éstos se calientan o enfrían. Los termómetros bimetálicos consisten en dos láminas metálicas alargadas y soldadas entre sí, con distintos coeficientes de dilatación. Estos termómetros tienen utilidad sobre todo para registrar por escrito la temperatura del aire («termógrafos»), ya que registran la evolución de la temperatura del mismo modo que el barógrafo (véanse págs. 110 y 125).

Los termómetros de máxima y de mínima resultan muy útiles para efectuar observaciones meteorológicas, ya que fijan la temperatura más alta y más baja durante un periodo determinado (un día, una noche) sirviéndose de clavijas metálicas que se desplazan con el alcohol o el mercurio.

Para dividir la temperatura en grados se parte del punto de congelación y del punto de ebullición del agua. El espacio que queda entre ambos puntos, el cual recorre el líquido del termómetro, se divide equitativamente en grados. En la escala Celsius, que debe su nombre al astrónomo sueco Anders Celsius (1701-1744), dicho intervalo se divide en cien grados. En la escala Fahrenheit, así llamada en honor del físico nacido en Danzig, Daniel Gabriel Fahrenheit (1686-1736), y en la escala Réaumur, que debe su nombre al biólogo y tecnólogo francés René-Antoine Réaumur (1683-1757), la división es de 80 grados. Aunque la escala Fahrenheit aún se usa en países anglosajones, la escala Celsius se impone cada vez más en el ámbito internacional porque su gradación cuadra con el sistema decimal.

Tabla comparativa de las escalas termométricas

Celsius	*Fahrenheit*	*Réaumur*
–25°	–13°	–20°
–15°	+ 5°	–12°
– 5°	+23°	– 4°
0°	+32°	0°
+ 5°	+41°	+ 4°
+10°	+50°	+ 8°
+15°	+59°	+12°
+20°	+68°	+16°
+25°	+77°	+20°

Puntos fijos de las escalas termométricas

	Celsius	*Fahrenheit*	*Réaumur*
P. de congelación	0°	+32°	0°
P. de ebullición	+100°	+212°	+80°

La escala de temperatura absoluta usa el kelvin (K) como unidad. Su subdivisión se corresponde con la subdivisión decimal de la escala Celsius. El cero de la escala absoluta tiene T = –273.15 °C. Así, T(K) = t(°C) + 273.15 o t(°C) = T(K) –273.15.

Las publicaciones del instituto alemán de meteorología dan en K las diferencias de temperatura, por ejemplo entre la máxima y la mínima durante las oscilaciones diarias.

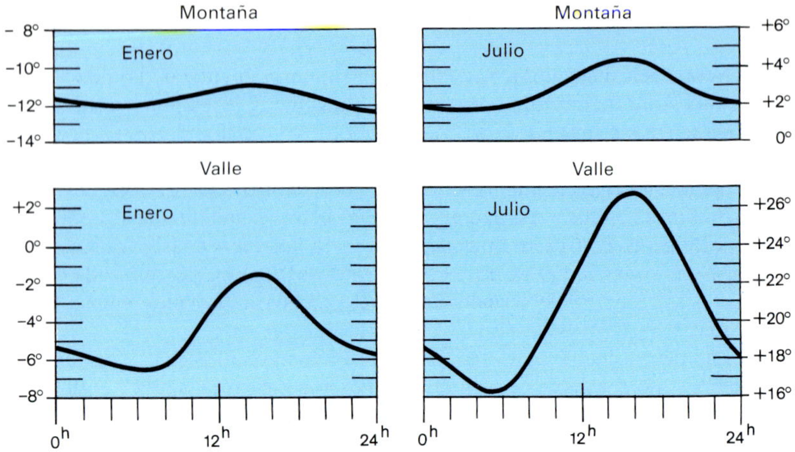

Evolución diaria de la temperatura del aire en la montaña y en el valle.

Para comprobar si el termómetro toma registros fiables, podemos llenar un vaso con hielo e introducir el termómetro hasta el fondo del mismo. El punto cero equivale a la temperatura a la que funde el hielo, de modo que el termómetro debe marcar 0 °C. A continuación, podemos realizar una prueba con agua caliente (a unos 35 °C). En este caso, una comparación con un termómetro clínico, que es muy preciso, permitirá comprobar si la escala es correcta.

Además de verificar el funcionamiento del termómetro, para medir la **temperatura** real **del aire** debe tenerse en cuenta, sobre todo, que el aparato se encuentre en un lugar bien aireado y no expuesto a la radiación solar. Ubicaciones próximas a ventanas o viviendas dan lugar a registros erróneos. Es por ese motivo por el que los termómetros meteorológicos se instalan, junto con otros ins-

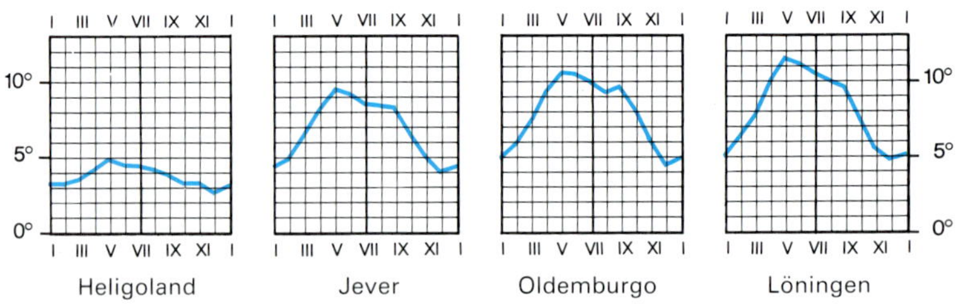

Oscilación media diaria de la temperatura del aire en la costa y en el interior.

trumentos, en casetas de madera que dejan pasar el aire, pintadas de blanco y a dos metros sobre la hierba del suelo.

Al medir la temperatura del aire hay que observar su evolución a lo largo del día, la cual muestra oscilaciones más acusadas en tierra firme que en el mar.

En ambos casos, la temperatura mínima se da poco antes de la salida del Sol y la máxima tiene lugar alrededor de las 14 horas. Mientras que en la Europa continental pueden darse fluctuaciones (entre la mínima y la máxima) de entre 5 y 10 °C cuando la radiación incidente y la emitida no sufren alteraciones, en mar abierto suelen darse diferencias de tan sólo algún grado. Esto se debe a que los continentes y el mar se calientan de forma distinta (véase pág. 187).
La temperatura del aire también muestra una evolución anual que de nuevo establece diferencias entre la tierra firme y el mar:
En el interior de Europa, esto viene constatado por veranos cálidos e inviernos fríos en zonas influidas por el clima continental (Europa oriental) y por veranos frescos e inviernos suaves en lugares influidos por el clima oceánico (Inglaterra).

Lugar de observación	**Temperatura media**	
	enero	**julio**
Yakutsk en Siberia	– 42.9° C	18.8° C
Torshavn, islas Feroe	3.2° C	10.8° C

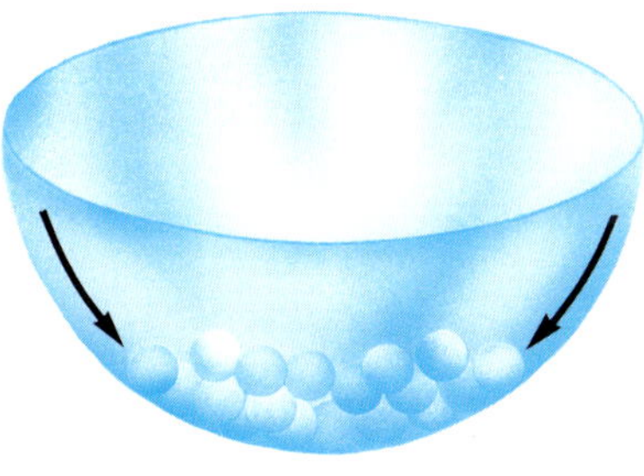

Estable

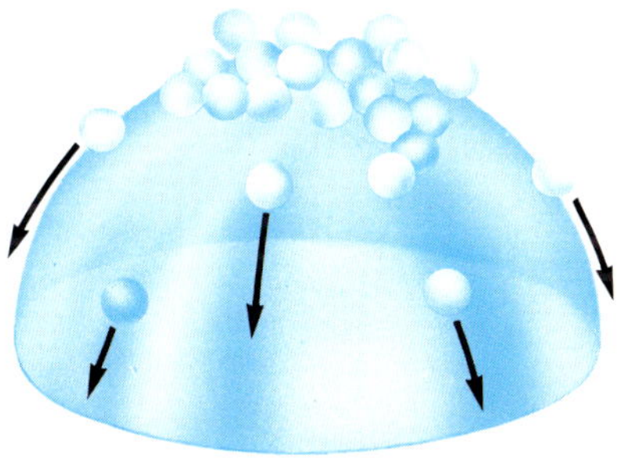

Inestable

Estable significa conservar un estado (izquierda: las bolas dentro del cuenco ruedan hasta agruparse). *Inestable* señala un estado que tiende a cambiar (derecha: las bolas sobre el cuenco se separan y ruedan en distintas direcciones). La distribución estable o inestable del aire desempeña un papel crucial en la evolución del tiempo. Una situación inestable se da, por ejemplo, cuando en las capas altas circula aire frío y bajo él yacen masas de aire caliente. En cambio, el aire frío a ras de suelo estabiliza la situación. Masas de aire a diversas temperaturas pueden provocar un cambio muy brusco entre situaciones estables e inestables. A partir de las nubes se puede deducir que la nubosidad cerrada y carente de estructura es señal de una situación estable, mientras que las acumulaciones nubosas, con claros que muestran un cielo azul, caracterizan situaciones inestables (tormentas, lluvias).

En general la temperatura desciende con la altura. De no ser así, resultaría inconcebible la existencia de nieve y hielo en montañas sitas en regiones cálidas (como el Kilimanjaro –5895 m– en África oriental).

Temperatura del suelo

La superficie terrestre calentada por el Sol irradia calor a las capas de aire próximas al suelo, las cuales se vuelven inestables. Ascienden bolsas de aire caliente. El incremento de temperatura de las capas de aire cercanas al suelo depende bastante del tipo de superficie (campos, ciudades, lagos, bosques, etc.) y, con ello, también de la pérdida de temperatura del suelo.

Las características superficiales de un paisaje repercuten en el desprendimiento de bolsas de aire caliente, por ejemplo, cuando el aire calentado a ras de suelo es arrastrado hacia un bosque. Las bolsas de aire caliente se enfrían al ascender y, si el aire tiene la humedad adecuada, se forman las conocidas nubes en forma de cúmulos.

Sin duda, a medida que evoluciona la meteorología se producen constantes irrupciones de aire caliente en las capas altas de aire. Sin embargo, sigue vigente la observación de que en las capas bajas y medias de la troposfera (es decir, hasta unos 10 kilómetros de altura), la temperatura desciende unos 0.65 °C por cada 100 metros de altura. La temperatura sólo se mantiene constante, o incluso vuelve a aumentar, en la troposfera superior y en la estratosfera (véase pág. 23). Cuando la temperatura crece de golpe a cierta altura, en meteorología se habla de inversión. Con la inversión de superficie, la temperatura aumenta desde el suelo hacia arriba y hasta una altura determinada, a partir de la cual la temperatura vuelve a disminuir. Las inversiones de superficie comienzan durante la noche y presuponen una situación meteorológica que favorece la radiación terrestre ascendente. La inversión en altura se caracteriza por un descenso de la temperatura desde el suelo hasta cierta altura, donde vuelve a incrementarse (límite inferior de inversión). El incremento se acentúa con la altura y concluye en el límite superior de inversión. A partir de él, vuelve a imponerse el descenso normal de temperatura a medida que crece la altura. Para la situación atmosférica es muy importante el distinto calentamiento que experimentan masas de aire contiguas. Las diferencias térmicas del aire que circula sobre tierra firme o sobre el mar deparan diferencias de presión (véase pág. 68). Las masas de aire entran en movimiento y se forman corrientes de aire (viento). El contenido en vapor de agua del aire y su limitación para absorber una cantidad concreta de vapor de agua a una temperatura dada no sólo causan una interacción entre la presión del aire y su temperatura, sino también entre la temperatura del aire y su humedad (véase pág. 120).
De este modo, las consideraciones sobre la evolución meteorológica que sólo se basan en mediciones térmicas tienen una capacidad predictiva limitada. De hecho, el descenso de la temperatura en verano permite contar con tiempo lluvioso, mientras que este comportamiento de la temperatura en invierno augura buen tiempo. La subida de la temperatura actúa a la inversa a lo largo del año. En general, las perturbaciones claras de la temperatura durante el día, por ejemplo, una subida veloz de la temperatura por la mañana como consecuencia de una corriente de aire cálido, son el punto de partida para un cambio de tiempo. No obstante, también es relevante si el aire caliente incidente es húmedo o seco. Al igual que se hace para representar la evolución de la presión (véase pág. 112), la meteorología se sirve de líneas para representar la evolución de la temperatura, que unen todos los lugares donde impera la misma temperatura del aire («isotermas»). La interpretación de los valores medios evidencia que la temperatura no sólo depende de la latitud geográfica, sino que está influida además por la distribución de la tierra y el mar.

◁ En las faldas de las montañas expuestas a la radiación solar, se forman asimismo capas de aire sobrecalentadas que ascienden como viento anabático. El desplazamiento hacia arriba continúa y, si el aire tiene la humedad precisa, provoca la aparición de cúmulos. El viento ascendente originado por la temperatura del suelo tiene gran importancia para los vuelos con y sin motor, así como para hacer volar cometas y aviones de aeromodelismo.

La humedad del aire

Para medir la humedad relativa del aire la meteorología se sirve de dos principios fundamentales:

1. El higrómetro de cabello En este caso se utiliza la propiedad del cabello humano, aunque también de fibras artificiales, de dilatarse con el aire húmedo y encogerse con el seco. Los movimientos del cabello o de las fibras se trasladan a un indicador. Antes de utilizarlo, el higrómetro de cabello se envuelve durante media hora en un paño húmedo y a continuación se ajusta de inmediato el indicador a una humedad relativa del aire del 95 por ciento. Con niebla densa, el higrómetro de cabello bien ajustado debe señalar una humedad relativa del 100 por cien.

2. El sicrómetro En este caso se recurre al hecho de que el aire seco causa evaporación, mientras que el aire húmedo la inhibe. El aparato consiste en dos termómetros iguales y ajustados de forma idéntica. El bulbo de uno de ellos está cubierto por una envoltura de algodón secante que tiene el extremo inferior inmerso en un depósito de agua. De este modo, la envoltura permanece siempre húmeda. En el bulbo de este termómetro, que tiene que estar expuesto a la corriente de aire, se evapora agua de forma permanente. Para ello se precisa calor, el cual se desprende del líquido del termómetro. Así, el termómetro «húmedo» muestra una temperatura más baja que el termómetro «seco». Esta diferencia de temperatura permite calcular la humedad relativa con una precisión bastante buena. La diferencia desciende a 0 °C cuando la humedad relativa alcanza el 100 por cien. Con ayuda de las denominadas «tablas sicrométricas» se puede calcular de inmediato la relación entre diferencia de temperatura y humedad relativa. Hay que distinguir entre humedad relativa y humedad absoluta (véase pág. 100). Todos notamos la humedad en el aire, es decir, si está enriquecido en vapor de agua. En cambio, esto sólo se ve cuando el aire se satura de vapor de agua y se produce la condensación. Entonces, las consecuencias visibles son la formación de nubes y niebla y las precipitaciones.

La temperatura tiene relevancia en el proceso (véase pág. 104). El enfriamiento del aire da lugar a la condensación porque el aire a una temperatura determinada sólo puede asimilar una cantidad concreta de vapor de agua. Un ejemplo:

El aire caliente húmedo asciende. Su temperatura es de 25 °C y su contenido en vapor de agua es de 15 gramos por metro cúbico. Esto equivale a una humedad relativa del aire del 65 por ciento (véanse además la tabla y la fórmula de la pág. 100). Si el aire se enfría hasta 20 °C, la humedad relativa aumenta ya a alrededor del 87 por ciento. La formación de nubes ocurrirá a una altura en la que la temperatura se mantenga entre 17 y 18 °C («nivel de condensación», «nivel del punto de rocío»). Mientras ningún vapor de agua se licua, el aire ascendente continúa enfriándose alrededor de 1 °C por cada 100 metros de elevación («aire no saturado»). Por tanto, en nuestro ejemplo el desarrollo de nubes no ocurrirá hasta los 700 u 800 metros de altura.

Con tiempo soleado, el aire próximo a la superficie se calienta más a lo largo del día. Poco a poco se torna más ligero que el aire frío suprayacente y ascien-

Cuando las capas de aire próximas al suelo sufren un calentamiento escaso, las bolsas ascendentes de aire caliente no alcanzan su nivel de condensación (figura izquierda). Si el aire ascendente húmedo y caliente llega a una capa de aire en la que se forman cúmulos, habrá alcanzado su nivel de condensación (figura derecha). Para ello resultan determinantes la temperatura y la humedad relativa del aire. Se denomina «temperatura desencadenante» (de importancia para los informes meteorológicos de aviación) a la temperatura necesaria para que el aire pueda ascender hasta su nivel de condensación.

de. El hecho de que también pueda alcanzar la altura donde se sitúa su nivel de condensación depende de la «temperatura desencadenante». Para determinar esta temperatura se requiere información muy precisa sobre la evolución de la temperatura y la humedad hasta las capas de aire en las alturas, lo cual resulta indispensable, por ejemplo, para el tráfico aéreo y las previsiones meteorológicas necesarias para el mismo. Al igual que la presión y la temperatura del aire, la humedad del aire también experimenta una «evolución diaria», aunque las masas de aire situadas sobre el lugar de observación no sufran cambios: en un día caluroso de verano, el higrómetro registra una humedad relativa escasa. Sin embargo, por la tarde y durante la noche experimenta un incremento constante. Entonces no es infrecuente que llegue al 100 por cien y dé lugar a rocío. La existencia de nubes puede impedirlo, ya que bloquean la radiación nocturna.

El punto de rocío es la temperatura en la que la humedad relativa del aire equivale al 100 por cien. Este punto indica la temperatura mínima esperable para

La fuerza ascensional y la humedad de las bolsas de aire caliente varían dependiendo de las características de la superficie terrestre. Así, el nivel de condensación es distinto: la formación de cúmulos se produce a diferentes alturas. Esta térmica gradual se observa sobre todo en las zonas montañosas (Alpes).

una noche siempre y cuando no varíe a lo largo de la noche la composición de las masas de aire, por ejemplo, debido a la afluencia de aire frío. Si el punto de rocío se sitúa cerca de los 0 °C, se producirán heladas nocturnas (punto de escarcha). Una humedad relativa elevada en una noche estrellada permite contar con la formación de niebla. Si en una noche despejada la humedad relativa es reducida, hay que contar con un descenso mayor de la temperatura.

Al considerar las temperaturas mínimas próximas al suelo debe tenerse en cuenta que el hielo en superficie se forma ya cuando la temperatura del aire situado entre 1 y 2 metros sobre el suelo ronda aún varios grados sobre cero. El peligro de heladas es máximo en hondonadas del terreno. La determinación del punto de rocío es crucial para predecir las heladas nocturnas (heladas del suelo). Conviene empezar a efectuar las mediciones de temperatura y humedad necesarias para ello en cuanto se ha puesto el Sol.

Para comprender muchos procesos de la evolución meteorológica se necesita la relación entre la humedad del aire y la temperatura del mismo:

Temperatura	**Contenido en vapor de agua**	**Humedad de saturación**	**Humedad del aire**
En ascenso	Constante	En ascenso	Aire relativamente seco
En descenso	Constante	En descenso	Aire relativamente húmedo

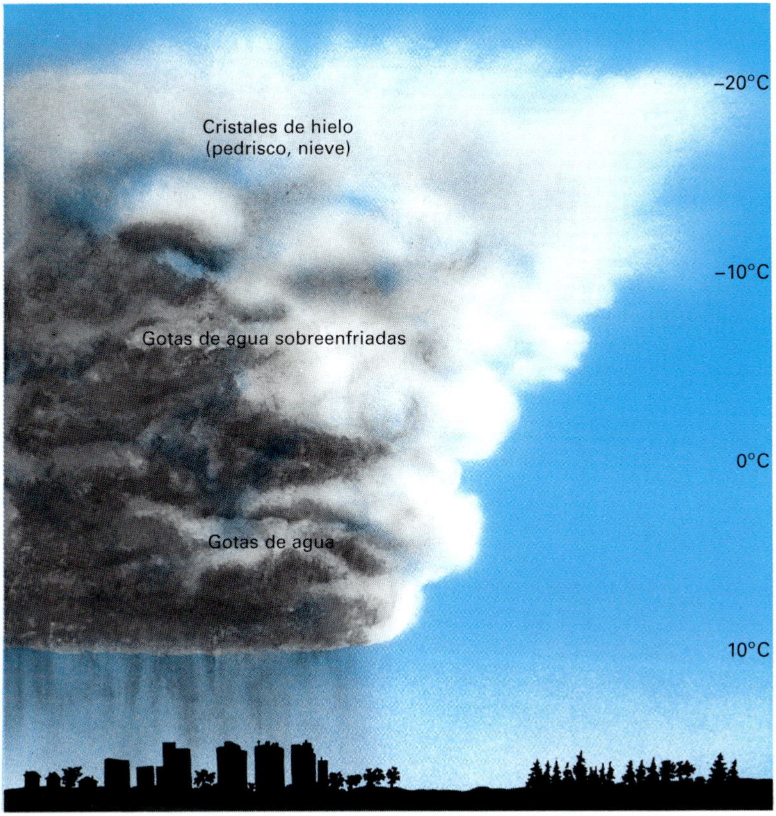

En verano, sobre todo, se da un fuerte contraste entre el aire frío y el caliente que provoca la formación de grandes «torres de tormenta» con vientos ascendentes que alcanzan entre 6000 y 10 000 metros de altura. El ascenso veloz del aire sobrecalentado crea las conocidas nubes de tormenta (cumulonimbos), que se denominan nubes térmicas. A medida que el aire se expande surgen velocidades verticales de 10 y más metros por segundo. En su tercio inferior las nubes de tormenta consisten en gotitas de agua. En la parte central ya hay gotitas de agua sobreenfriadas y más arriba cristales de hielo.

La densidad del aire

La composición de la atmósfera ya se estudiaba en la época anterior al uso de cohetes y satélites artificiales, sobre todo con globos sonda y radiosondas, para conocer mejor la estructura y las relaciones de densidad a grandes alturas. Sobre la base de leyes físicas se admite que la densidad del aire disminuye con la altura. Asimismo tiene que haber diferencias en cuanto a estructura, puesto que los gases que conforman la atmósfera (véase pág. 21) tienen pesos distintos.

Instrumentos meteorológicos de medida

Indicador combinado con termómetro e higrómetro

Barómetro de precisión

Anemómetro de cazoletas

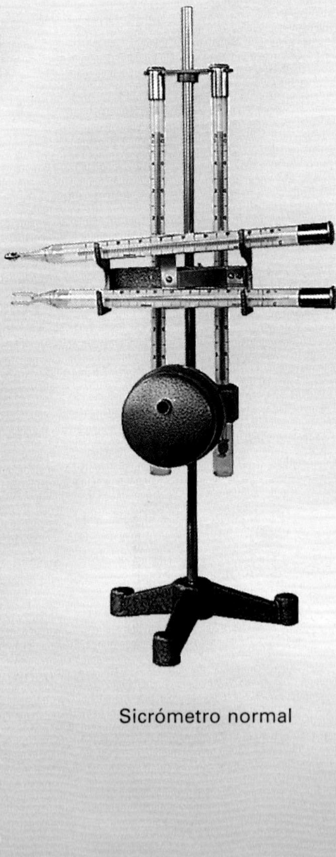

Sicrómetro normal

Meteorógrafo para registrar la humedad relativa, la temperatura del aire y la presión barométrica

Heliofanógrafo

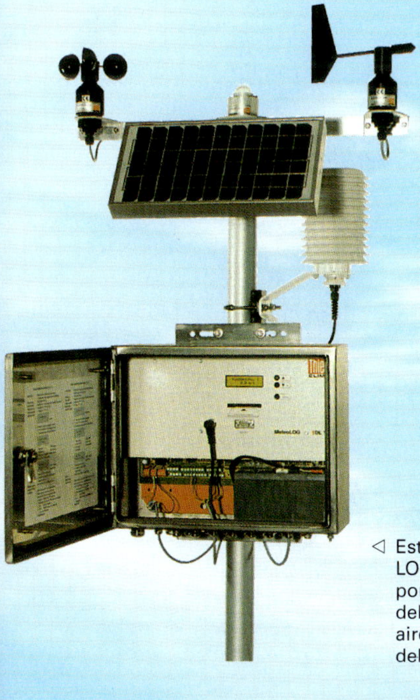

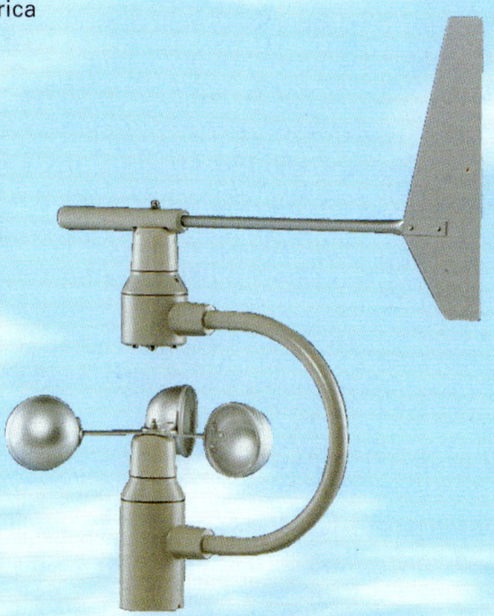

Combinación de anemoscopio y anemómetro para la transmisión eléctrica de datos

◁ Estación meteorológica automática Thies Meteo LOG TDL 14 para efectuar mediciones asistidas por ordenador y registrar la velocidad y dirección del viento, las precipitaciones, la temperatura del aire, su humedad, la radiación global, la presión del aire y otros datos

Los gases ligeros, como el helio y el vapor de agua, tendrían que concentrarse cada vez más con la altura, mientras que el nitrógeno y el oxígeno predominan en las capas inferiores.
El estado de la densidad del aire tiene gran relevancia, por ejemplo, para el tráfico aéreo. La densidad del aire es proporcional a su presión, pero inversamente proporcional a la temperatura. En regiones tórridas o con las temperaturas que imperan en pleno verano y pistas de aterrizaje y despegue situadas en lugares altos, se registra una densidad del aire claramente inferior. Entonces, los aviones necesitan despegar desde pistas largas, o bien no deben ir al máximo de carga.

Para calcular la densidad del aire:

$$\text{Densidad del aire en kg/m}^3 = \frac{0.349 \cdot \text{presión del aire en hPa}}{273 \pm \text{temperatura en °C}}$$

Hoy se sabe que hasta una altitud de casi 100 kilómetros la composición del aire no presenta variaciones notables. Esto se debe a procesos de mezcla a gran escala que permiten el intercambio de los gases, al mismo tiempo que impiden que los gases se depositen de acuerdo con su peso. Se observa una disminución de la densidad del aire con la altura comparable al descenso de la presión. Al nivel de mar y con 15 °C la densidad del aire asciende a 1.23 kg/m^3. A 17 kilómetros de altura, la densidad del mismo sólo llega a la décima parte del valor inicial. De forma similar a la presión, a partir de 100 kilómetros de altura la densidad del aire decrece más despacio.
La densidad del aire experimenta oscilaciones sistemáticas a lo largo del día y del año. Además, también se producen variaciones dependientes de la actividad solar.
Las partículas extrañas existentes en las capas de aire próximas al suelo, por ejemplo polvo en suspensión, productos de combustión y otras mezclas, no alteran la densidad del aire. No obstante, la repercusión de estas partículas sólidas aumenta cuando se producen fenómenos atmosféricos importantes, como precipitaciones, formación de calima o de niebla.

Las corrientes de aire (viento)

Chuparnos el dedo y extenderlo en alto no es el mejor procedimiento con que contamos para conocer la dirección del viento. Uno de ellos es la manga eólica de fabricación propia. Consiste en un tronco de cono hecho de tela que por la base está unido a un anillo que gira en vertical y por el otro extremo está suelto. También conviene dejar abierto el extremo más pequeño del tronco cónico para evitar que la manga ondee al viento. Lo mejor para montarla es un mástil alto clavado en un lugar despejado o sobre un tejado. La dirección del viento es aquella de la cual proviene.

Cuando se habla de la dirección del viento se alude a la dirección del cielo desde la que procede la corriente de aire: el viento del oeste sopla de oeste a este. La «rosa de los vientos» indica la dirección del viento en grados sexagesimales de arco desde el norte hasta el oeste pasando por el este y el sur. En meteorología, la esfera completa suele dividirse en 360 grados. En navegación también se usa la antigua partición graduada. Para conocer la fuerza del viento véase la página 128.

Otro indicador de la dirección del viento conocido desde tiempos inmemorables es la veleta. Existen dispositivos eléctricos y mecánicos de transmisión para conocer la dirección del viento indicada.

Para medir la velocidad del viento disponemos de varios sistemas de anemómetros. El más conocido es el anemómetro de cazoletas, que se vende como instrumento portátil, pero también puede ser de fabricación casera. Se basa en el principio de que las cazoletas de plástico o metal giran sobre un eje en sentido horario. La velocidad de giro aumenta con la intensidad del viento, de modo que el cómputo del número de revoluciones por segundo da una medida de la intensidad del viento. Los aparatos de fabricación industrial portan una escala donde se lee la velocidad del viento en metros por segundo. Por lo común, la amplitud de medición de los aparatos portátiles abarca de 0 a 25 metros por segundo. Esto corresponde a las fuerzas del viento de 0 a 9 en la escala de Beaufort (desde viento en calma hasta muy duro).

Escala de Beaufort y velocidad del viento (**véanse fotografías en págs. 289-295****)**

Nivel de Beaufort	Designación	Efectos del viento en tierra firme
0	Calma	Viento en calma, el humo asciende en vertical.
1	Ventolina	La dirección del viento sólo se detecta en el humo, pero no en veletas.
2	Brisa muy débil	El viento se nota en la cara, las hojas susurran, la veleta se mueve.
3	Brisa débil	Se mueven las hojas y las ramas finas, el viento extiende un banderín.
4	Brisa moderada	Se levanta polvo y papeles sueltos, se mueven las ramas y los troncos más finos.
5	Brisa fresca	Los árboles pequeños de copa ancha empiezan a cimbrearse. En el mar se forman cabezas espumosas.
6	Brisa fuerte	Se mueven ramas grandes, silbidos en líneas telegráficas, dificultad para usar paraguas.
7	Viento fuerte	Se mueven todos los árboles, dificultad para avanzar contra el viento.
8	Viento duro	Se rompen ramas de los árboles, gran dificultad para desplazarse a descubierto.
9	Muy duro	Daños menores en viviendas (caída de chimeneas y tejados).
10	Temporal	Árboles arrancados de raíz, daños importantes en las construcciones.
11	Borrasca	Daños de tempestad generalizados (muy inusual en zonas del interior).
12	Huracán	Estragos graves.

Existen varias posibilidades para controlar y registrar a distancia las mediciones del anemómetro mediante la utilización de transmisores e indicadores mecánicos y eléctricos.

Para caracterizar una corriente de aire hay que dar su dirección e intensidad. Por regla general, la dirección del viento se expresa en grados sexagesimales de arco desde el norte hacia el este:

Viento del norte = 0°
Viento del este = 90°
Viento del sur = 180°
Viento del oeste = 270°

Vigencia internacional desde 1.1.1949

Efectos del viento en el mar	Presión dinámica en kg/m^2
Mar como un espejo.	0
Olitas en forma de escamas sin crestas de espuma.	0-0.1
Olas pequeñas aún cortas pero pronunciadas. Las crestas se ven vidriosas y no se rompen.	0.2-0.6
Las crestas se rompen, predomina la espuma vidriosa, pueden aparecer cabezas de espuma blanca muy aisladas.	0.7-1.8
Olas aún pequeñas pero más alargadas, las cabezas de espuma aparecen bastante extendidas.	1.9-3.9
Olas moderadas de forma claramente alargada. Abundan las crestas de espuma blanca. Salpicaduras de espuma muy aisladas.	4.0-7.2
Empiezan a formarse olas grandes. Las crestas se rompen y dejan tras de sí grandes extensiones de espuma blanca. Algo de salpicadura de espuma.	7.3-11.9
El mar se encrespa. La espuma blanca en la rompiente empieza a separarse en jirones en la dirección del viento.	12.0-18.3
Crestas de olas de altura moderada y olas de una longitud considerable. Desde los bordes de las crestas empieza a salpicar espuma, la cual se separa en jirones en la dirección del viento.	18.4-26.8
Grandes crestas de ola, densos jirones de espuma en la dirección del viento. El mar empieza a embravecerse, la salpicadura de espuma puede entorpecer la visibilidad.	26.9-37.3
Olas muy altas con crestas de largas rompientes. Mar blanco de espuma. Mar muy bravo a intervalos. Visibilidad reducida por salpicadura.	37.4-50.5
Olas de altura extraordinaria. Visibilidad reducida por salpicadura.	50.6-66.5
Aire colmado de espuma y salpicadura. Mar completamente blanco. Visibilidad muy reducida, imposible a larga distancia.	66.6 y más

Véase también la reproducción de la «rosa de los vientos» en la página 127.
En navegación también se usa la partición graduada del horizonte o cuarteo. Cada división, o cuarta, equivale a la trigésimo segunda parte de la esfera de la brújula (= 11.25°). Cada cuarta tiene su propia designación. Veamos los primeros 45 grados del cuarteo completo de la esfera («mitad del primer cuadrante»):

Norte	(= 0°)	Norte una cuarta al este	(= 11.25°)
Nornordeste	(= 22.50°)	Nordeste una cuarta al norte	(= 33.75°)
Nordeste	(= 45°)		

Para medir la fuerza del viento suelen usarse, además de los metros por segundo, los kilómetros por hora y las millas marinas por hora (nudos).

1 milla marina/hora = 1.852 kilómetros/hora = 0.515 metros/segundo

Aún está muy extendido el uso de los 12 grados de la **escala de Beaufort** para expresar la fuerza del viento (véanse págs. 128-129), pero existen escalas nuevas para clasificar vientos intensos (véase más adelante).
La fuerza 12 del viento en la escala de Beaufort («huracán») equivale a vientos con una velocidad superior a 120 kilómetros por hora. De hecho, durante los tifones se alcanzan velocidades aún mayores (más de 200 km/h).
Todos estos registros de la intensidad y la velocidad del viento se toman desde la superficie. A medida que se asciende, las corrientes de aire alcanzan valores aún mayores. En las capas superiores de la troposfera (entre 6000 y 15 000 metros de altitud) se descubrieron bandas de viento fuerte («corrientes en chorro») que alcanzan velocidades de unos 400 kilómetros por hora y que pueden resultar muy desagradables durante vuelos internacionales.
El aire fluye desde un punto con altas presiones hacia otro con presiones menores. La intensidad del viento guarda una relación clara con la compensación de las diferencias de presión. El viento sopla con más fuerza cuanto más difiere la presión y cuanto menor es la distancia entre ambos puntos someti-

Escala de huracanes Saffir-Simpson

SS	Designación	Velocidad media del viento			
		m/s	km/h	millas terrestres/h	nudos
1	Daños mínimos	32.7-42.6	118-153	73-95	64-82
2	D. moderados	42.7-49.5	154-177	96-110	83-96
3	D. extensos	49.6-58.5	178-209	111-130	97-113
4	D. extremos	58.6-69.4	210-249	131-155	114-134
5	D. catastróficos	69.5-	250-	156-	135-

Escala de tornados Fujita

F	Designación	Velocidad del viento			
		m/s	km/h	millas terrestres/h	nudos
0	Vendaval	17.2-32.6	62-117	39-72	34-63
1	Tornado moderado	32.7-50.1	118-180	73-112	64-97
2	T. importante	50.2-70.2	181-253	113-157	98-136
3	T. severo	70.3-92.1	254-332	158-206	137-179
4	T. devastador	92.2-116.2	333-418	207-260	180-226
5	T. catastrófico	116.3-	419-	261-	227-

Los remolinos de viento no se forman tan sólo por el calentamiento de capas de aire cercanas al suelo. También surgen turbulencias cuando la corriente de aire ve interrumpido su avance por obstáculos en forma de árboles, casas, etc. Cuando aumenta la velocidad del aire que fluye en horizontal hacia el obstáculo, la turbulencia sube y provoca, entre otras cosas, intensas corrientes verticales.

dos a una presión distinta. Por tanto, cuanto mayor es el «gradiente» (véase pág. 114), mayor será también la velocidad del viento. En los procesos meteorológicos diarios, la diferencia de presión se basa en masas de aire a temperaturas distintas. En este caso debe repararse en que el aire se calienta más rápido sobre la tierra firme que sobre el mar (véase pág. 187). La diferencia de presión sólo determina la intensidad y la dirección del viento cuando se trata de corrientes locales. Para todas las corrientes de aire a gran escala hay que tener en cuenta la desviación de la corriente de aire que sigue al calentamiento desigual de las masas de aire como consecuencia de la rotación terrestre.

Límite inferior y superior de los grados de velocidad y de presión comparados con los niveles de Beaufort

Nivel de Beauford	m/s	km/h	m. p. h.	Nudos	Pres. dinámica en kg/m²
0	0 - 0.2	1	1	1	0
1	0.3- 1.5	1- 5	1- 3	1- 3	0- 0.1
2	1.6- 3.3	6- 11	4- 7	4- 6	0.2- 0.6
3	3.4- 5.4	12- 19	8-12	7-10	0.7- 1.8
4	5.5- 7.9	20- 28	13-18	11-15	1.9- 3.9
5	8.0-10.7	29- 38	19-24	16-21	4.0- 7.2
6	10.8-13.8	39- 49	25-31	22-27	7.3-11.9
7	13.9-17.1	50- 61	32-38	28-33	12.0-18.3
8	17.2-20.7	62- 74	39-46	34-40	18,4-26.8
9	20.8-24.4	75- 88	47-54	41-47	26.9-37.3
10	24.5-28.4	89-102	55-63	48-55	37.4-50.5
11	28.5-32.6	103-117	64-72	56-63	50.6-66.5
12	32.7 o más	118 o más	73 o más	64 o más	66.6 o más

m/s = metros por segundo
km/h = kilómetros por hora
m. p. h. = millas por hora (1 milla = 1609 metros)
Nudos = millas marinas por hora (1 milla marina = 1852 metros)
Presión dinámica = presión del viento en kilogramos por metro cuadrado sobre una superficie plana y perpendicular al viento (de acuerdo con las normas de construcción DIN 1055)

«Estos datos comparativos sobre la velocidad y la intensidad del viento en superficie según los niveles de Beauford se tomaron a la altura de medición establecida internacionalmente de 10 metros sobre el suelo en campo abierto. Con los mismos niveles de Beaufort y debido a la variación media que experimenta la velocidad del viento con la altura, se puede contar con que, a 4 metros de altura sobre el suelo, la velocidad del viento será alrededor de un 20 por ciento menor que los valores registrados a 10 metros, y a 30 metros de altura sobre el suelo, será alrededor de un 20 por ciento mayor. (Las diferencias frente a las escalas comparativas vigentes antes de 1.1.1949 se deben a que el nivel de referencia se subió de 6 m a 10 m.) Los valores efectivos medidos sirven como datos de velocidad para ráfagas aisladas y no es pertinente convertirlos a otras alturas de referencia.» (Servicio Meteorológico Alemán, instituto de meteorología marina de Hamburgo.)

En el hemisferio norte, todos los vientos se desvían hacia la derecha.
En el hemisferio sur, todos los vientos se desvían hacia la izquierda.

Dicha desviación es más acusada en latitudes altas (cerca de los polos). En el ecuador terrestre es nula y aumenta con la latitud. El efecto de desvío se intensifica con la velocidad del viento.

La fuerza desviadora de la rotación terrestre (fuerza de Coriolis)

A igual distancia entre isobaras, en las isobaras de curvatura anticiclónica sopla un viento más intenso que en las isobaras de curvatura ciclónica. La desviación dextrógira de la corriente de aire en el hemisferio norte debida a la fuerza de Coriolis provoca un giro dextrógiro de la corriente de aire hasta que se produce un equilibrio de fuerzas entre la fuerza del gradiente de presión (fuerza de la diferencia entre altas y bajas presiones) y la fuerza de Coriolis. En caso de que se equilibren las fuerzas (véanse las gráficas), en las zonas de altas la distancia entre isobaras es mayor y su curvatura menor que en zonas de bajas. Esto sólo ocurre al considerar latitudes geográficas y velocidades del viento idénticas.
G = fuerza del gradiente de presión, C = fuerza de Coriolis, V = vector del viento,
B = baja, A = alta

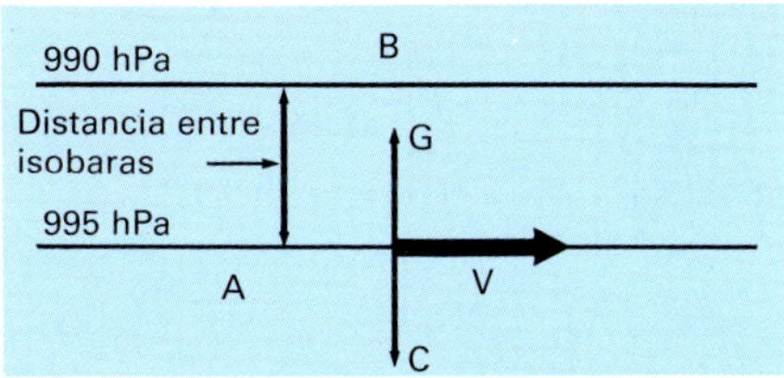

Corriente de aire en la que domina un equilibrio de fuerzas entre la fuerza del gradiente de presión que la provoca y la fuerza de Coriolis (zona limítrofe entre bajas y altas).

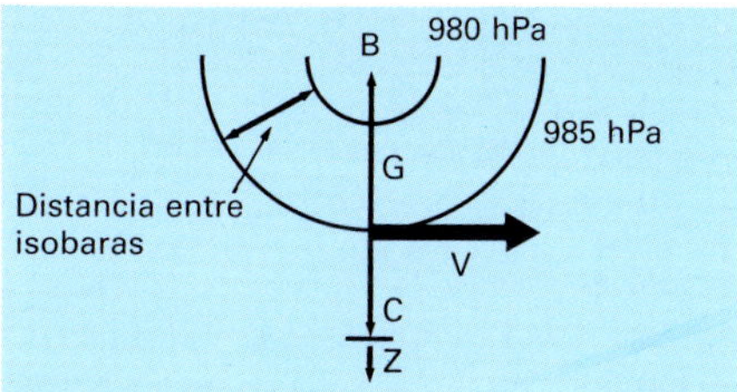

Equilibrio de fuerzas entre la fuerza del gradiente de presión y la fuerza de Coriolis en isobaras de curvatura ciclónica (zona de bajas presiones). Como tercera fuerza interviene además la fuerza centrífuga Z.

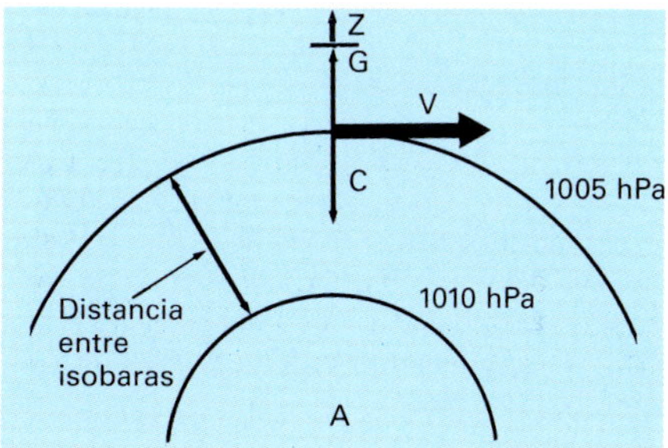

Equilibrio de fuerzas entre la fuerza del gradiente de presión y la fuerza de Coriolis con isobaras de curvatura anticiclónica (zona de altas presiones). Como tercera fuerza interviene además la fuerza centrífuga Z.

La desviación de las corrientes de aire es un ejemplo de la «aceleración de Coriolis», llamada así en honor del físico francés C.G. de Coriolis (1792-1843): un cuerpo en movimiento se desviará de su trayectoria cuando su movimiento esté sujeto por fuerzas de inercia al movimiento giratorio de un cuerpo de referencia. Las fuerzas de Coriolis son las responsables de la formación de los vientos alisios.

Nubes de foehn sobre la región bávara prealpina. La situación de foehn lleva asociada un cambio de viento en altura hacia el oeste. Entonces, las nubes de foehn aparecen más paralelas a la cresta principal de los Alpes.

Los vientos próximos al suelo sufren otra desviación (y contención) debido al rozamiento entre el aire y la superficie terrestre. Las montañas interrumpen las corrientes de aire, las elevan o las desvían.
En resumen, la intensidad del viento depende de los factores que enumeramos a continuación:

1. diferencias en la presión del aire (magnitud del gradiente)
2. la latitud geográfica (fuerza de Coriolis)
3. la magnitud de las pérdidas por fricción en la superficie terrestre
4. la curvatura de la trayectoria del viento.

En la Tierra actúan una serie de vientos y sistemas eólicos característicos que en general se deben a la desviación causada por la rotación terrestre (alisios), a las diferencias de temperatura del aire continental y el marino (monzones) y a factores geográficos como, por ejemplo, montañas (foehn). (Véase también la tabla de la pág. 206.)
Las corrientes de aire se señalan en los mapas meteorológicos mediante flechas. La posición de las flechas indica la dirección del viento. Con viento en calma, el círculo de estación aparece circundado por otro círculo mayor. La intensidad del viento se da mediante «ballestas enteras» y «medias ballestas». Una ballesta entera equivale a dos grados en la escala de Beaufort, media ballesta equivale

El foehn también aparece sobre montañas de mediana altura desencadenado por la formación de ondas junto a la sierra, con condensación en la cresta de las ondas y sequedad en los senos de las mismas. En la fotografía, nubes de foehn a sotavento en la Selva de Turingia.

a un grado. El viento de fuerza 10 en la escala de Beaufort se indica con un triángulo negro sobre la flecha.

La visibilidad

La visibilidad viene determinada por la distancia a la que una señal visual aún se distingue y contrasta a la perfección con su entorno. Esta distancia puede

Tormenta con nubes *mammatus*, las cuales anuncian precipitaciones intensas.

estimarse o bien obtenerse mediante técnicas de medición. Las señales visuales en el terreno, como montañas, torres o postes de emisión, cuya distancia al lugar de observación se ha medido, sirven para realizar estimaciones. De noche se usan fuentes de luz como señales visuales. El registro del alcance visual mediante técnicas de medición se realiza con ayuda de diversos procedimientos óptico-electrónicos. Así, por ejemplo, con el transmisímetro, utilizado por el Servicio Meteorológico Alemán, un aparato emisor lanza un haz luminoso que capta un receptor situado a una distancia determinada. La corriente de luz que se filtra a través del volumen de aire situado entre ambos aparatos da el grado de visibilidad.
La visibilidad puede expresarse en metros o en kilómetros. Véase también la página 62.

La nubosidad

La nubosidad está formada por todas las acumulaciones visibles y suspendidas en el aire de agua condensada o de hielo, que no estén en contacto con la superficie terrestre. Su cambio constante no pasa inadvertido. Las nubes acogen una parte considerable de las existencias mundiales de agua dulce en un ciclo de cambio de estado físico permanente (estados gaseoso, líquido y sólido). La nubosidad esparce y absorbe la radiación solar de onda corta. Para conocer los

tipos de nubes, consúltense la página 86 (cirros), la página 96 (estratos) y la página 88 (cúmulos).
El grado de nubosidad (grado de cubrimiento) se da en octavos de cielo. Véase también la sección «Todo sobre los mapas del tiempo» en la página 139 y siguientes. Existen unas expresiones lingüísticas fijas para aludir al grado de nubosidad:

Grado de nubosidad	Nubes bajas y medias	Nubes altas
Despejado, soleado	$^0/_8$	$^0/_8$
Poco nuboso	$^1/_8$ a $^3/_8$	hasta $^8/_8$
Nuboso	$^4/_8$ a $^6/_8$	hasta $^8/_8$
Muy nuboso	$^7/_8$	hasta $^8/_8$
Cubierto	$^8/_8$	$^8/_8$
Nubosidad variable	Con repetidos cambios manifiestos en el grado de nubosidad	

A través de la observación se puede estimar o medir la altura de las nubes. Los ceilógrafos láser, aparatos registradores para medir la altura de las nubes, detectan nubes hasta 1500 metros de altura.

Las precipitaciones

Cuando cae agua en estado líquido o sólido de la atmósfera se habla de precipitaciones. Éstas pueden ser de dos tipos: de caída o de deposición. En ambos tipos se distingue a su vez entre precipitaciones en estado líquido o sólido.
Precipitaciones líquidas de caída:
Lluvia, llovizna, llovizna sobreenfriada y lluvia sobreenfriada (véase página 104).
Precipitaciones sólidas de caída:
Nieve, granizo grueso, agujas de hielo, granizo menudo y granizo (véanse página 102 y página 106).
Precipitaciones líquidas de deposición:
Rocío y escarcha.
En relación con la medición de la cantidad de precipitaciones véase la página 275. Existen aparatos que registran el inicio, la intensidad y el final de las precipitaciones líquidas de caída. La nieve se extrae en forma de cilindro y se funde con un aparato licuefactor.

980
985
1025
B
Oslo
Estocolmo
Glasgow
Dublín
Copenhague
5°
4°
Londres
Hamburgo
Berlín
Bruselas
13°
París
Munich
Vi
Berna
Burdeos
Venecia
Niza
Madrid
Barcelona
14°
Dub
Roma
Palma
15°
álaga
Argel
A
Túnez
16°

Todo sobre los mapas del tiempo

El mapa del tiempo es la guía esencial para efectuar pronósticos meteorológicos. Su trazado sigue un esquema determinado en el que se usa una serie de símbolos que hay que conocer para interpretar el significado del mapa. Las estaciones meteorológicas de todo el mundo aportan datos sobre mediciones y observaciones que permiten confeccionar el «mapa sinóptico diario». Aunque la elaboración del mapa era una tarea laboriosa para los meteorólogos de antaño, en la actualidad lo efectúan en la mayoría de los casos máquinas reproductoras gobernadas por medios informáticos.
En primer lugar conviene saber qué datos de mediciones y observaciones se usan para confeccionar un mapa del tiempo. Entre ellos se cuentan por un lado la *presión, temperatura* y *humedad del aire,* además del *viento.* A ellos se añaden datos sobre el *grado de nubosidad* y sobre posibles *precipitaciones.* Cada observatorio proporciona la llamada «información meteorológica» sobre los siguientes fenómenos:

Nubosidad total (0/8 a 8/8)
Tipos de nubes
Altura de las nubes (límite inferior de las nubes)
Presión del aire
Cambio barométrico en las últimas 3 horas
Tendencia barométrica (ascendente/descendente)
Temperatura del aire
Dirección del viento
Intensidad del viento
Visibilidad
Punto de rocío
Cantidad de precipitaciones desde hace 6 horas
El tiempo desde hace 1 hora
El tiempo desde hace 6 horas

La información meteorológica que se ha recopilado se introduce en forma de *símbolos* en un esquema de estación (véase figura de pág. 140). Cada estación contribuye a recopilar la evolución meteorológica en un momento concreto. Las observaciones y mediciones recogidas por cada estación llegan normalmente cada 3 horas en forma de mensajes cifrados por teléfono, telégrafo, radiotelé-

◁ Ejemplo de mapa del tiempo a color del periódico
Abendzeitung de Munich.

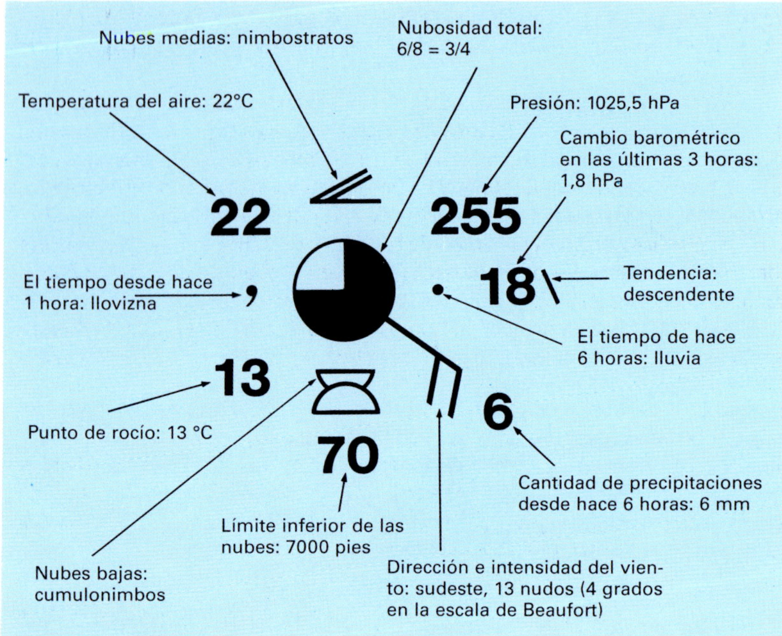

Ejemplo de una información meteorológica.

grafo o teletipo al centro de análisis meteorológico que en la actualidad existe en casi todos los países. Por lo común, para dar los informes meteorológicos se usa un código internacional que cifra los partes mediante números reunidos en grupos de cinco.

Este tipo de codificación de los datos permite trazar mapas sinópticos con bastante rapidez (también en los mapas de a bordo). Cuando se introducen todas estas observaciones en el mapa del tiempo, éste tiene un aspecto verdaderamente caótico: un montón de signos y números, flechas de viento, símbolos para el grado de nubosidad y los tipos de nubes.

Es cierto que conociendo los símbolos se pueden decodificar los informes de las estaciones (véase figura de pág. 142), pero aún queda mucho para poder efectuar pronósticos del tiempo. En primer lugar, los meteorólogos analizan el paquete de datos. El cometido del análisis consiste básicamente en obtener una visión de conjunto somera:

1. El recorrido de las isobaras traza el campo de presión.
2. El recorrido del frente o la delimitación de las masas de aire indica el campo de temperatura.

Durante esta organización formal de los datos se efectúa además una interpretación física que explica la relación entre cada aspecto de la evolución meteorológica.

Los datos obtenidos por las estaciones de observación sirven de base para los *mapas de superficie*. Las mediciones necesarias para los importantes *mapas de altura* provienen de radiosondas. El análisis de los mapas de altura se realiza en forma de representación topográfica de superficies de presión (por ejemplo, mediante la representación de las curvas de nivel de una superficie a 500 hPa). El mapa de altura muestra el campo de presión y de corrientes en la atmósfera libre. Para el análisis de los mapas de superficie merecen especial atención los frentes y las masas de aire.

El «mapa del tiempo analizado» es como una instantánea de un momento temporal concreto. No obstante, el tiempo continúa evolucionando. Con ayuda del

Modelo de mapa sinóptico (trazado a partir de la plantilla n.° 5 del Servicio Meteorológico Alemán «mapa meteorológico del 5 de agosto de 1949, 18 horas»). Para descifrar los símbolos véanse las figuras de las páginas 140 y 142. Superficies rayadas = zonas de precipitaciones (en mapas a color: rayas verdes). Flechas negras = aire frío (en mapas a color: flechas azules). Flechas blancas = aire caliente (en mapas a color: flechas rojas). En mapas a color, el símbolo de frente frío es azul, el de frente cálido es rojo y el de oclusión es violeta.

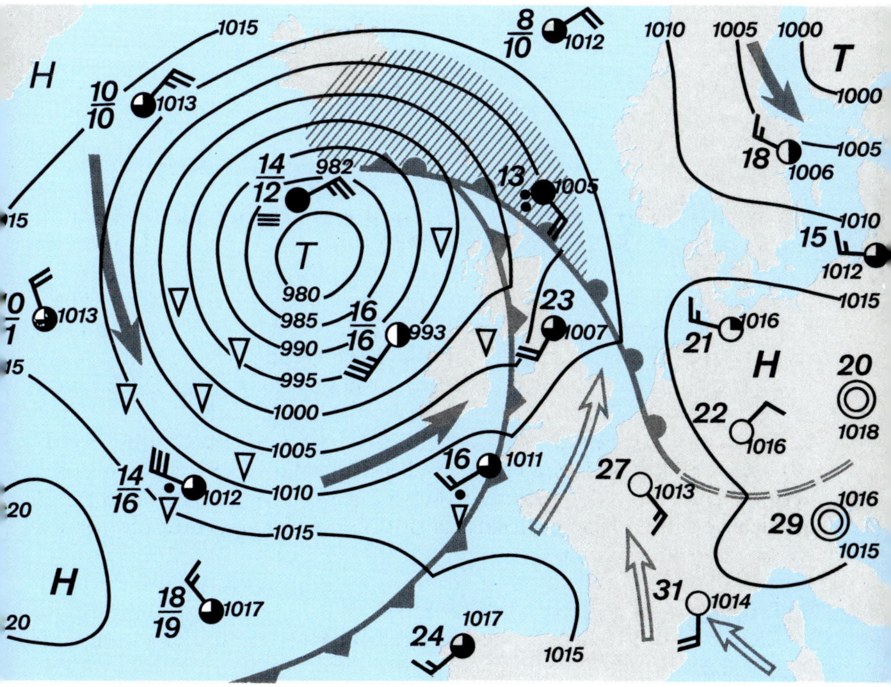

Símbolos de los mapas del tiempo

- Despejado
- Claro (1/4 cubierto)
- 1/2 cubierto
- Nuboso (3/4 cubiertos)
- Cubierto
- Calima
- Calima densa
- Niebla a ras de suelo
- Niebla (visib. inf. a 1 km)
- Tormenta de polvo o arena
- Ventisca
- Lluvia
- Llovizna
- Precipitaciones en los alrededores
- Nieve
- Aguanieve
- Agujas de hielo
- Aguacero
- Granizo menudo
- Granizo
- Tormenta
- Tormenta cercana
- Relámpagos
- Lluvia reciente
- Tormenta reciente

- Frente cálido
- Frente frío
- Oclusión

Velocidad del viento

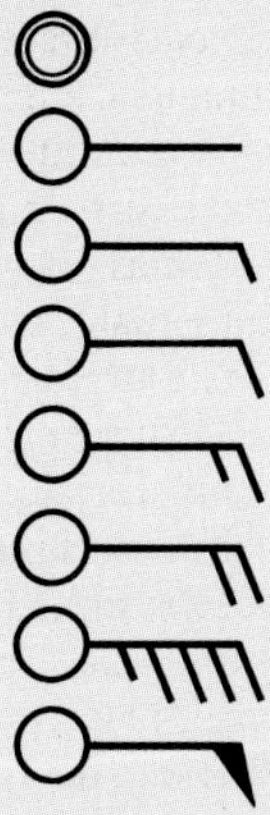

- Calma o muy ligero
- 2 nudos (unos 4 km/h)
- 5 nudos (unos 9 km/h)
- 10 nudos (unos 10 km/h)
- 15 nudos (unos 28 km/h)
- 20 nudos (unos 37 km/h)
- 45 nudos (unos 83 km/h)
- 50 nudos (unos 93 km/h), etc.

Tipos de nubes

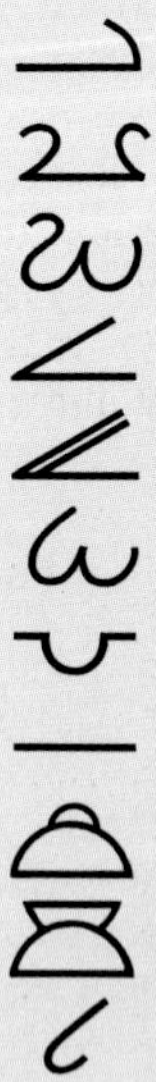

- Cirros (nubes de hielo, forma filamentosa)
- Cirrostratos (nubes de hielo, forma de velo)
- Cirrocúmulos (nubes de hielo, forma aborregada)
- Altostratos (finos estratos de nubes de hielo y agua
- Nimbostratos (densos estratos de nubes de hielo y agua)
- Altocúmulos (espesas nubes aborregadas de agua)
- Estratocúmulos (bancos de cúmulos nubosos de agua)
- Estratos (capa nubosa cerrada parecida a niebla alta)
- Cúmulos (nubes esponjosas aisladas)
- Cumulonimbos (nubes de lluvia y aguaceros)
- Altocúmulos lenticulares (nubes con forma de lenteja de agua sobreenfriada, «nubes de foehn»)

mapa analizado, los meteorólogos determinan qué cambios se esperan para un periodo de predicción. Sobre la base de esos cambios esperables se elabora el «mapa previsto» y la formulación de la predicción meteorológica. Para efectuar la predicción meteorológica se siguen dos caminos: 1. predicción apoyada en las reglas sinópticas, 2. predicción apoyada en ecuaciones matemáticas.
Sinóptico significa lo mismo que visión de conjunto. Las reglas sinópticas comprenden experiencias prácticas y relaciones teóricas simples sobre la distribución de los elementos meteorológicos (véase pág. 109) como, por ejemplo, la distribución de la presión y el desplazamiento de las zonas de altas y bajas. A esto se añaden datos sobre el cambio de posición de los frentes y las corrientes de aire dominantes. En ambos casos, el estado del viento en altura (véase pág. 66) ejerce una influencia nada despreciable. Todo ello se complica porque los cambios de distribución alteran asimismo las corrientes de aire y con ello provocan, además, cambios de temperatura y desplazamientos de las masas de aire de inmediato. Como la red de estaciones de observación no está repartida de manera uniforme, la concentración y las lagunas de datos pueden inducir a una interpretación errónea de la evolución futura del tiempo. Por tanto, conviene aclarar siempre que las predicciones apoyadas en medios sinópticos no superan en el mejor de los casos una probabilidad de acierto de 4 a 1. ¿Cambia esto si en lugar de datos empíricos se usan ecuaciones matemáticas? Como los procesos físicos se rigen por las leyes de la naturaleza, se pueden formular ecuaciones para predecir el tiempo. No obstante, hasta que se introdujo el uso de aparatos de cálculo electrónicos no se logró acortar la duración de los cálculos. El método numérico ha aportado resultados especialmente buenos para predecir campos de corriente en la atmósfera libre (corrientes en altura). La predicción de campos de corriente en la atmósfera libre se ha vuelto indispensable para el pronóstico meteorológico global y ha aumentado la precisión de los pronósticos. Para medir vientos en altitud son importantes las radiosondas, que se lanzan dos veces al día. En el hemisferio norte existen varios cientos de puestos de lanzamiento. En Alemania se lanzan radiosondas con regularidad a las 00 h y a las 12 h TU desde 9 estaciones aerológicas. Las radiosondas aportan datos sobre vientos en altitud, presión, temperatura y humedad. En concreto se obtienen las siguientes informaciones:

Altitud del límite de 0 grados
Altitud de aparición de cúmulos (nivel de condensación)
Temperatura de superficie necesaria para la formación de cúmulos (temperatura desencadenante)
Límite inferior y superior de nubosidad
Altitudes de inversión en el suelo y en altura
Velocidad y dirección del viento a alturas concretas
Frontera entre la tropopausa y la estratosfera

Los satélites meteorológicos tienen la misma relevancia para mejorar las mediciones y observaciones de los fenómenos meteorológicos particulares que las computadoras electrónicas para las predicciones numéricas. El registro de estructuras nubosas a gran escala, por ejemplo en frentes meteorológicos o en zonas de influencia de una depresión, sólo es posible con la ayuda de satélites.
Las predicciones meteorológicas modernas consisten en una síntesis de sinopsis y matemáticas. Para elaborarlas hay que tener siempre presente que el conjunto de procesos que influye en el devenir meteorológico es muy complejo. A pesar de que el despliegue técnico aumenta cada vez más, la precisión de los pronósticos sigue mejorando en un porcentaje mínimo. Y dado el estado actual de conocimientos sería utópico lograr un cien por cien de fiabilidad en los pronósticos del tiempo. Aun así, deberíamos estar satisfechos con el máximo alcanzado hasta ahora del 85 al 90 por ciento.

Hoy se efectúan mapas del tiempo, junto con pronósticos meteorológicos, a diario y desde diversos medios (servicio meteorológico, televisión, prensa; véase también la pág. 266). Estos mapas de previsión suelen ser mapas de superficie, y también portan símbolos y procedimientos típicamente meteorológicos para indicar la distribución de la presión y el avance de los frentes (del modo más simple) y hasta información sobre la dirección y la intensidad del viento, la nubosidad, las precipitaciones y las temperaturas.

Cada vez se tiende más a representar los mapas sinópticos «codificados» de los meteorólogos de un modo más sencillo. Los símbolos se simplifican. Se ha impuesto la representación de los elementos meteorológicos mediante dibujos dentro de cuadros. A menudo están coloreados y en la mayoría de los casos son muy intuitivos. En especial, la prensa (véanse como ejemplo las págs. 138 y 148) y la información meteorológica de las estaciones de televisión usan símbolos sencillos de todos los colores posibles. Con ello, la información meteorológica suele perder precisión puesto que, por ejemplo, la distribución de la presión y la situación de los frentes dejan de indicarse con exactitud.

Sobre la obtención o la adquisición regular de mapas del tiempo, véanse los datos sobre servicios meteorológicos de la página 245.

La interpretación práctica de estos mapas exige que quien los lea conozca los elementos y la composición de los mismos. En la página 142 aparece un cuadro con los símbolos y signos que se usan.

Queda añadir algo más para observar el tiempo personalmente a partir de los mapas sinópticos: cuanto más abundan los procesos de deslizamiento e irrupción entre aire caliente y frío, tanto más variable se torna la evolución del tiempo y, en consecuencia, más complicado resulta lograr predicciones satisfactorias. Los flujos del oeste, propios de cualquier época del año, seguidos de inmediato por una depresión atmosférica (véase pág. 82) son característicos de grandes zonas de Europa, incluso cuando la interposición de cuñas anticiclónicas (véase pág. 74) y el tiempo posfrontal (véase pág. 80) parezcan indicar buen tiempo.

(Continúa en la página 149.)

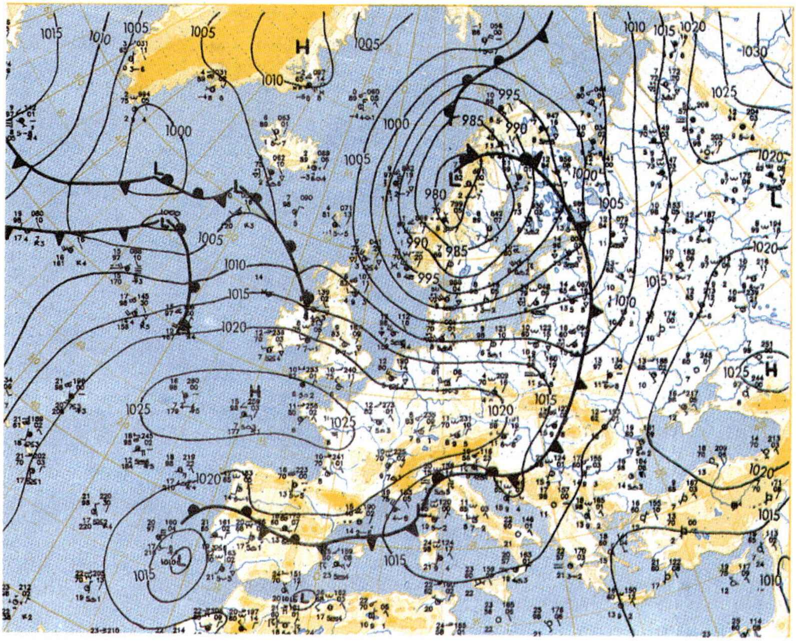

Mapa de superficie del 14.09.1997, 00 h TU (tiempo universal), del Servicio Meteorológico Alemán.

Este mapa sinóptico es fruto de todas las observaciones meteorológicas disponibles en ese momento concreto en el Servicio Meteorológico Alemán, es decir, de las informaciones meteorológicas. Casi todas ellas se comunican a la central por radio o teletipo con ayuda de un código cifrado internacional común. Entre los técnicos en meteorología hay especialistas dedicados a insertar en el mapa estas informaciones, pero ya existen también aparatos electrónicos de dibujo que reciben los datos en forma de cintas perforadas y se controlan por ordenador. Los símbolos del mapa se explican en las páginas 140, 141 y 142. Si el mapa porta indicaciones en color hay que añadir: línea roja = frente cálido, línea azul = frente frío, línea violeta = oclusión, línea negra = isobara, línea negra punteada = convergencia, sombreado verde claro (o campo de puntos) = lluvia, sombreado verde oscuro (o campo de estrellas) = nieve, sombreado amarillo (o campo de rayas) = niebla. El mapa elaborado a partir de las informaciones meteorológicas es una instantánea del tiempo meteorológico. Los centros de presión se indican en los mapas mediante las letras:

H = Hoch (alemán), High (inglés), Haut (francés) = Alta
A = Anticiclón = Alta
T = Tief (alemán) = Baja
L = Low (inglés) = Baja
D = Depresión = Baja
C = Ciclón = Baja
B = Baja

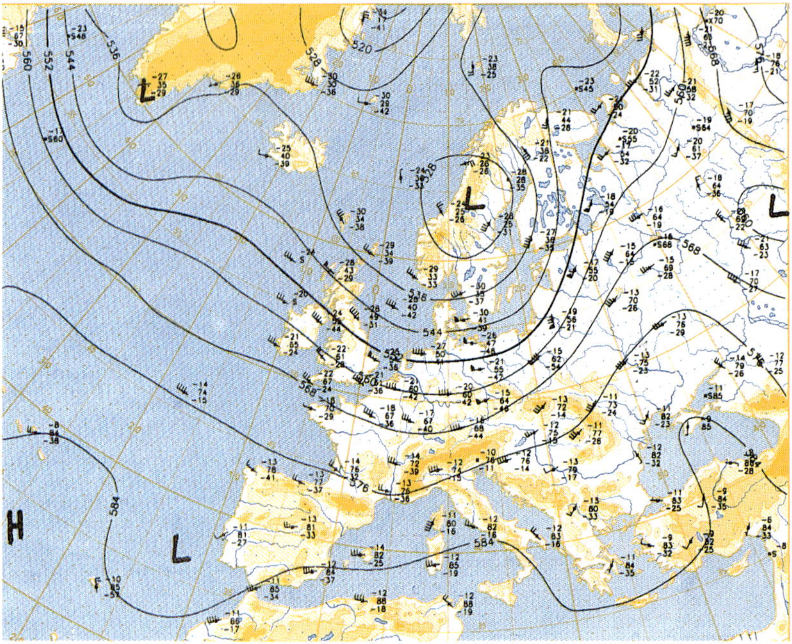

Mapa de altura (de 500 hPa) del 14.09.1997, 00 h TU (tiempo universal) del Servicio Meteorológico Alemán que describe la situación a unos 5500 m de altitud.

A diferencia del mapa de superficie de la página 145 que, como tal, sirve prioritariamente para analizar las masas de aire y los frentes, el mapa de altura aporta un complemento indispensable relacionado con la situación en la atmósfera libre, sobre todo en lo que respecta al campo de presión y de corriente. En los mapas de altura, los datos de medición proceden de radiosondas.

A estas alturas no hay perturbaciones por montañas etc., de modo que las isohipsas (= curvas de nivel en altura de una superficie isobara) suelen tener un trazado suave como las isobaras en los mapas de superficie. No obstante, no debe pasarse por alto que el tiempo en el suelo y en las alturas no evoluciona de forma paralela. La evolución del tiempo a ras de suelo no deja de influir en las alturas, y viceversa.

El mapa de altura no es en modo alguno una continuación del mapa de superficie. El trazado de ambos mapas puede ser completamente distinto. El desarrollo de depresiones atmosféricas en superficie muestra que la situación en las alturas reacciona poco a poco ante la situación meteorológica a ras de suelo. De este modo se comprueba a menudo que sobre una depresión en superficie con un sector cálido intenso se sitúa en las alturas una cuña anticiclónica. Los cirros sobre el frente cálido confirman la corriente en altura.

Para interpretar los mapas de altura tienen gran importancia las denominadas depresiones en altura, a menudo con oclusiones frías («gotas de aire frío» o «gotas frías»). Temperaturas bajas en las alturas desencadenan situaciones meteorológicas inestables (aguaceros, lluvias intensas), sobre todo en verano, con aire caliente y próximo al suelo simultáneamente.

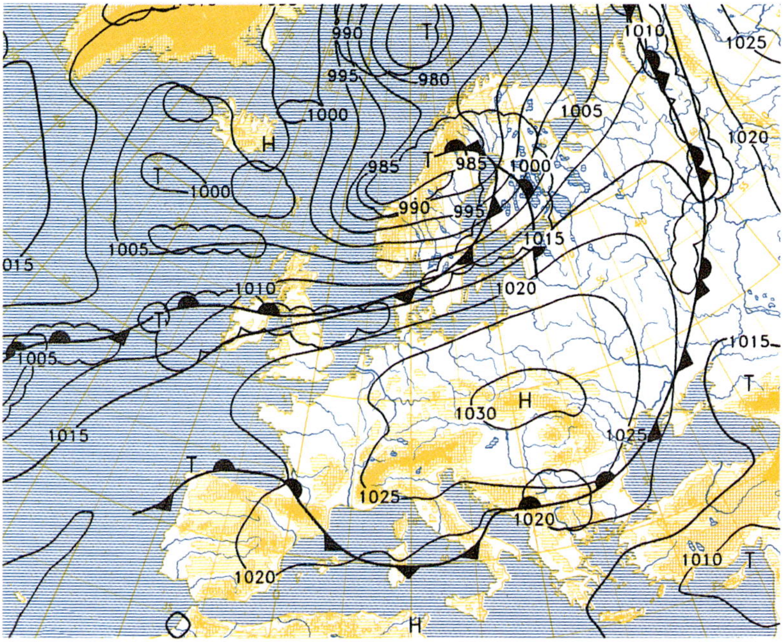

Detalle del mapa de superficie previsto para el martes 16.09.1997, 00 TU del Servicio Meteorológico Alemán.

A diferencia de las condiciones iniciales, el mapa de superficie de la página 145 para el día 14.09.1997, 00h TU, el mapa previsto mostraba qué campo de presión y qué frentes se esperaban para 48 horas después. El mapa sinóptico del Servicio Meteorológico Alemán brinda, además, otro mapa previsto sobre la situación meteorológica esperada para 72 horas más tarde. Aparte de los frentes y del campo de presión en superficie al nivel del mar con una separación entre isobaras de 5 en 5 hPa, los mapas previstos portan datos sobre regiones con gran nubosidad. Estas zonas se rodean con una línea ondulada e indican los lugares donde se esperan cielos con una cobertura de 6/8 a 8/8 de nubes medias (altocúmulos y altostratos, véase pág. 96). Estas nubes aparecen a alturas de entre 2000 y 7000 metros. Dependiendo de su grado de concentración y de las dimensiones de su extensión vertical, pueden predecirse las precipitaciones. Los mapas previstos resultan de modelos numéricos de cálculo. El modelo numérico de predicción es un sistema de ecuaciones cerrado.

El texto del pronóstico para el mapa previsto del 16.09.1997 rezaba así:

Alta que se extiende zonal desde el oeste de Francia hasta Polonia, se desplaza despacio hacia el este y determina el tiempo en Alemania. Sólo el extremo septentrional de Alemania permanecerá bajo la influencia de un sistema frontal que avanza desde las islas Británicas hacia Escandinavia.

Después de una noche bien fresca y de la formación de bancos locales de bruma o niebla, subirá la temperatura y en algunas zonas lucirá el Sol. Sólo en el extremo norte se formarán nubes y se esperan algunas precipitaciones débiles. En esas zonas soplará un viento de moderado a fresco, más al sur y hasta la línea del Main será suave y procedente del sudoeste. En la mitad sur, soplarán vientos suaves del este. Las temperaturas máximas diurnas se situarán en la mitad norte entre los 18 y los 20 °C, y en la mitad sur entre 19 y 23 °C.

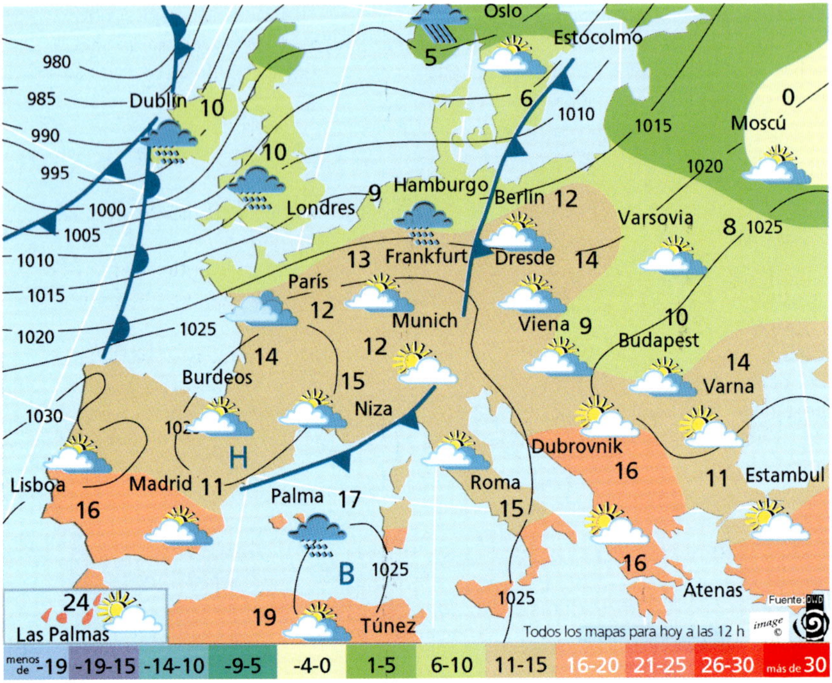

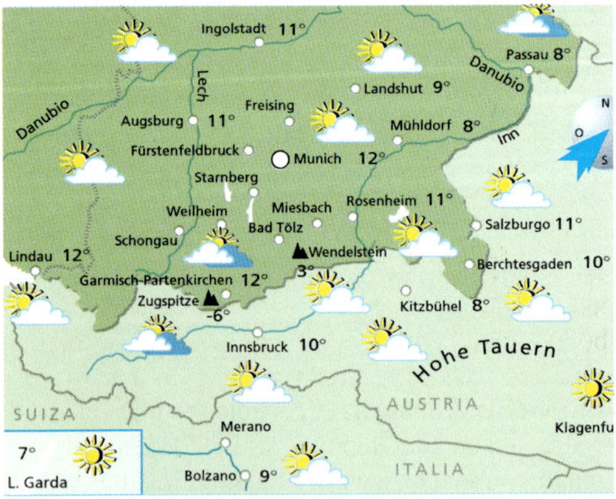

«El tiempo para hoy»

Mapas sinópticos de *Münchner Merkur* como ejemplo de información meteorológica fácil de entender y menos necesitada de explicación, tal como suele darse en periódicos y televisión.

El mapa superior ilustra la situación meteorológica en Europa. El mapa central muestra el tiempo regional (Baviera del Sur). Además se aporta un pronóstico para los días subsiguientes. Entre la información meteorológica se cuentan también datos sobre el orto y el ocaso del Sol y de la Luna, así como las fases de esta última.

En el texto que acompaña los mapas se da información sobre el tiempo en las montañas, el tiempo para posibles viajes y la biometeorología.

La situación más fiable para los pronósticos se da cuando altas estacionarias intensas alcanzan las capas superiores de la troposfera y en ocasiones se sitúan sobre amplias extensiones del continente (por ejemplo, en otoño e invierno sobre Escandinavia y Europa oriental).

Europa central suele importar masas de aire de modo que su meteorología viene determinada por:

Aire ártico de las regiones del polo norte.

Aire polar de latitudes superiores al Atlántico Norte («marítimo») y al norte de América y el norte de Rusia («continental»).

Aire tropical de zonas del Mediterráneo y del océano Atlántico («marítimo») y el norte de África, el sur de los Balcanes y el centro de Europa («continental»).

Casi la mitad de las masas de aire se desplaza desde regiones del Atlántico hacia el centro de Europa. Por lo general se trata de aire húmedo y que puede portar lluvia. El balance radiativo (véase pág. 28) determina las temperaturas de forma invariable sólo cuando la presión alta sobre Europa central permite la afluencia de masas de aire de otros lugares.

Situaciones meteorológicas generales típicas de Europa

La experiencia observacional a lo largo de siglos, sobre todo en Europa, ha permitido explicar muy bien las conexiones entre la distribución de la presión y la evolución meteorológica. Constantemente se forman las denominadas «situaciones meteorológicas típicas» que, como es natural, sirven de ayuda para elaborar la previsión. Las situaciones típicas van unidas a la aparición de frentes fríos y cálidos. Se habla de «flujos del oeste», «flujos del norte», «flujos del este» y «flujos del sur». O de situaciones de altas presiones, tiempo prefrontal o posfrontal. En el siguiente apartado de esta obra se explican las situaciones meteorológicas típicas de Europa. Para ello se da la representación habitual de mapas meteorológicos correspondientes a los mapas previstos ordinarios (mapas de superficie). El mapa pequeño reproduce el correspondiente mapa en altura para la superficie 500 hPa. A diferencia del mapa en superficie, que indica la presión mediante líneas que unen puntos con la misma presión (isobaras), el mapa en altura muestra la distribución barométrica mediante curvas de nivel de una superficie de presión determinada (isohipsas). La superficie 500 hPa corresponde a una altura de 5500 m, de modo que en dicha superficie se sitúa casi la mitad de las masas de aire que repercuten en la meteorología. La corriente al nivel de 500 hPa aporta datos importantes sobre el desplazamiento de las altas y las bajas a ras de suelo. Los mapas de altura que se reproducen aquí contienen, junto a las isohipsas que indican la distribución barométrica, información sobre la dirección del viento y la temperatura.

Las situaciones *anticiclónicas* equivalen a situaciones de altas presiones (altas, A), las situaciones *ciclónicas* se corresponden con depresiones o situaciones de bajas presiones (bajas, B).

Flujo anticiclónico del oeste sobre Europa central

Situación meteorológica general Oeste.

Tipo de circulación Zonal, es decir, flujo de oeste a este entre una alta subtropical sobre el Atlántico Norte y una baja en regiones subpolares. En esta corriente se mueve una serie de zonas de bajas presiones cuyos frentes oeste-este avanzan desde el Atlántico Norte hacia el continente europeo.

Situación Se caracteriza por perturbaciones aisladas que se desplazan desde el Atlántico Norte hacia el noroeste de Rusia pasando sobre Escocia y el sur de Escandinavia. Las estribaciones del frente sólo repercuten en Europa de forma transitoria y ya debilitadas. El centro del ciclón suele situarse a la altura de Islandia. El anticiclón subtropical («de las Azores») se halla al norte de las Azores. Una cuña de esta alta se extiende sobre España y llega hasta el sur de Europa central.

Condiciones atmosféricas En el mar del Norte, el sur de Escandinavia y los alrededores de la llanura alemana del norte, tiempo inestable y bastante suave tanto en verano como en invierno. Precipitaciones en forma de lluvia, también en invierno, aunque entonces existe el riesgo de que se forme hielo liso. Vientos intensos del sudoeste. En montañas de altura media, posibilidad de nevadas en invierno. En verano se forman tormentas frontales. En invierno se producen heladas de irradiación en las montañas de altura media. En verano, bastante calor. La tendencia general indica tiempo agradable en montañas de altura media. En el sur de Europa central se dan unas condiciones similares. En cambio, los Alpes favorecen la caída de lluvia de compresión y la formación de tormentas. Soplan vientos intensos del sudoeste y el oeste. Al sur de los Alpes, en Italia y España, predominio de buen tiempo.

Frecuencia máxima En los meses de agosto y septiembre.

Frecuencia mínima En los meses de diciembre y marzo.

Situaciones meteorológicas generales asociadas Flujo ciclónico del oeste sobre Europa central (véase pág. 152) y cresta de altas presiones sobre Europa central, una comunicación entre el «anticiclón de las Azores» y una zona de altas presiones situada sobre el este de Europa (véase también anticiclón en el mar del Norte-Escandinavia en pág. 174).

Ejemplo del 31 de enero de 1968.

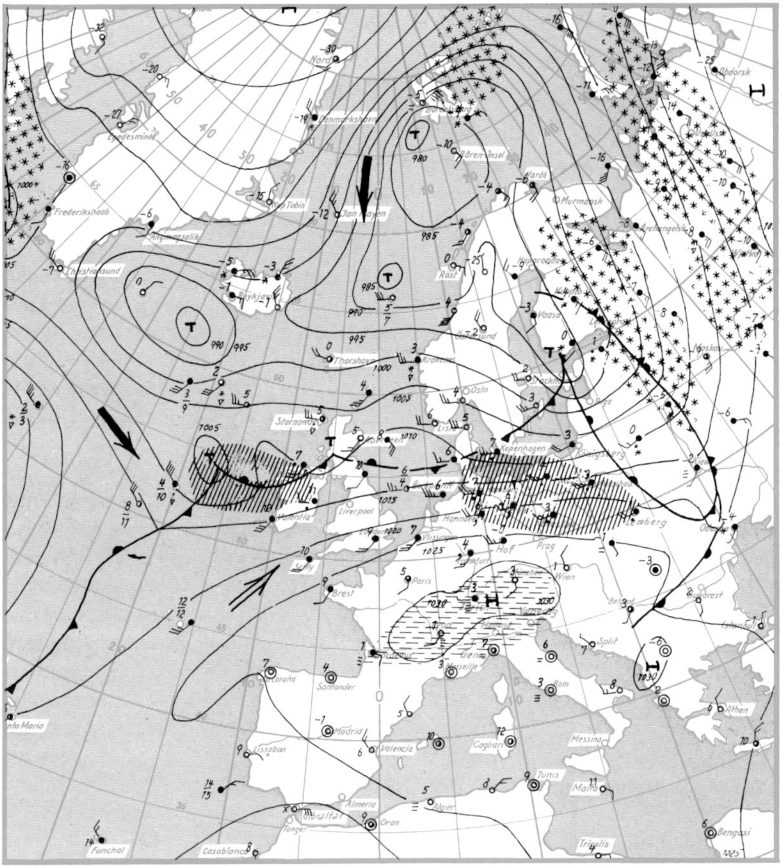

Arriba: mapa en superficie
Clave de símbolos
en página 142

Derecha: mapa en altura
Líneas = curvas de nivel (isohipsas) de la superficie 500 hPa de 12 en 12 decámetros
Flechas de las líneas = dirección del viento
–28 = indicación de temperatura en la superficie 500 hPa
H = alta T = baja

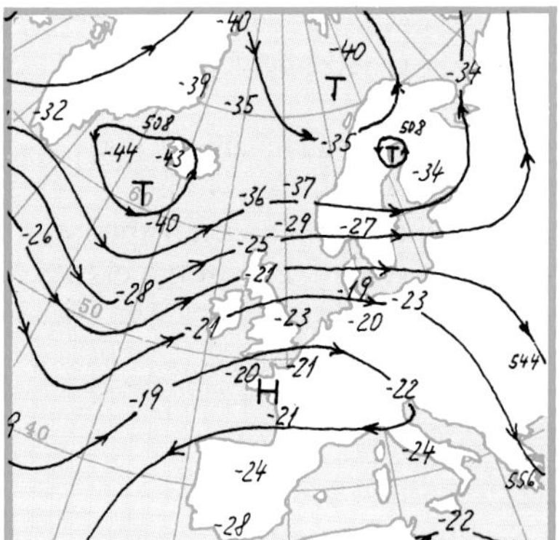

Flujo ciclónico del oeste sobre Europa central

Situación meteorológica general Oeste.

Tipo de circulación Zonal, es decir, flujo de oeste a este entre una alta subtropical sobre el Atlántico Norte y una baja en regiones subpolares. En esta corriente se mueve una serie de zonas de bajas presiones cuyos frentes oeste-este avanzan desde el Atlántico Norte hacia el continente europeo.

Situación En una zona frontal entre 50 y 60 grados de latitud norte se desplazan perturbaciones y cuñas anticiclónicas desde el Atlántico Norte septentrional hasta el este de Europa pasando sobre las islas Británicas, el mar del Norte y el Báltico. Sobre todo en invierno, el frente se desvía sobre el este de Europa en dirección nororiental. La depresión central se sitúa sobre el Atlántico Norte a la altura de Islandia. Las estribaciones del anticiclón de las Azores llegan hasta España, el sur de Francia y en ocasiones también hasta los Alpes.

Condiciones atmosféricas En el norte, oeste y centro de Europa hay bastante inestabilidad. Las condiciones varían entre chubascos y precipitaciones más persistentes (también en invierno y sólo al principio en forma de nieve) y de varias horas de duración hasta la aparición de claros pasajeros que indican el influjo de una cuña. Asimismo soplan vientos de fuertes a duros del oeste. En invierno imperan temperaturas bastante suaves, en verano frías (con aparición de tormentas frontales). Ya en Europa central, las precipitaciones se retiran hacia el sur y el este. En las zonas mediterráneas y sobre los Balcanes suele imperar un tiempo bueno y seco con poco viento.

Frecuencia máxima En los meses de julio y agosto.

Frecuencia mínima En los meses de marzo a abril.

Situaciones meteorológicas generales asociadas Flujo anticiclónico del oeste sobre Europa central (véase pág. 150) y flujo meridional del oeste (véase pág. 154).

Ejemplo del 15 de enero de 1968.

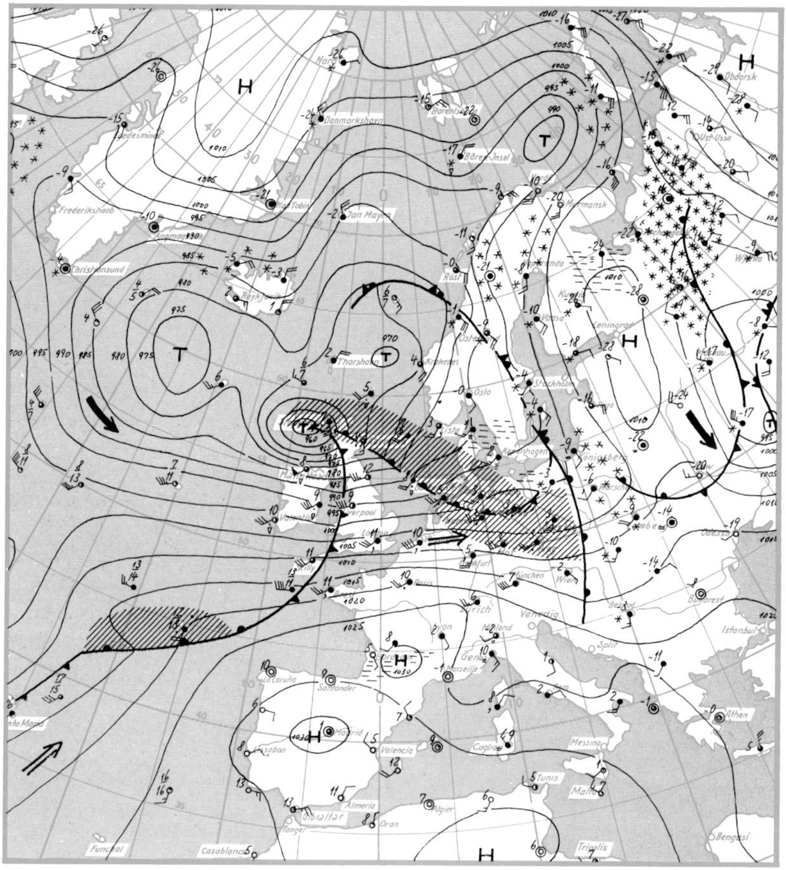

Arriba: mapa en superficie
Clave de símbolos
en página 142

Derecha: mapa en altura
Líneas = curvas de nivel (isohipsas) de la superficie 500 hPa de 12 en 12 decámetros
Flechas de las líneas = dirección del viento
–28 = indicación de temperatura en la superficie 500 hPa
H = alta T = baja

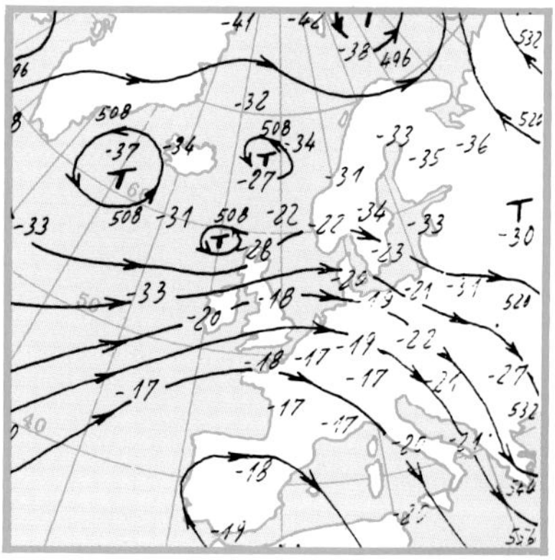

Flujo meridional del oeste

Situación meteorológica general Oeste.

Tipo de circulación Zonal, es decir, flujo de oeste a este entre una alta subtropical sobre el Atlántico Norte y una baja en regiones subpolares. En esta corriente se mueve una serie de zonas de bajas presiones cuyos frentes oeste-este avanzan desde el Atlántico Norte hacia el continente europeo.

Situación En este caso, la zona frontal se desvía con claridad muy al sur. Las perturbaciones se desplazan por el sur de las islas Británicas, Francia y el sur de Alemania hasta llegar al este de Europa, desde donde continúan en dirección nordeste. La influencia de la depresión llega a apreciarse al norte de Italia y en las regiones septentrionales del Mediterráneo. La depresión central dominante suele localizarse al noroeste de las islas Británicas. De este modo, algunas zonas del Atlántico Norte y del mar del Norte se encuentran bajo la influencia de un anticiclón polar del cual parte una entrada de aire procedente del oeste. El anticiclón de las Azores apenas ejerce su influencia más allá del noroeste de África.

Condiciones atmosféricas En Europa central y del oeste predominan las precipitaciones copiosas con abundancia de nubes. En primavera imperan temperaturas de templadas a bochornosas; en verano, en cambio, son frías. En el norte de Alemania y zonas costeras del mar Báltico cabe la posibilidad de que nieve en invierno y más aún en primavera como consecuencia de una entrada de aire frío procedente del nordeste. En el sur de Francia y el norte de Italia también aparecen precipitaciones en forma de lluvia. En España y el norte de África predomina un tiempo bueno y seco. En Europa occidental y central soplan vientos moderados y en ocasiones frescos del sudoeste.

Frecuencia máxima En los meses de diciembre y marzo.

Frecuencia mínima En los meses de mayo y septiembre.

Situaciones meteorológicas generales asociadas Flujo ciclónico del oeste sobre Europa central (véase pág. 152), anticiclón en Escandinavia (véase pág. 172) y anticiclón en el mar del Norte-Escandinavia (véase pág. 176).

Ejemplo del 25 de mayo de 1967.

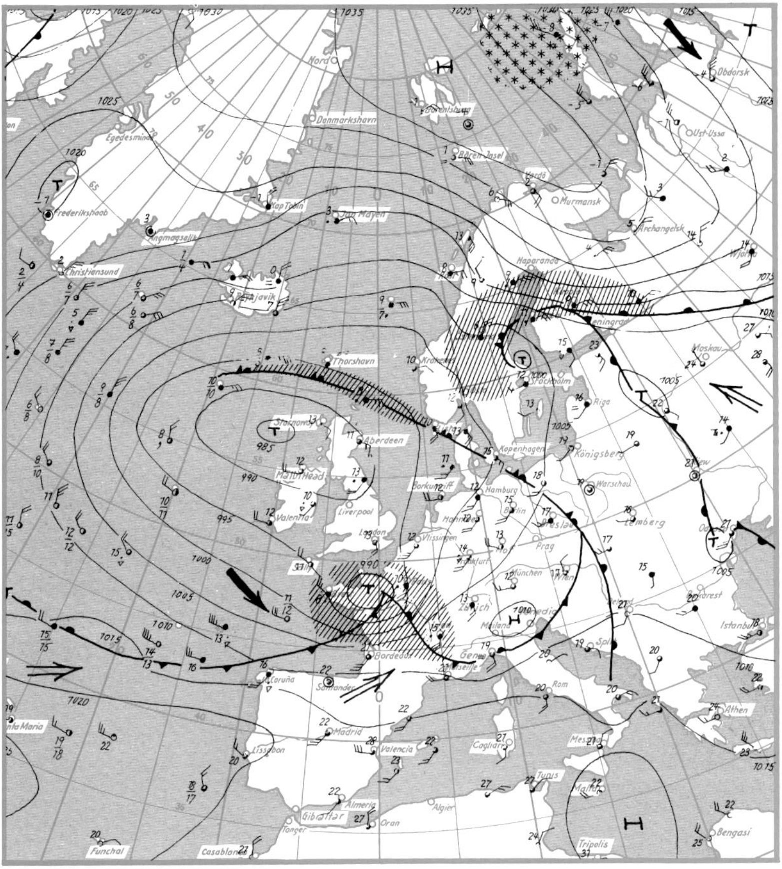

Arriba: mapa en superficie
Clave de símbolos
en página 142

Derecha: mapa en altura
Líneas = curvas de nivel (isohipsas) de la superficie 500 hPa de 12 en 12 decámetros
Flechas de las líneas = dirección del viento
–28 = indicación de temperatura en la superficie 500 hPa
H = alta T = baja

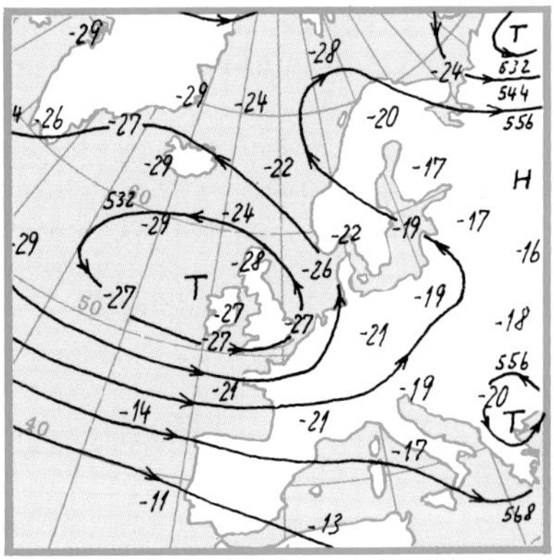

Flujo angular del oeste

Situación meteorológica general Oeste.

Tipo de circulación Zonal, es decir, flujo de oeste a este entre una alta subtropical sobre el Atlántico Norte y una baja en regiones subpolares. En esta corriente se mueve una serie de zonas de bajas presiones cuyos frentes oeste-este avanzan desde el Atlántico Norte hacia el continente europeo.

Situación Intensa zona frontal en los alrededores de Islandia y de las islas Británicas que se desvía muy al norte en cuanto alcanza el continente europeo. La causa estriba en un anticiclón situado sobre Rusia. Los flujos de mal tiempo procedentes del Atlántico penetran por el oeste de Europa sólo hasta llegar al este de Europa central, donde estas perturbaciones permanecen estacionarias. El anticiclón ruso domina en todo el este de Europa y los Balcanes.

Condiciones atmosféricas En el norte, el oeste y grandes zonas del centro de Europa hay tiempo inestable con precipitaciones. Lluvias en parte copiosas en Francia y el este de Alemania. En invierno, nevadas en Escandinavia y Europa central. Ninguna precipitación en el este de Europa, que permanece bajo el influjo de la alta rusa. Sobre todo en invierno, predomina el frío en el este europeo. El sur de Francia, norte de Italia y parte del Mediterráneo occidental están cubiertos y pueden registrar precipitaciones. En verano, la situación atmosférica del oeste y el centro de Europa va asociada a temperaturas diurnas que no pasan de moderadas. Soplan vientos intensos del oeste.

Frecuencia máxima En los meses de noviembre y diciembre.

Frecuencia mínima En los meses de mayo y julio.

Situaciones meteorológicas generales asociadas Predominio de flujo ciclónico del sudeste en Europa central que desencadena una alta en Rusia central y meridional. En Europa central aparece, sobre todo en los meses de marzo y octubre, una situación meteorológica anticiclónica del sur con tiempo seco y nieblas matutinas en primavera y otoño. Otra situación meteorológica general asociada la representa el anticiclón en Escandinavia (véase pág. 170).

Ejemplo del 27 de noviembre de 1967.

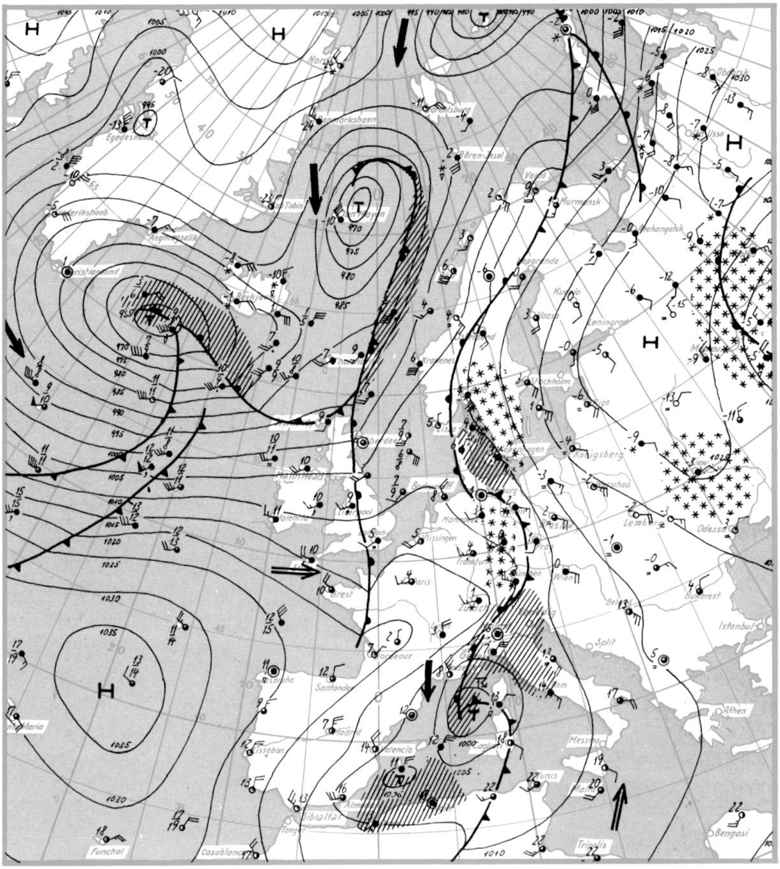

Arriba: mapa en superficie
Clave de símbolos
en página 142

Derecha: mapa en altura
Líneas = curvas de nivel (isohipsas) de la superficie 500 hPa de 12 en 12 decámetros
Flechas de las líneas = dirección del viento
–28 = indicación de temperatura en la superficie 500 hPa
H = alta T = baja

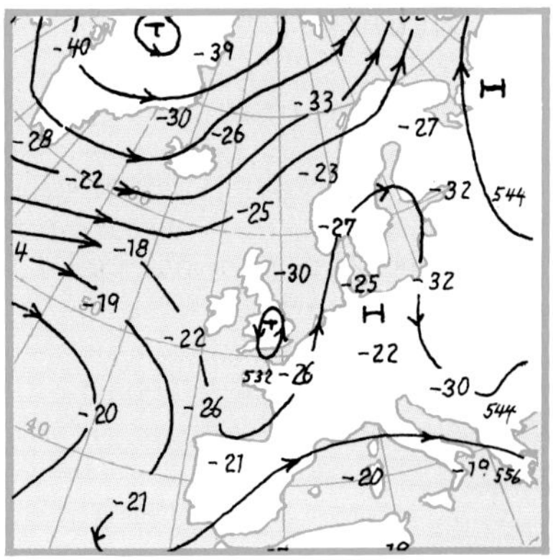

Flujo anticiclónico del norte

Situación meteorológica general Norte.

Tipo de circulación Meridional, es decir, el tránsito de la corriente está especialmente afectado por regiones anticiclónicas estacionarias que ejercen un «bloqueo». Estas altas aparecen entre 50 y 65 grados de latitud norte. Con flujos del norte este anticiclón se sitúa sobre las islas Británicas, mientras una depresión central predomina en el Báltico y el noroeste de Rusia.

Situación Un anticiclón se extiende de norte a sur sobre el mar del Norte y las islas Británicas. De vez en cuando aparece además un sistema de altas presiones que abarca desde España hasta el archipiélago Spitzberg. Sobre el este de Europa se encuentra un sistema acusado de bajas presiones. Sobre las islas Británicas predomina una cuña anticiclónica a grandes alturas. En el flanco oriental de la región de altas presiones sobre el mar del Norte y de las islas Británicas las perturbaciones se desplazan hacia el sur y el sudeste.

Condiciones atmosféricas Noruega y Europa occidental se hallan bajo la influencia del anticiclón. De despejado a nuboso. Aumenta la nubosidad en Europa central occidental. En invierno aparecen chubascos de nieve y heladas al aclarar. Precipitaciones en aumento por el este. En invierno, nevadas copiosas sobre el este de Europa. En parte, heladas intensas. En verano tiempo bastante fresco en el oeste de Europa central, especialmente frío en el este de Europa central y en Europa oriental. La depresión que impera en el este de Europa va asociada a vientos muy duros procedentes del norte y del noroeste. Desde estas direcciones soplan también vientos frescos sobre Europa central, Francia e Italia.

Frecuencia máxima En los meses de mayo y junio.

Frecuencia mínima En los meses de enero y octubre.

Situaciones meteorológicas generales asociadas Flujo ciclónico del norte sobre Europa central (véase pág. 160), depresión secundaria sobre Europa central (véase pág. 168), anticiclón sobre las islas Británicas (véase pág. 166) y flujo anticiclónico del noroeste sobre Europa central con una alta en el borde occidental del continente europeo y depresión atmosférica sobre Escandinavia y el mar del Norte.

Ejemplo del 12 de enero de 1968.

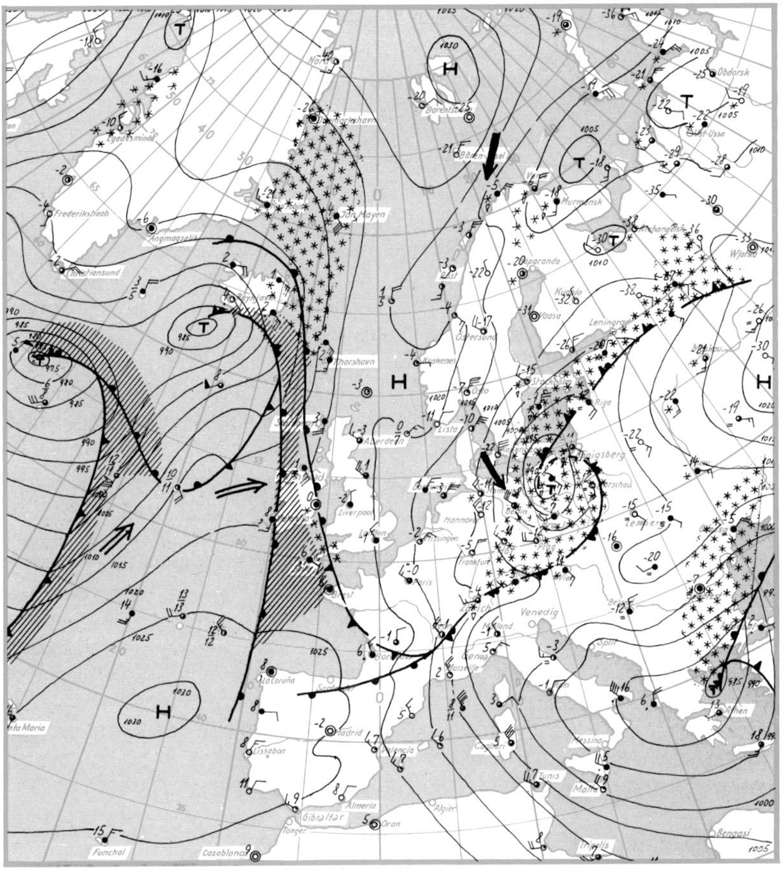

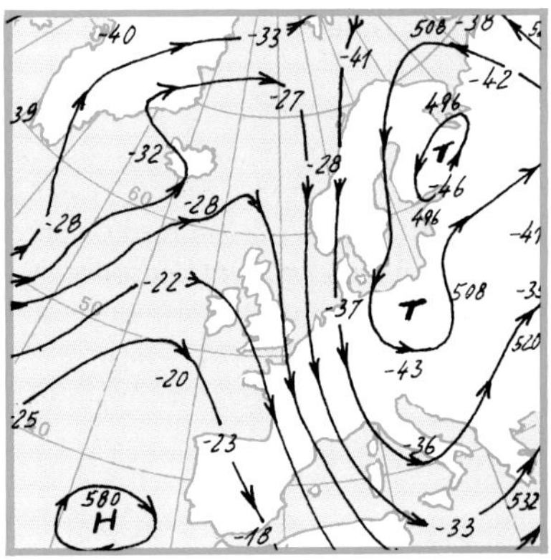

Arriba: mapa en superficie
Clave de símbolos
en página 142

Derecha: mapa en altura
Líneas = curvas de nivel (isohipsas) de la superficie 500 hPa de 12 en 12 decámetros
Flechas de las líneas = dirección del viento
–28 = indicación de temperatura en la superficie 500 hPa
H = alta   T = baja

Flujo ciclónico del norte sobre Europa central

Situación meteorológica general Norte.

Tipo de circulación Meridional, es decir, el tránsito de la corriente está especialmente afectado por regiones anticiclónicas estacionarias que ejercen un «bloqueo». Estas altas aparecen entre 50 y 65 grados de latitud norte. Con flujos del norte este anticiclón se sitúa sobre las islas Británicas, mientras una depresión central predomina en el Báltico y el noroeste de Rusia.

Situación Un anticiclón extendido al oeste de las islas Británicas. En ocasiones también se dan crestas de altas presiones entre una alta sobre España y una alta sobre el archipiélago Spitzberg. Un sistema acusado de bajas presiones se mantiene activo sobre Escandinavia y el oeste de Rusia. Entre ambas zonas penetra un viento marino frío hacia el centro y el oeste de Europa. Desde Islandia avanzan extensiones de mal tiempo por el mar del Norte hacia el sur y el sudeste. El aire frío se interna hasta el Mediterráneo occidental y desencadena perturbaciones.

Condiciones atmosféricas Toda Escandinavia, el este y el centro de Europa, pero también grandes zonas del oeste, como España e Italia, tienen tiempo muy variable con predominio de precipitaciones. Además, imperan vientos fuertes y algo racheados del norte. Las precipitaciones son muy copiosas en las montañas («lluvia de compresión»). En invierno hay nevadas y en primavera, sobre todo en Europa central, precipitaciones de lluvia y nieve («tiempo de abril»). En primavera suele hacer un frío notorio (excesivo para dicha estación), aunque esta situación meteorológica depara en todas las estaciones del año un tiempo manifiestamente más frío de lo habitual.

Frecuencia máxima En los meses de mayo y junio.

Frecuencia mínima En los meses de noviembre y diciembre.

Situaciones meteorológicas generales asociadas Depresión secundaria sobre Europa central (véase pág. 168), flujo ciclónico del noroeste sobre Europa central con una zona frontal intensa en dirección suroeste sobre las islas Británicas, el mar del Norte y el oeste de Europa central (considerable lluvia de compresión en los Alpes), flujo anticiclónico del norte sobre Europa central (véase pág. 158) y alta sobre las islas Británicas (véase pág. 166).

Ejemplo del 11 de marzo de 1968.

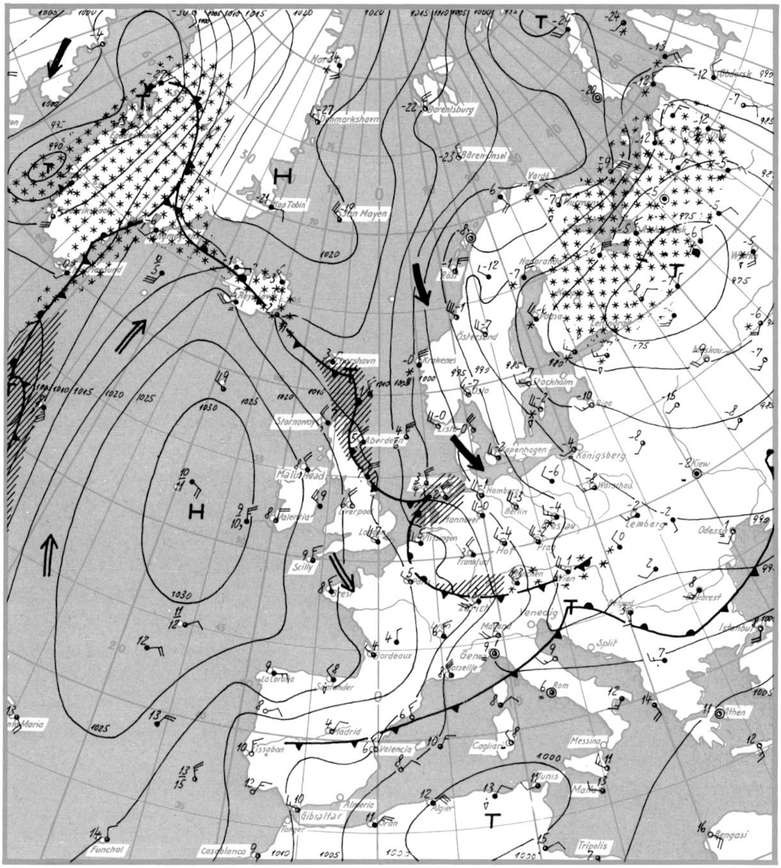

Arriba: mapa en superficie
Clave de símbolos
en página 142

Derecha: mapa en altura
Líneas = curvas de nivel (isohipsas) de la superficie 500 hPa de 12 en 12 decámetros
Flechas de las líneas = dirección del viento
–28 = indicación de temperatura en la superficie 500 hPa
H = alta T = baja

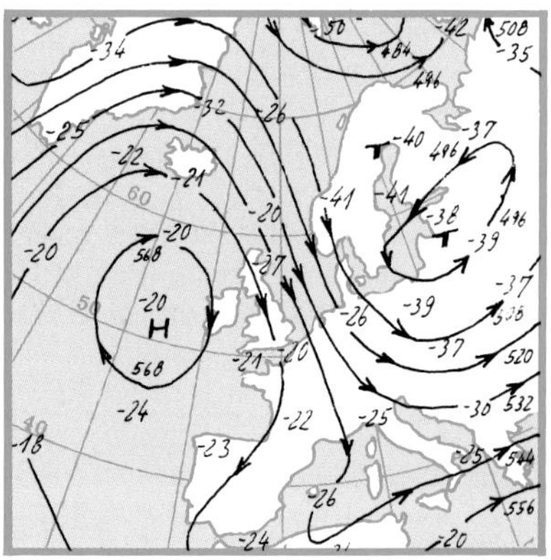

Anticiclón sobre el mar del Norte e Islandia (anticiclónico sobre Europa occidental)

Situación meteorológica general Norte.

Tipo de circulación Meridional, es decir, el tránsito de la corriente está especialmente afectado por regiones anticiclónicas estacionarias que ejercen un «bloqueo». Estas altas aparecen entre 50 y 65 grados de latitud norte. Con flujos del norte este anticiclón se sitúa sobre las islas Británicas, mientras una depresión central predomina en el Báltico y el noroeste de Rusia.

Situación En este caso, la zona de altas presiones que ejerce el bloqueo se sitúa muy al norte, en los alrededores del mar del Norte y, más al sur, sobre Escocia. Una cuña anticiclónica se extiende incluso hasta el oeste de Europa central. Una zona frontal del Atlántico occidental experimenta una desviación en parte hacia el norte (sobre Groenlandia y más al noroeste) y en parte hacia el sur (el suroeste de Europa y más hacia el Mediterráneo). Las estribaciones de la depresión que se desplaza en dirección sur sólo repercutirán en el este de Europa.

Condiciones atmosféricas Sobre el oeste y el centro de Europa predomina un tiempo de despejado a nuboso. En el este de Europa central y sobre todo en el este de Europa aparecen precipitaciones (tormentas). En invierno, esta situación depara fuertes heladas (de irradiación) en zonas de Europa central. También en primavera pueden producirse aún heladas nocturnas. El ascenso de las temperaturas durante el verano depara un tiempo bueno y cálido, pero sin el calor característico del pleno verano. En el Mediterráneo, sobre todo en las regiones orientales y centrales pueden producirse precipitaciones con el descenso de la presión y las consiguientes perturbaciones. Aquí hay una actividad eólica moderada, mientras que en el mar del Norte sopla de brisa fuerte a viento fuerte procedente del norte o del nordeste.

Frecuencia máxima En los meses de mayo y junio.

Frecuencia mínima En los meses de febrero y noviembre.

Situaciones meteorológicas generales asociadas Anticiclón sobre el mar del Norte e Islandia, ciclónico sobre Europa central (véase pag. 164), flujo ciclónico del norte sobre Europa central (véase pág. 160), flujo anticiclónico del norte sobre Europa central (véase pág. 158) y anticiclón sobre las islas Británicas (véase pág. 166).

Ejemplo del 27 de mayo de 1966.

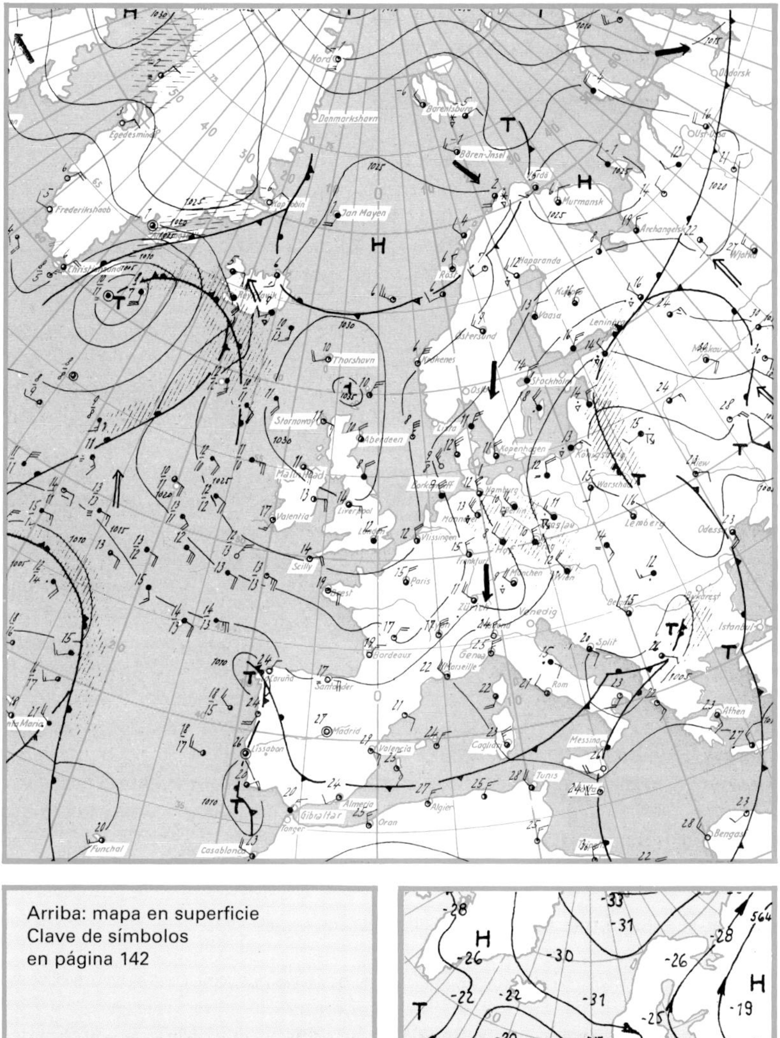

Arriba: mapa en superficie
Clave de símbolos
en página 142

Derecha: mapa en altura
Líneas = curvas de nivel (isohipsas) de la superficie 500 hPa de 12 en 12 decámetros
Flechas de las líneas = dirección del viento
–28 = indicación de temperatura en la superficie 500 hPa
H = alta T = baja

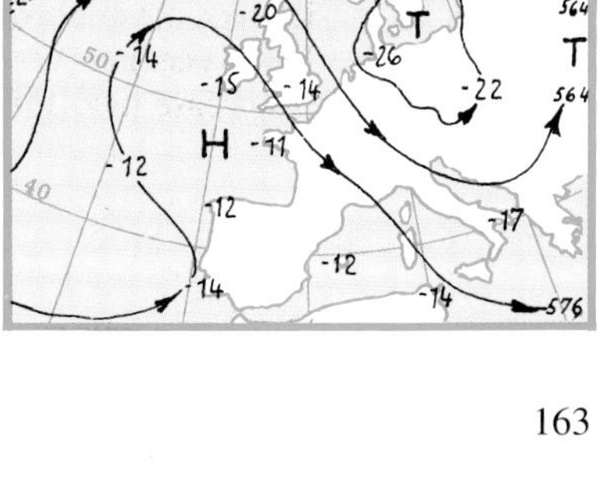

Anticiclón sobre el mar del Norte e Islandia (ciclónico sobre Europa central)

Situación meteorológica general Norte.

Tipo de circulación Meridional, es decir, el tránsito de la corriente está especialmente afectado por regiones anticiclónicas estacionarias que ejercen un «bloqueo». Estas altas aparecen entre 50 y 65 grados de latitud norte. Con flujos del norte este anticiclón se sitúa sobre las islas Británicas, mientras una depresión central predomina en el Báltico y el noroeste de Rusia.

Situación El estado de la corriente y la distribución de la presión son comparables a los descritos en la página 162 en relación con el anticiclón sobre el mar del Norte e Islandia. En este caso falta la cuña anticiclónica sobre el mar del Norte que se extiende hasta el oeste de Europa central. Con eso, las partes de la zona frontal desviadas hacia el sudoeste de Europa y el Mediterráneo tienen oportunidad de influir considerablemente en el tiempo en Europa central. No obstante, el aire frío procedente del mar Báltico puede causar perturbaciones en Europa central.

Condiciones atmosféricas Precipitaciones sobre todo al sur de Europa central y en Europa occidental. Nevadas en invierno. Tormentas en verano en parte con precipitaciones en forma de aguaceros y muy copiosas. Mientras que en el oeste europeo y el sur de Europa central puede deparar un invierno bastante suave, los días que comporta esta situación meteorológica en las zonas septentrionales de Europa central, oriental y Escandinavia durante el invierno se califican de muy fríos e incluso frescos en verano. En Inglaterra e Irlanda, así como España y Portugal, predomina un tiempo despejado, si bien al sur de Francia y en Italia hay nubosidad variable no libre de precipitaciones.

Frecuencia máxima En los meses de mayo y octubre.

Frecuencia mínima En los meses de agosto y septiembre.

Situaciones meteorológicas generales asociadas Flujo ciclónico del norte sobre Europa central (véase pág. 160), flujo meridional del oeste (véase pág. 154), depresión aislada sobre Europa central, anticiclón sobre el mar del Norte e Islandia, anticiclónico sobre Europa central (véase pág. 162).

Ejemplo del 22 de agosto de 1966.

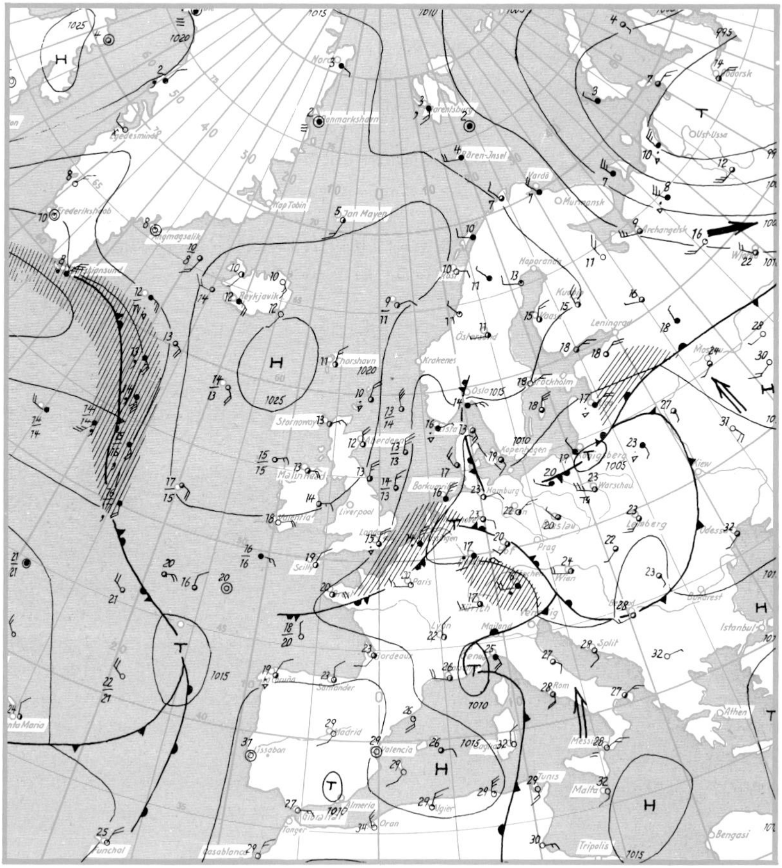

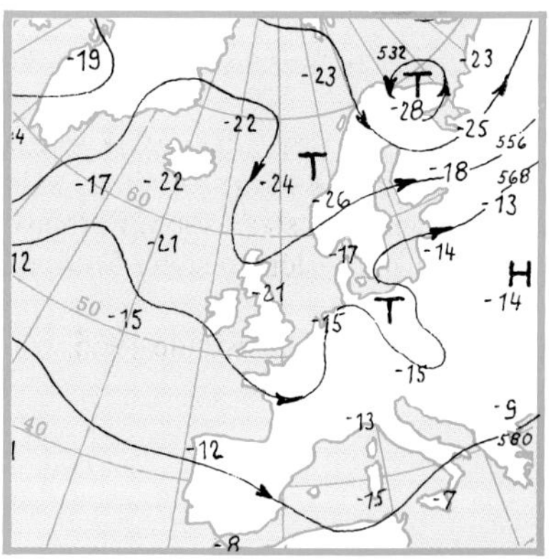

Arriba: mapa en superficie
Clave de símbolos
en página 142

Derecha: mapa en altura
Líneas = curvas de nivel (isohipsas) de la superficie 500 hPa de 12 en 12 decámetros
Flechas de las líneas = dirección del viento
–28 = indicación de temperatura en la superficie 500 hPa
H = alta T = baja

Anticiclón sobre las islas Británicas

Situación meteorológica general Norte.

Tipo de circulación Meridional, es decir, el tránsito de la corriente está especialmente afectado por regiones anticiclónicas estacionarias que ejercen un «bloqueo». Estas altas aparecen entre 50 y 65 grados de latitud norte. Con flujos del norte este anticiclón se sitúa sobre las islas Británicas, mientras una depresión central predomina en el Báltico y el noroeste de Rusia.

Situación El anticiclón de bloqueo se sitúa sobre las islas Británicas o el mar del Norte o el océano Atlántico inmediatamente adyacentes. Suele ir asociado a una zona de altas situada sobre Groenlandia e Islandia. La depresión se halla sobre el Báltico y con frecuencia se extiende bastante hacia el sudeste. Las perturbaciones en las márgenes de la alta y la baja repercuten sobre todo en el tiempo de Europa central. Esta situación meteorológica va acompañada a menudo de bajas presiones sobre el Mediterráneo.

Condiciones atmosféricas El aire fluye eminentemente desde el norte en Europa central y occidental. El tiempo en verano suele ser seco y soleado. En invierno, en cambio, depara con frecuencia la formación de fuertes capas de niebla alta que mantienen el cielo nublado. La nubosidad aumenta en el este de Europa central, donde en ocasiones se producen además precipitaciones que pueden ser bastante copiosas en la vertiente oriental de los Alpes (lluvia de compresión). En todas las estaciones del año impera un calor moderado, mientras que en los meses hiemales se producen heladas de moderadas a fuertes. Al sur de los Alpes el tiempo es variable, sobre todo en Italia.

Frecuencia máxima En los meses de febrero y septiembre.

Frecuencia mínima En los meses de julio y diciembre.

Situaciones meteorológicas generales asociadas Anticiclón sobre el mar del Norte e Islandia, anticiclónico sobre Europa central (véase pág. 162), anticiclón sobre el mar del Norte e Islandia, ciclónico sobre Europa central (véase pág. 164), así como flujos del noroeste ciclónicos y anticiclónicos con tiempo inestable, en parte con precipitaciones fuertes en la vertiente norte de los Alpes (lluvia de compresión).

Ejemplo del 8 de abril de 1968.

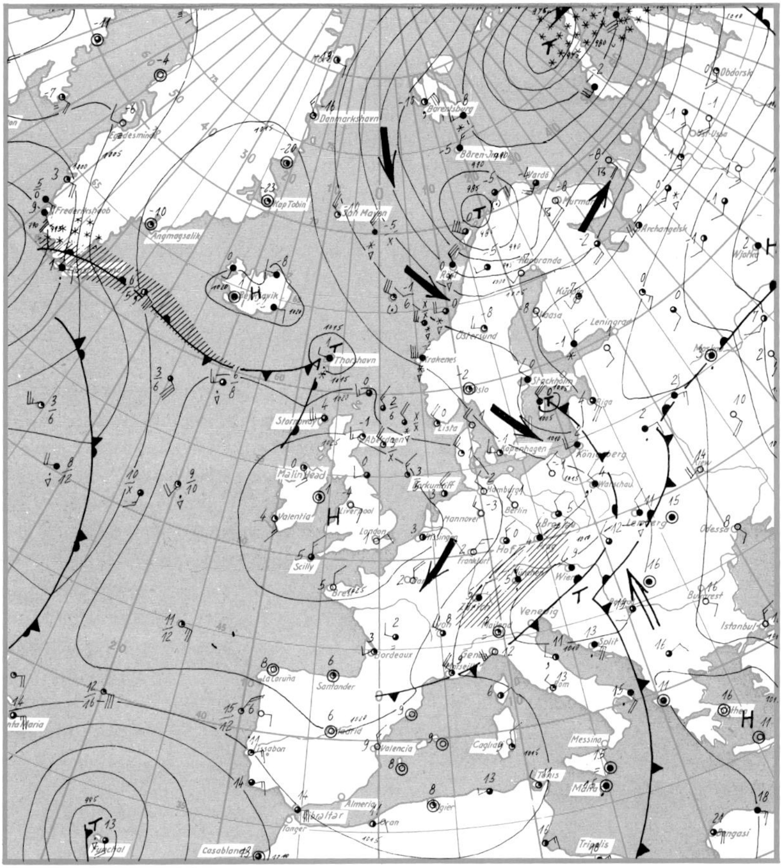

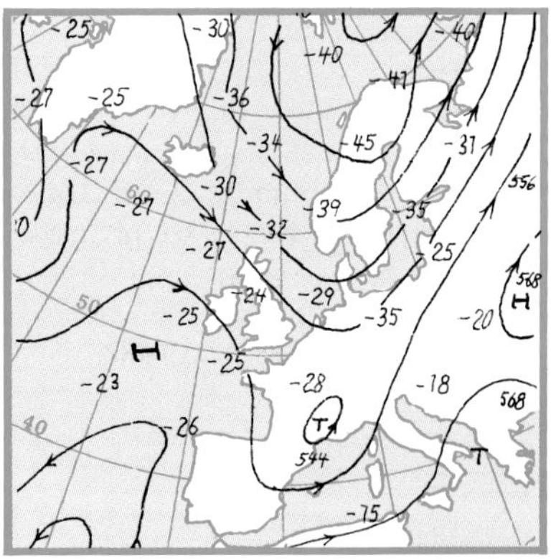

Arriba: mapa en superficie
Clave de símbolos
en página 142

Derecha: mapa en altura
Líneas = curvas de nivel (isohipsas) de la superficie 500 hPa de 12 en 12 decámetros
Flechas de las líneas = dirección del viento
–28 = indicación de temperatura en la superficie 500 hPa
H = alta   T = baja

Depresión secundaria sobre Europa central

Situación meteorológica general Norte.

Tipo de circulación Meridional, es decir, el tránsito de la corriente está especialmente afectado por regiones anticiclónicas estacionarias que ejercen un «bloqueo». Estas altas aparecen entre 50 y 65 grados de latitud norte. Con flujos del norte este anticiclón se sitúa sobre las islas Británicas, mientras una depresión central predomina en el Báltico y el noroeste de Rusia.

Situación La depresión secundaria se caracteriza por una presión atmosférica especialmente baja muy por detrás del frente frío de una depresión. Europa septentrional y central permanecen bajo la influencia de la depresión secundaria, mientras que el Atlántico Norte oriental y las regiones septentrionales del Báltico se hallan bajo la influencia anticiclónica. Durante el avance de la zona frontal, aparecen perturbaciones sobre Europa occidental y central que repercuten incluso en las regiones mediterráneas, sobre todo las orientales.

Condiciones atmosféricas Con vientos frescos de componente oeste y norte, el tiempo en Europa occidental y central se caracteriza por una gran inestabilidad. Aparición frecuente de precipitaciones en forma de chubascos (en invierno, de nieve). En el oeste y centro de Europa, esta situación meteorológica va acompañada de temperaturas bajas en todas las épocas del año, al contrario que en Europa oriental, donde sobre todo en invierno la temperatura ronda los 0 °C (o incluso más). Además, las precipitaciones mencionadas pueden ser aquí abundantes. La región mediterránea, en especial la parte oriental, permanece bajo la influencia de las perturbaciones que se desplazan desde Europa occidental y central hacia el sudeste.

Frecuencia máxima En los meses de abril y noviembre.

Frecuencia mínima En los meses de junio y agosto.

Situaciones meteorológicas generales asociadas Flujo ciclónico del norte sobre Europa central (véase pág. 160) y flujo del noroeste, ciclónico sobre Europa central, con tiempo frío y precipitaciones en forma de aguaceros (o nevadas copiosas en invierno).

Ejemplo del 31 de diciembre de 1967.

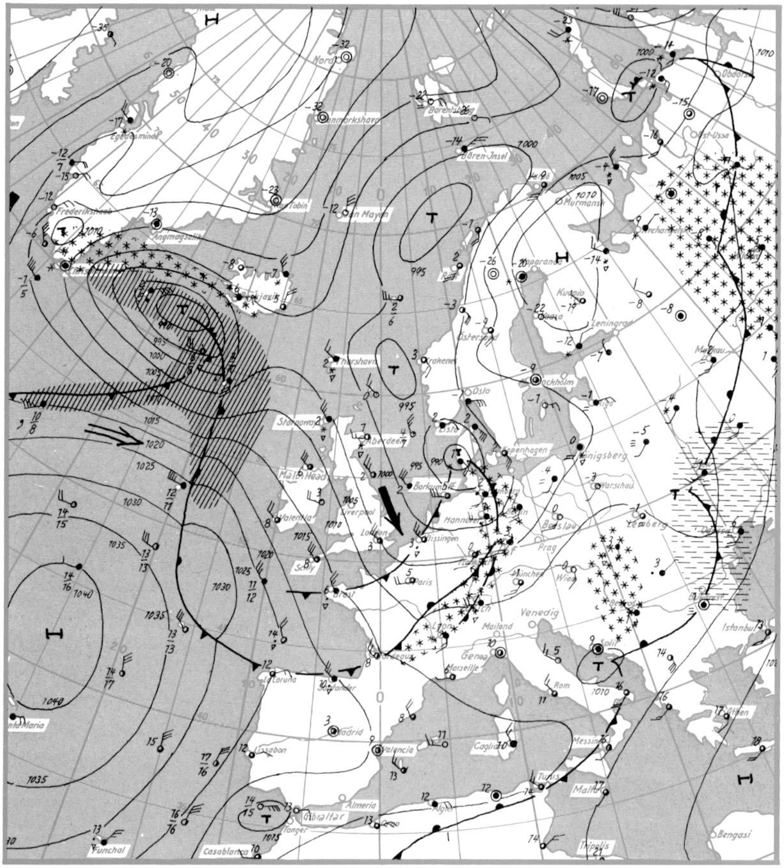

Arriba: mapa en superficie
Clave de símbolos
en página 142

Derecha: mapa en altura
Líneas = curvas de nivel (isohipsas) de la superficie 500 hPa de 12 en 12 decámetros
Flechas de las líneas = dirección del viento
–28 = indicación de temperatura en la superficie 500 hPa
H = alta T = baja

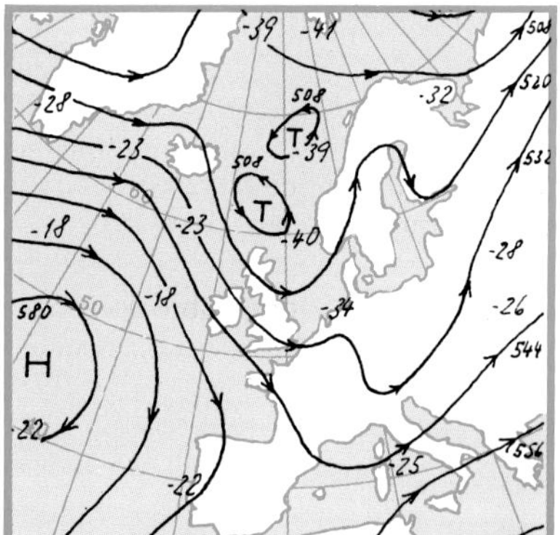

Anticiclón en Escandinavia (flujo anticiclónico sobre Europa central)

Situación meteorológica general Este.

Tipo de circulación Meridional, es decir, el tránsito de la corriente está especialmente afectado por regiones anticiclónicas estacionarias que ejercen un «bloqueo». Estas altas aparecen entre 50 y 65 grados de latitud norte. Con flujos del este, este anticiclón se sitúa sobre el norte de Europa, mientras una depresión central predomina en el Mediterráneo.

Situación Esta situación bastante habitual en invierno se caracteriza por una región intensa de altas presiones sobre Finlandia o en ocasiones también sobre el norte de Rusia. La depresión del Mediterráneo es poco pronunciada. Una baja extensa se sitúa sobre el océano Atlántico, al oeste de las islas Británicas. La influencia del anticiclón abarca desde el norte de Europa hasta Europa central.

Condiciones atmosféricas Por lo general impera el tiempo seco y soleado en vastas regiones de Europa central, si bien con aire frío procedente del norte, de ahí que en invierno se produzcan heladas fuertes con frecuencia. En primavera también es habitual que haga «más frío de lo normal para esa época del año». En verano, en cambio, suele hacer mucho calor (sin formación de tormentas). El oeste de Europa permanece bajo la influencia de perturbaciones desencadenadas por el ciclón atlántico. Nubosidad variable e inestable en las zonas mediterráneas.

Frecuencia máxima En los meses de enero y febrero.

Frecuencia mínima En los meses de junio y julio.

Situaciones meteorológicas generales asociadas Anticiclón en Escandinavia, ciclónico sobre Europa central (véase pág. 172). Anticiclón en el mar del Norte-Escandinavia, anticiclónico sobre Europa central (véase pág. 174), anticiclón en el mar del Norte-Escandinavia, ciclónico sobre Europa central (véase pág. 176), flujo del nordeste, anticiclónico sobre Europa central (despejado y seco), flujo del nordeste, ciclónico sobre Europa central (frío y con precipitaciones abundantes), flujo del sudeste, anticiclónico sobre Europa central (despejado, seco con nieblas matutinas en otoño e invierno), flujo del sudeste, ciclónico sobre Europa central (tiempo inestable).

Ejemplo del 9 de enero de 1966.

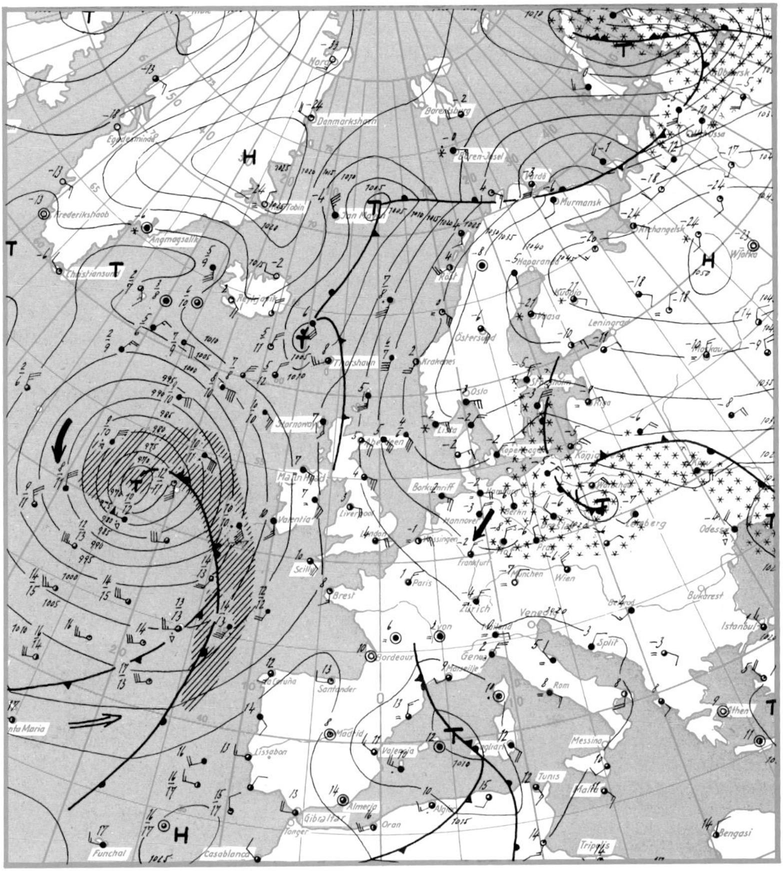

Arriba: mapa en superficie
Clave de símbolos
en página 142

Derecha: mapa en altura
Líneas = curvas de nivel (isohipsas) de la superficie 500 hPa de 12 en 12 decámetros
Flechas de las líneas = dirección del viento
–28 = indicación de temperatura en la superficie 500 hPa
H = alta   T = baja

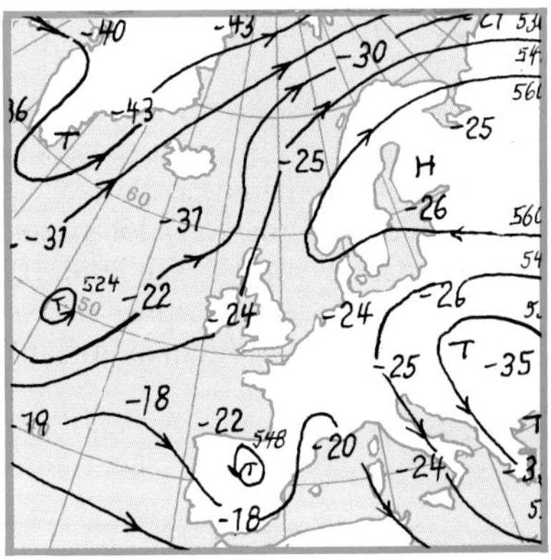

Anticiclón en Escandinavia (ciclónico sobre Europa central)

Situación meteorológica general Este.

Tipo de circulación Meridional, es decir, el tránsito de la corriente está especialmente afectado por regiones anticiclónicas estacionarias que ejercen un «bloqueo». Estas altas aparecen entre 50 y 65 grados de latitud norte. Con flujos del este, este anticiclón se sitúa sobre el norte de Europa, mientras una depresión central predomina en el Mediterráneo.

Situación Sobre Finlandia se sitúa un anticiclón y sobre las zonas mediterráneas septentrionales y el sur de Europa central se halla un sistema de bajas presiones. Entre ambos corre aire del este en dirección a Europa central. Las perturbaciones procedentes del oeste a través del Atlántico se dividen. Una parte fluye hacia el nordeste junto a Groenlandia en dirección al océano Ártico. La otra parte fluye hacia el sudeste a través de Vizcaya en dirección al Mediterráneo. Desde aquí las perturbaciones alcanzan hasta las zonas subalpinas (el sur de Europa central).

Condiciones atmosféricas Tiempo cubierto y seco en el norte de Europa. En cambio, tiempo inestable con predominio de precipitaciones en Europa central y occidental, en parte también en las zonas mediterráneas. Las precipitaciones esporádicas del invierno son eminentemente de nieve, mientras que en verano van asociadas a tormentas. En invierno siempre hace frío y hiela; el verano en cambio es especialmente bochornoso (no caluroso). En Europa central, aunque también en Europa occidental y el Mediterráneo, suelen soplar vientos de componente este.

Frecuencia máxima En los meses de marzo, noviembre y diciembre.

Frecuencia mínima En los meses de julio y agosto.

Situaciones meteorológicas generales asociadas Anticiclón en el mar del Norte-Escandinavia, ciclónico sobre Europa central (véase pág. 176), anticiclón en el mar del Norte-Escandinavia, anticiclónico sobre Europa central (véase pág. 174), anticiclón en Escandinavia, anticiclónico sobre Europa central (véase pág. 170), depresión sobre el centro de Europa.

Ejemplo del 16 de septiembre de 1967.

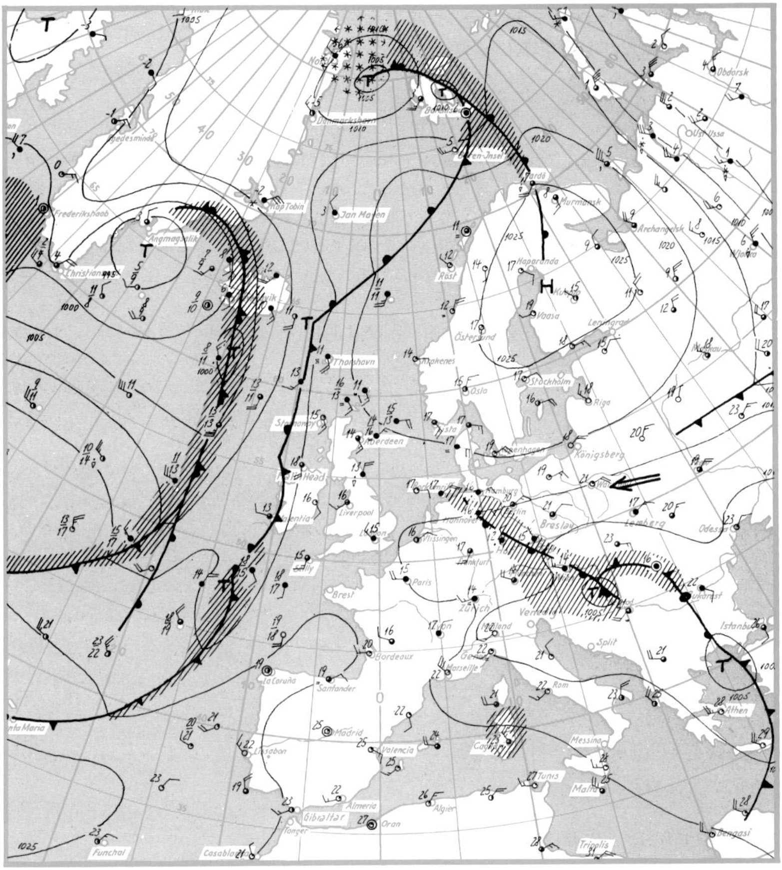

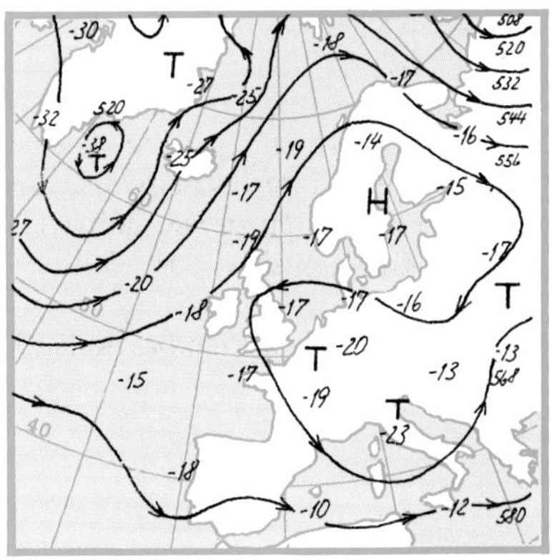

Arriba: mapa en superficie
Clave de símbolos
en página 142

Derecha: mapa en altura
Líneas = curvas de nivel (isohipsas) de la superficie 500 hPa de 12 en 12 decámetros
Flechas de las líneas = dirección del viento
–28 = indicación de temperatura en la superficie 500 hPa
H = alta T = baja

Anticiclón en el mar del Norte-Escandinavia (flujo anticiclónico sobre Europa central)

Situación meteorológica general Este.

Tipo de circulación Meridional, es decir, el tránsito de la corriente está especialmente afectado por regiones anticiclónicas estacionarias que ejercen un «bloqueo». Estas altas aparecen entre 50 y 65 grados de latitud norte. Con flujos del este, este anticiclón se sitúa sobre el norte de Europa, mientras una depresión central predomina en el Mediterráneo.

Situación En este caso, un anticiclón extenso se halla sobre Islandia y llega hasta el norte de Rusia así como el norte de Europa central. Sobre el Mediterráneo occidental y el Atlántico Norte meridional se registran bajas presiones. Toda Europa central y occidental recibe aire procedente del este.

Condiciones atmosféricas El norte de Europa, extensas zonas del norte y el este de Europa central y occidental tienen predominio de cielos despejados y ausencia de precipitaciones. Nubosidad en aumento en las zonas meridionales de Europa central y al sur de los Alpes, si bien sin grandes precipitaciones. En verano suele hacer bastante calor. En invierno, esta situación meteorológica depara frío y fuertes heladas en las regiones septentrionales de Europa central, el norte y el este de Europa.

Frecuencia máxima En los meses de mayo y junio.

Frecuencia mínima En los meses de julio y agosto.

Situaciones meteorológicas generales asociadas Anticiclón en el mar del Norte-Escandinavia, ciclónico sobre Europa central (véase pág. 176), anticiclón sobre el mar del Norte-Islandia, anticiclónico sobre Europa central (véase pág. 162), anticiclón sobre el mar del Norte-Islandia, ciclónico sobre Europa central (véase pág. 164), así como flujos del sudeste, anticiclónicos y ciclónicos sobre Europa central, con predominio de tiempo despejado y seco con foehn en la vertiente septentrional de los Alpes (anticiclónico), o inestable con precipitaciones, en verano bochornoso y tormentoso (ciclónico).

Ejemplo del 16 de abril de 1968.

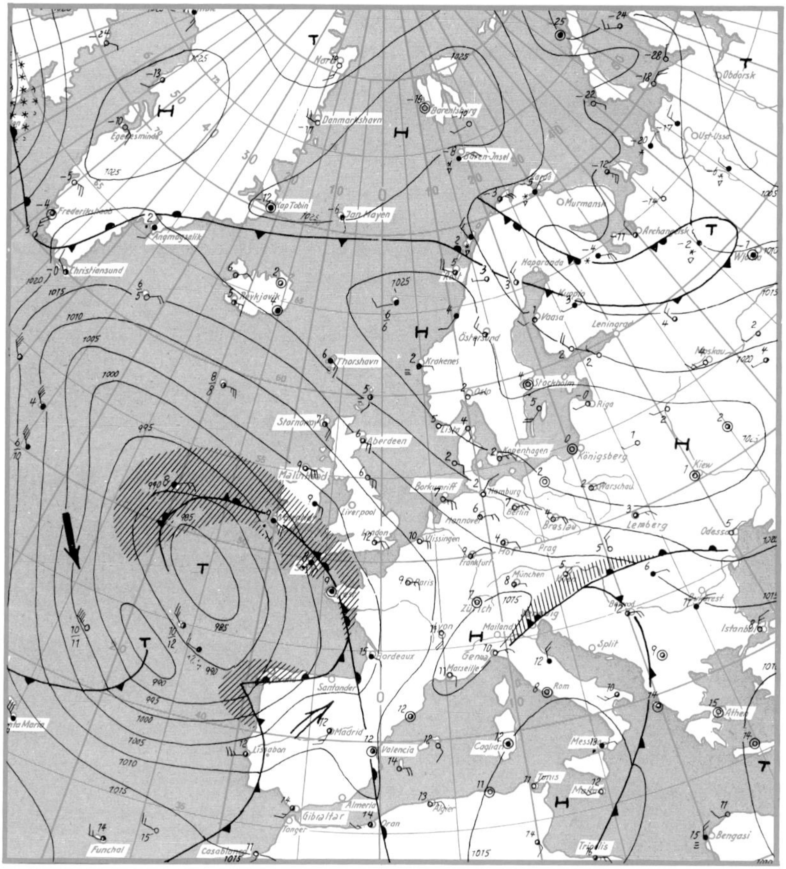

Arriba: mapa en superficie
Clave de símbolos
en página 142

Derecha: mapa en altura
Líneas = curvas de nivel (isohipsas) de la superficie 500 hPa de 12 en 12 decámetros
Flechas de las líneas = dirección del viento
–28 = indicación de temperatura en la superficie 500 hPa
H = alta   T = baja

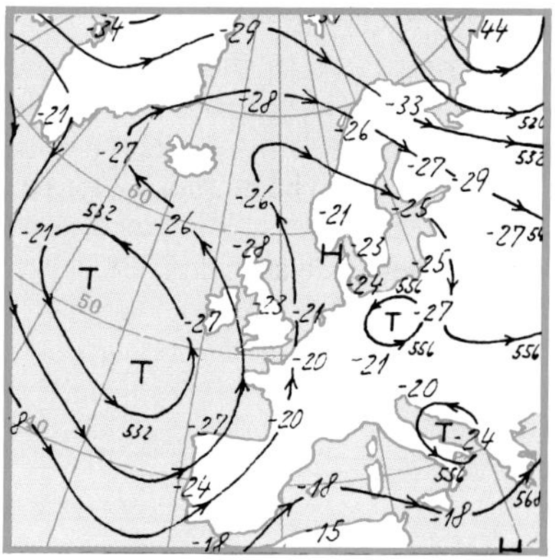

Anticiclón en el mar del Norte-Escandinavia (ciclónico sobre Europa central)

Situación meteorológica general Este.

Tipo de circulación Meridional, es decir, el tránsito de la corriente está especialmente afectado por regiones anticiclónicas estacionarias que ejercen un «bloqueo». Estas altas aparecen entre 50 y 65 grados de latitud norte. Con flujos del este, este anticiclón se sitúa sobre el norte de Europa, mientras una depresión central predomina en el Mediterráneo.

Situación Igual que con el anticiclón en el mar del Norte-Escandinavia, anticiclónico sobre Europa central (véase pág. 174), sobre Islandia y el norte de Rusia se halla una zona extensa de altas presiones que ejerce un efecto de «bloqueo». Este anticiclón se interrumpe en la costa oeste escandinava. Bajas presiones pronunciadas sobre el Mediterráneo occidental y el oeste de Europa. El anticiclón desvía hacia el nordeste y hacia el sudoeste una zona frontal que avanza desde el oeste por el océano Atlántico.

Condiciones atmosféricas Mayoritariamente cubierto en Europa occidental y central con precipitaciones muy abundantes (en invierno, nevadas fuertes). En verano se forman tormentas que deparan mucha lluvia. Asimismo en las zonas europeas aludidas hace un calor bochornoso. Esta situación depara frío intenso en invierno en el norte y el este de Europa con heladas fuertes en algunas zonas. Entonces también se producen heladas acusadas en el norte de Europa central. Las perturbaciones desviadas se tornan patentes sobre todo en el Mediterráneo occidental en forma de nubosidad y precipitaciones.

Frecuencia máxima En los meses de marzo y mayo.

Frecuencia mínima En los meses de septiembre, octubre y diciembre.

Situaciones meteorológicas generales asociadas Anticiclón en Escandinavia, ciclónico sobre Europa central (véase pág. 172), depresión sobre Europa central, flujo meridional del oeste (véase pág. 154), anticiclón en el mar del Norte-Escandinavia, anticiclónico sobre Europa central (véase pág. 174), flujo del sudeste, anticiclónico sobre Europa central.

Ejemplo del 23 de febrero de 1968.

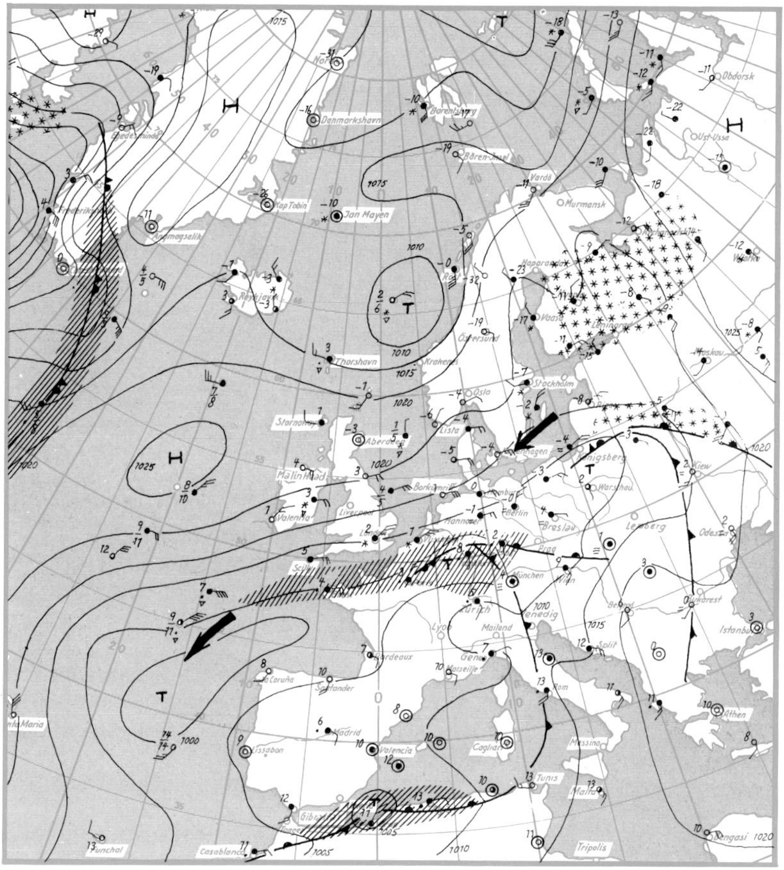

Arriba: mapa en superficie
Clave de símbolos
en página 142

Derecha: mapa en altura
Líneas = curvas de nivel (isohipsas) de la superficie 500 hPa de 12 en 12 decámetros
Flechas de las líneas = dirección del viento
–28 = indicación de temperatura en la superficie 500 hPa
H = alta T = baja

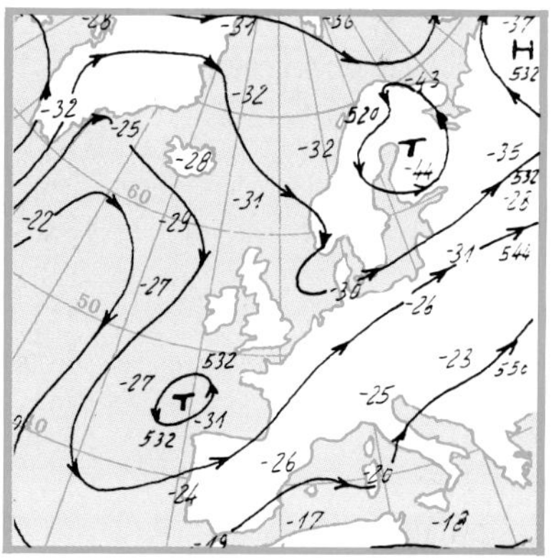

Flujo del sur (anticiclónico sobre Europa central)

Situación meteorológica general Sur.

Tipo de circulación Meridional, es decir, el tránsito de la corriente está especialmente afectado por regiones anticiclónicas estacionarias que ejercen un «bloqueo». Estas altas aparecen entre 50 y 65 grados de latitud norte. Con flujos del sur este anticiclón se sitúa sobre Europa oriental, mientras una depresión central predomina sobre Europa occidental.

Situación La zona de altas presiones sobre Europa oriental es muy pronunciada. Sobre el océano Atlántico oriental y el oeste de Europa se sitúa un sistema de bajas presiones. La zona frontal atlántica discurre al norte de las Azores por las costas de Europa occidental y allí se desvía hacia el norte. Las perturbaciones se tornan especialmente manifiestas en Francia y España.

Condiciones atmosféricas En el oeste y suroeste de Europa hay precipitaciones parcialmente extensas. En cambio, en Europa central sólo hay nubes en el oeste. En el resto de Europa central predominan los cielos despejados, carentes de precipitaciones, y lo mismo ocurre en Europa oriental. Con esta situación meteorológica pueden formarse nieblas matutinas en el centro de Europa. En invierno también aparecen nieblas altas. En las regiones subalpinas suele incidir el foehn. Esta situación meteorológica depara en verano un tiempo caluroso y rara vez calor bochornoso. En primavera y otoño impera un tiempo moderado. En invierno hay heladas fuertes en Europa oriental y en las zonas orientales de Europa central («heladas de irradiación»).

Frecuencia máxima En los meses de enero y noviembre.

Frecuencia mínima En los meses de junio y julio.

Situaciones meteorológicas generales asociadas Flujo del sur, ciclónico sobre Europa central (véase pág. 180), anticiclón sobre Europa central, flujos del sudeste.

Ejemplo del 8 de noviembre de 1966.

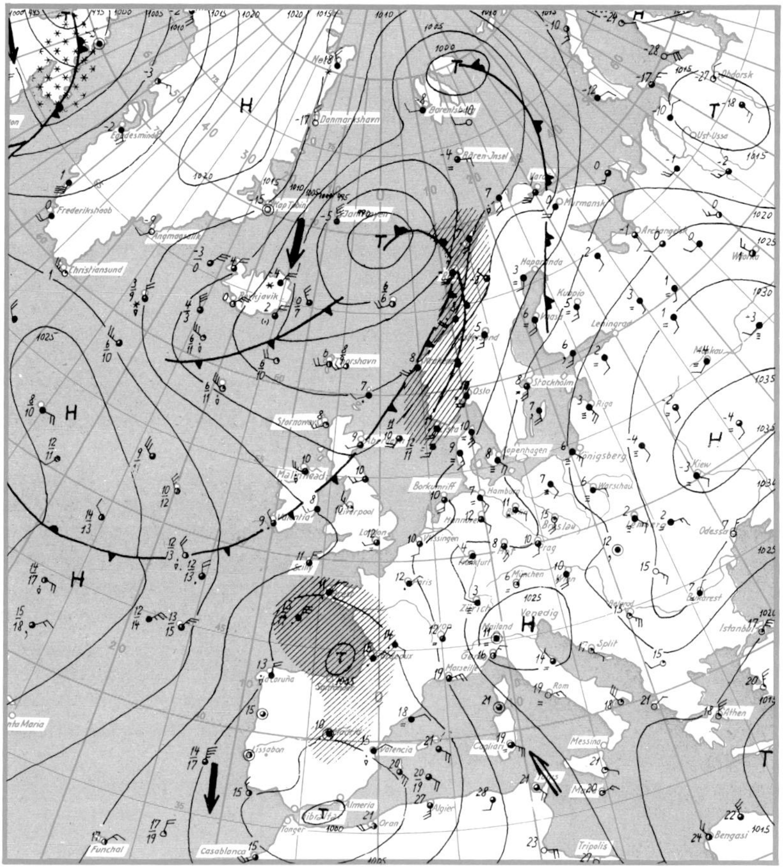

Arriba: mapa en superficie
Clave de símbolos
en página 142

Derecha: mapa en altura
Líneas = curvas de nivel (isohipsas) de la superficie 500 hPa de 12 en 12 decámetros
Flechas de las líneas = dirección del viento
–28 = indicación de temperatura en la superficie 500 hPa
H = alta   T = baja

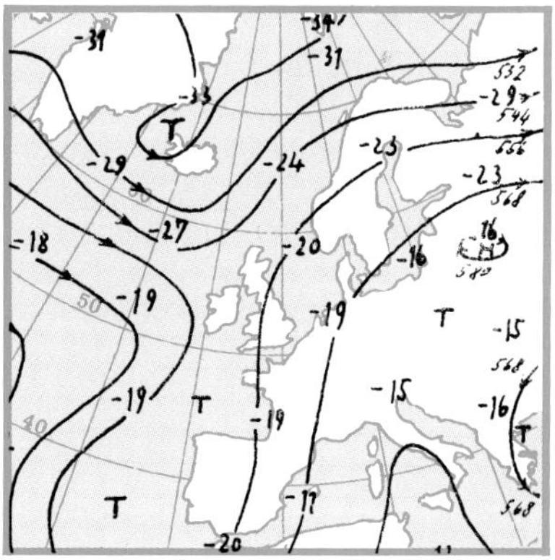

Flujo del sur (ciclónico sobre Europa central)

Situación meteorológica general Sur.

Tipo de circulación Meridional, es decir, el tránsito de la corriente está especialmente afectado por regiones anticiclónicas estacionarias que ejercen un «bloqueo». Estas altas aparecen entre 50 y 65 grados de latitud norte. Con flujos del sur este anticiclón se sitúa sobre Europa oriental, mientras una depresión central predomina sobre Europa occidental.

Situación Un anticiclón muy estable sobre Europa oriental se halla frente a una depresión central situada entre Islandia y las islas Británicas. La zona frontal atlántica avanza sobre Francia y a partir de ahí se desvía hacia el norte. Las zonas de perturbaciones discurren sobre Francia, España e Italia en dirección norte.

Condiciones atmosféricas En grandes zonas de Europa occidental y central hay nubosidad y tiempo variable. Caen precipitaciones de forma irregular. En verano tienden a producirse tormentas. En invierno también hay precipitaciones en forma de lluvia en el oeste y el centro europeo. En esta estación del año aumenta la posibilidad de que se formen nieblas y nieblas altas. Las zonas alpinas se hallan influidas por el foehn. Nevadas abundantes en Escandinavia y el este de Europa. En Europa occidental y central, esta situación se caracteriza por deparar temperaturas superiores a la media en todas las estaciones del año. En verano es especialmente bochornosa. En Europa central soplan vientos de componente sur, bastante fuertes en algunas zonas de la costa. El Mediterráneo no queda libre de perturbaciones y las precipitaciones se producen sobre todo en el norte de Italia.

Frecuencia máxima En los meses de febrero y diciembre.

Frecuencia mínima En los meses de mayo a julio.

Situaciones meteorológicas generales asociadas Depresión sobre las islas Británicas (véase pág. 182), flujo del sur, anticiclónico sobre Europa central (véase pág. 178).

Ejemplo del 26 de febrero de 1967.

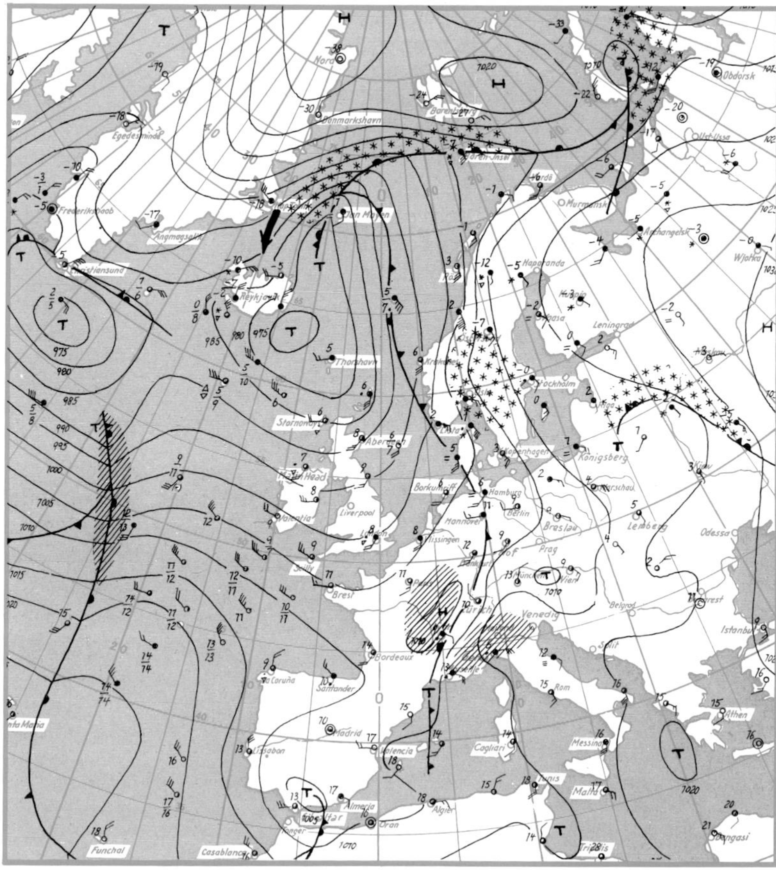

Arriba: mapa en superficie
Clave de símbolos
en página 142

Derecha: mapa en altura
Líneas = curvas de nivel (isohipsas) de la superficie 500 hPa de 12 en 12 decámetros
Flechas de las líneas = dirección del viento
–28 = indicación de temperatura en la superficie 500 hPa
H = alta T = baja

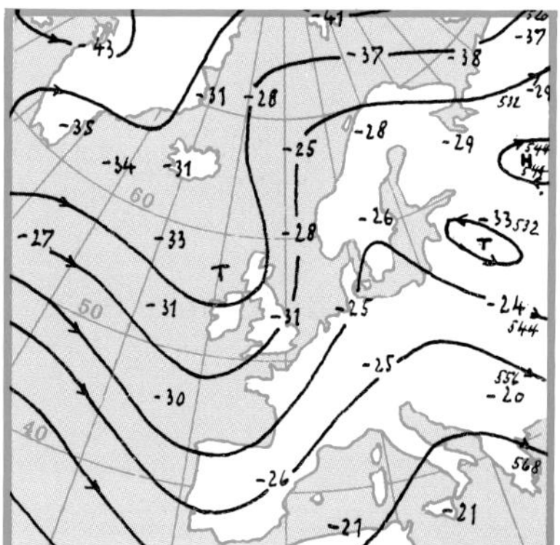

Depresión sobre las islas Británicas

Situación meteorológica general Sur.

Tipo de circulación Meridional, es decir, el tránsito de la corriente está especialmente afectado por regiones anticiclónicas estacionarias que ejercen un «bloqueo». Estas altas aparecen entre 50 y 65 grados de latitud norte. Con flujos del sur este anticiclón se sitúa sobre Europa oriental, mientras una depresión central predomina sobre Europa occidental.

Situación En este caso, el anticiclón se sitúa muy al este, sobre Rusia. Sobre las islas Británicas se halla un poderoso sistema de bajas presiones. Sobre Francia, Italia, Europa central y parte de Escandinavia se forma un mecanismo distribuidor de las perturbaciones.

Condiciones atmosféricas Nubosidad y precipitaciones dispersas en Inglaterra, Francia, el oeste de Europa central e Italia. Tiempo en general inestable. Bastante calor, también en invierno. Esta situación meteorológica favorece el deshielo en invierno. En las épocas más calurosas del año se forman tormentas. Hacia el este se abren claros. La región alpina está influida por el foehn. Soplan viento, del sudeste en su mayoría, que en algunas zonas va de brisa fresca a fuerte.

Frecuencia máxima En los meses de mayo y agosto.

Frecuencia mínima En los meses de enero y marzo.

Situaciones meteorológicas generales asociadas Flujo del sur, ciclónico sobre Europa central (véase pág. 180), flujo del sur, anticiclónico sobre Europa central (véase pág. 178).

Ejemplo del 7 de febrero de 1968.

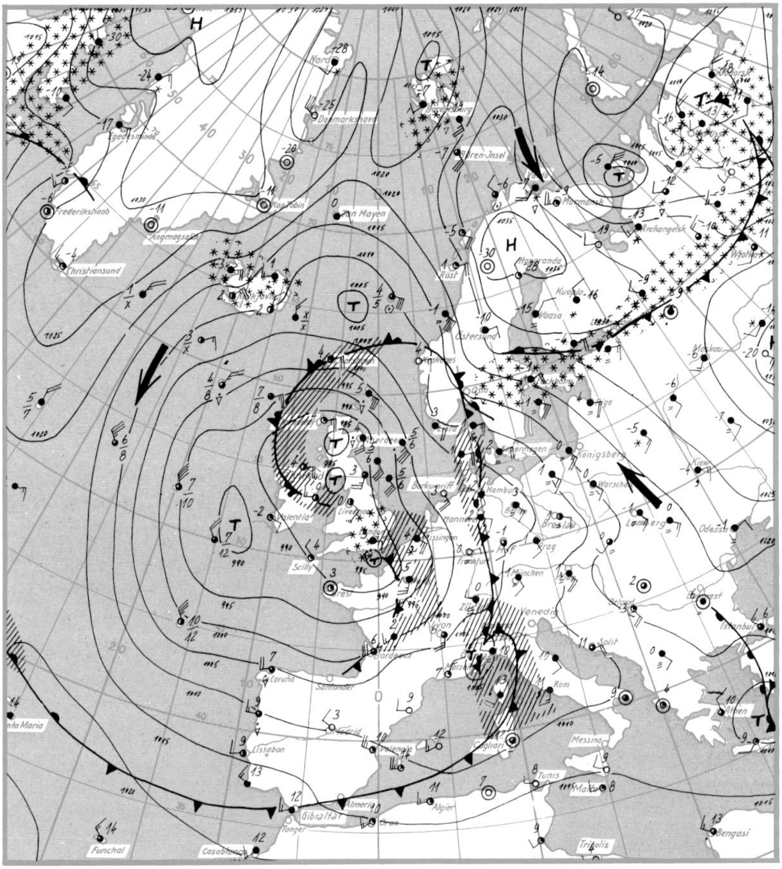

Arriba: mapa en superficie
Clave de símbolos
en página 142

Derecha: mapa en altura
Líneas = curvas de nivel (isohipsas) de la superficie 500 hPa de 12 en 12 decámetros
Flechas de las líneas = dirección del viento
–28 = indicación de temperatura en la superficie 500 hPa
H = alta T = baja

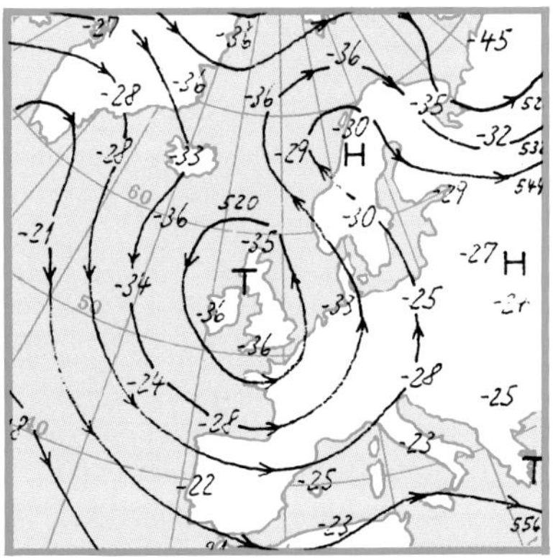

Depresión secundaria sobre Europa occidental

Situación meteorológica general Sur.

Tipo de circulación Meridional, es decir, el tránsito de la corriente está especialmente afectado por regiones anticiclónicas estacionarias que ejercen un «bloqueo». Estas altas aparecen entre 50 y 65 grados de latitud norte. Con flujos del sur este anticiclón se sitúa sobre Europa oriental, mientras una depresión central predomina sobre Europa occidental.

Situación Altas presiones sobre el oeste de Rusia se enfrentan a bajas presiones que abarcan toda la zona que va desde el mar del Norte hasta España. La depresión se extiende en forma de depresión secundaria. La zona frontal, que discurre desde el Atlántico hacia el norte de España y allí se desvía en dirección nordeste pasando por Europa central hacia Europa septentrional, depara perturbaciones en Europa central y oriental.

Condiciones atmosféricas Amplias extensiones de Europa están cubiertas y experimentan precipitaciones dispersas y abundantes, en especial el norte de España, Francia, Alemania y los alrededores del mar Báltico. En verano van asociadas a tormentas. Las temperaturas relativamente suaves deparan, también en invierno, predominio de lluvias. Las zonas alpinas están influidas por el foehn. Abertura de claros hacia el este. Nubosidad en el Mediterráneo occidental, pero en su mayoría está libre de precipitaciones. Cielos más bien despejados en Italia y el Mediterráneo oriental. Por el Mediterráneo penetran corrientes de aire de componente sur en dirección a Europa central. En el oeste de Europa y el norte de Europa central, en cambio, imperan vientos frescos del oeste y el noroeste.

Frecuencia máxima En los meses de julio y agosto.

Frecuencia mínima En los meses de enero y febrero.

Situaciones meteorológicas generales asociadas Flujos del sudeste.

Ejemplo del 15 de noviembre de 1967.

Las «situaciones meteorológicas generales típicas de Europa» son situaciones que se repiten con regularidad. Los mapas cedidos por el Servicio Meteorológico Alemán tienen un carácter modélico. Describen configuraciones de circulaciones atmosféricas tan actuales en nuestros días como en el momento de su publicación.

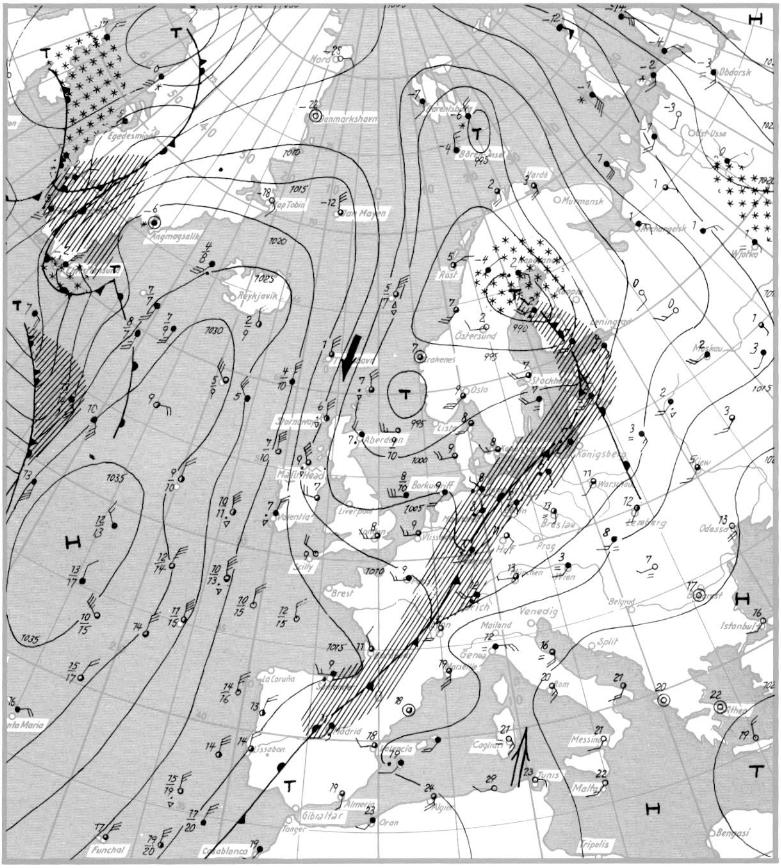

Arriba: mapa en superficie
Clave de símbolos
en página 142

Derecha: mapa en altura
Líneas = curvas de nivel (isohipsas) de la superficie 500 hPa de 12 en 12 decámetros
Flechas de las líneas = dirección del viento
–28 = indicación de temperatura en la superficie 500 hPa
H = alta   T = baja

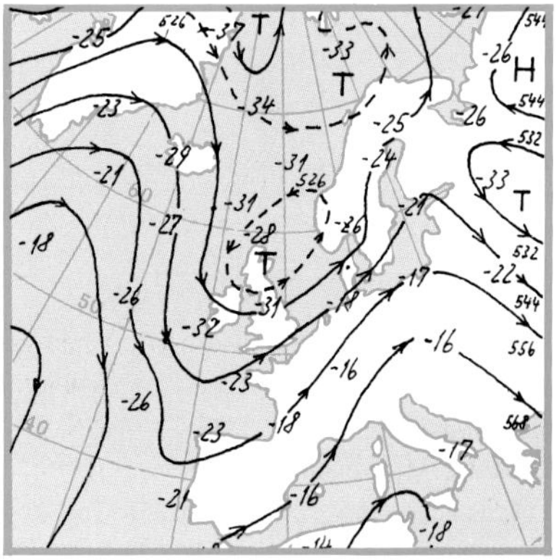

Profundización en la meteorología

Desde la página 21 a la 39 se han descrito las fuerzas esenciales responsables de la evolución del tiempo atmosférico. Ahora partiremos de ellas para conocer más de cerca los fenómenos más relevantes que caracterizan la meteorología.

Calentamiento de masas de tierra, de agua y de aire

Menos de la mitad de la radiación solar alcanza la superficie terrestre. La mayoría de ella es reflejada de vuelta a la atmósfera. La radiación que llega a la superficie del planeta es más intensa allí donde incide perpendicularmente a la misma (zonas ecuatoriales y tropicales). En consecuencia, es más débil cuando cae de forma oblicua (zonas polares). La radiación que la superficie devuelve a la atmósfera tiene una longitud de onda larga y en su mayoría es absorbida por el vapor de agua que alberga la atmósfera. Sólo un 8 por ciento logra atravesar la envoltura gaseosa de la Tierra y llegar al espacio, porque las nubes interrumpen el paso de la radiación que devuelve la superficie. Entonces se produce un efecto invernadero comparable al que tiene lugar en los invernaderos agrícolas, sólo que, en lugar de cristales, la atmósfera cuenta con vapor de agua, el agua de las nubes y dióxido de carbono.

La «radiación terrestre ascendente» desempeña un papel crucial en la evolución del tiempo porque desencadena intensas corrientes de aire hacia las alturas. Esto no se debe tan sólo a la cesión directa de calor al aire que se halla sobre la superficie terrestre, máxime cuando el aire no es un buen conductor del calor. Se debe, sobre todo, a que el aire caliente situado sobre la superficie transporta el calor a alturas mayores. Por otra parte, el aire frío desciende de las alturas hasta el suelo. Estos fenómenos de turbulencia favorecen el intercambio de temperatura y mezclan masas de aire a temperaturas diversas.

Además hay que tener en cuenta el calentamiento desigual que experimentan la tierra firme y los océanos. El agua refleja más radiación y se calienta más despacio. Como la radiación penetra hasta 20 metros de profundidad en el agua, calienta una masa más grande que en tierra firme. En cambio, en las masas de tierra, la radiación accede a escasas profundidades y como, además, experimenta una reflexión menor que en el agua, depara un calentamiento más rápido, si bien la pérdida de calor se produce al mismo ritmo. Para que haya evaporación hay que consumir calor del agua. El calentamiento desigual de las masas de tierra y las de agua se torna manifiesto tanto a lo largo del día como a lo largo del año en la temperatura del aire (véase también pág. 121). La percepción básica del calentamiento y el enfriamiento del suelo y del mar en el transcurso del día

◁ Sucesión de cúmulos medios con cirros a más altura en Großbrembach en Turingia.

La evolución meteorológica en Europa está muy influida por el anticiclón de las Azores y la depresión de Islandia. Desde el anticiclón de las Azores fluye aire caliente hacia el norte. En la zona de influencia de la depresión de Islandia, ese aire asciende y se enfría en el proceso. Las masas de aire cálido y frío entre ambas configuraciones barométricas desencadenan perturbaciones que se desplazan desde el océano Atlántico hacia Europa.

y de la noche se refleja asimismo en las reglas meteorológicas populares, entre las que se cuenta la percepción del viento terral y marero en las costas y en grandes mares interiores, así como del viento de montaña y de valle en las cordilleras (véase pág. 68). El viento marero diurno no sólo aparece en las costas, sino también en grandes extensiones de agua, como el lago Constanza y el lago Lemán. A lo largo del año, el calentamiento o enfriamiento desigual de las masas de tierra y de agua da lugar a corrientes periódicas de aire (los «monzones»), y también en Europa se producen situaciones monzónicas de verano en junio, con vientos racheados del noroeste y lluvias, así como situaciones monzónicas de invierno a partir de octubre, con vientos del sudeste y tiempo seco. Con todas las reglas meteorológicas debe tenerse en cuenta que las condiciones locales pueden influir mucho. La evolución del tiempo no es igual en las regiones montañosas que en las llanuras, y lo mismo sucede con la repercusión del clima oceánico y el continental (véase pág. 198).
A lo largo de los tiempos, algunas reglas de los agricultores han «migrado» a otras regiones, donde dejan de ser válidas. De este modo se explican las contra-

Con el aumento diurno de la temperatura en el valle y las laderas, el viento caliente asciende a las alturas y se enfría (alrededor de 1 °C cada 100 m). Con ello aumenta la humedad relativa. A cierta altura, el aire alcanza su punto de saturación y entonces se condensa el vapor de agua sobrante y se forman nubes. La condensación libera calor, el aire de la nube incrementa su fuerza ascensional y la nube crece, de modo que el enfriamiento subsiguiente sólo es de 0.5 °C cada 100 m.

dicciones y los pronósticos erróneos. Esto también es válido para los pronósticos meteorológicos asociados a días clave, como los «santos de hielo».

Aire ascendente y estratificado

Todo aire ascendente se enfría, pero no lo hace del mismo modo según se trate de aire seco o húmedo. El aire ascendente seco se enfría de manera uniforme alrededor de 1 °C cada 100 metros. El aire húmedo, en cambio, se enfría 1 °C cada 100 metros mientras no alcance su estado de saturación. A medida que continúa subiendo, el vapor de agua se condensa y el calor liberado en el proceso frena su enfriamiento hasta unos 0.5 °C cada 100 metros. Distinto es el aire descendente. Tanto el aire seco como el húmedo se calientan alrededor de 1 °C cada 100 metros. En este caso se trata de procesos que ocurren sin aportación (o cesión) térmica externa («proceso adiabático») y que influyen sobremanera en la evolución meteorológica diaria. El mero hecho de que

la presión atmosférica disminuya con la altura ya desencadena el proceso de enfriamiento mencionado. La presión disminuye bastante deprisa con la altura. Si el aire asciende con la rapidez adecuada, el enfriamiento se activa de inmediato. En determinadas situaciones meteorológicas, por ejemplo con foehn (véase pág. 64), no es raro que se alcancen velocidades de ascensión de 10 metros por segundo. Otro ejemplo lo brinda la formación de la denominada nubosidad térmica, con la que el aire asciende varios cientos de metros en pocos minutos. Las velocidades de ascenso son especialmente vertiginosas durante las tormentas, con las que las masas de aire alcanzan además alturas considerables (hasta 10 000 metros). El enfriamiento del aire húmedo asociado al ascenso también provoca tarde o temprano formaciones nubosas. Y, viceversa, a medida que el aire se calienta con el descenso, se torna más seco y la nubosidad se desvanece.
El devenir del movimiento del aire no es idéntico y estable en todo momento. El calentamiento del aire se produce, sobre todo, desde abajo: la superficie terrestre calentada por la radiación solar libera calor al aire que hay sobre ella. Sin embargo, como una parte de la radiación solar incidente es absorbida por el aire, éste también se calienta de este otro modo. Esto ocurre principalmente en las capas superiores de la atmósfera. En cambio, no siempre se observa que con la altura descienda la temperatura del aire, puesto que en algunas capas de aire se aprecia que la temperatura aumenta con la altura. En otras palabras: aire caliente yace sobre aire frío. Esta «estratificación térmica singular» perturba el ascenso y el descenso del aire. La capa fronteriza (entre el aire caliente superior y el aire frío inferior) se denomina inversión (véase pág. 78).
Esta capa de bloqueo se reconoce enseguida porque las nubes en ascenso (cúmulos) muestran una clara distribución a lo ancho. A más de una persona le sorprenderá que este tipo de nubosidad se manifieste precisamente en días de altas presiones, por ejemplo, en otoño e invierno. Entonces, a pesar de haber una situación anticiclónica, la jornada completa permanece nublada y brumosa. La reputación de las altas como situaciones de buen tiempo se debe a que el aire que fluye hacia fuera y el que circula de arriba abajo desvanecen las nubes. Si ese descenso del aire se frena o se interrumpe, el efecto de la inversión se torna patente. Las corrientes verticales de aire se detienen. El calentamiento a lo largo del día no logra impulsar una corriente ascendente que deshaga la capa de bloqueo. En estos casos, la capa de aire frío suele medir sólo unos 100 metros de grosor. El tiempo a ras de suelo es frío, húmedo y brumoso. La situación no cambia hasta que la inversión, o el anticiclón imperante, quede aniquilado por la afluencia de masas de aire inestables. Sobre la inversión, el cielo está despejado y hay mucha visibilidad.
La estratificación del aire con el aire frío, más pesado, abajo y el aire caliente, más ligero, arriba, es bastante estable. Por el contrario, son especialmente inestables las estratificaciones en las que el aire frío, más pesado, se sitúa sobre aire caliente, más ligero. En este caso existe gran tendencia a situaciones meteorológicas turbulentas, puesto que el aire frío busca el modo de descender y el aire caliente hace lo propio para subir. Las estratificaciones inestables de aire se caracterizan por tormentas y tempestades.

Altas y bajas presiones

El calentamiento desigual de las masas de tierra y de agua, así como el comportamiento del aire ascendente y descendente, permiten efectuar afirmaciones interesantes acerca de la circulación del aire y, en especial, sobre los términos «altas» y «bajas» que aparecen en todas las previsiones meteorológicas.

El calentamiento de una masa de tierra debido a la radiación solar diurna es más intenso que el de una masa de agua colindante. Esto significa que el aire que yace sobre la tierra también se calienta y se expande, sobre todo en altura. El aire ascendente fluye en todas direcciones y, en el proceso, disminuye la presión del aire sobre la masa de tierra. Dominan las bajas presiones. En esa depresión confluye aire procedente de todas partes. Si observamos el conjunto como un modelo aislado, tendremos ante nosotros un circuito cerrado de corrientes de aire:

1. Aire ascendente sobre la tierra calentada.
2. Aire que se dispersa en las alturas y vuelve a descender.
3. Afluencia de aire en las proximidades del suelo que se sitúa sobre la superficie de agua, más fría.
4. El aire que desciende de las alturas vuelve a reponer el contenido de aire sobre la superficie de agua y circula renovado sobre la masa de tierra calentada.

Véase además la figura de la página 193. El circuito cerrado se detendrá como muy tarde cuando remita la radiación solar. Durante la noche, la tierra irradia el calor más deprisa que el agua. El aire situado sobre la tierra se enfría y se concentra. En las alturas confluye ahora aire nuevo y con ello aumenta la presión conjunta sobre la tierra firme. Dominan altas presiones. De nuevo se forma un circuito cerrado de corrientes de aire:

1. Aire descendente sobre la tierra enfriada.
2. Aire que se dispersa en el suelo y vuelve a ascender sobre el agua, más caliente.
3. Afluencia de aire en las alturas que se sitúa sobre la superficie de agua, más caliente.
4. El aire que se dispersa en las proximidades del suelo vuelve a ascender sobre la masa de agua y confluye renovado en las alturas sobre la masa de tierra.

En ambos casos, el factor desencadenante lo representa la diferencia térmica entre las distintas masas de aire, lo cual da lugar a una diferencia de presión. La caída de la presión indica también la actuación de una fuerza sobre el aire. De este modo se pone en marcha la corriente de aire. En otras palabras, aparece el viento.

El comportamiento de masas de aire a distintas temperaturas puede estudiarse personalmente mediante un pequeño experimento. Para ello se necesita una ve-

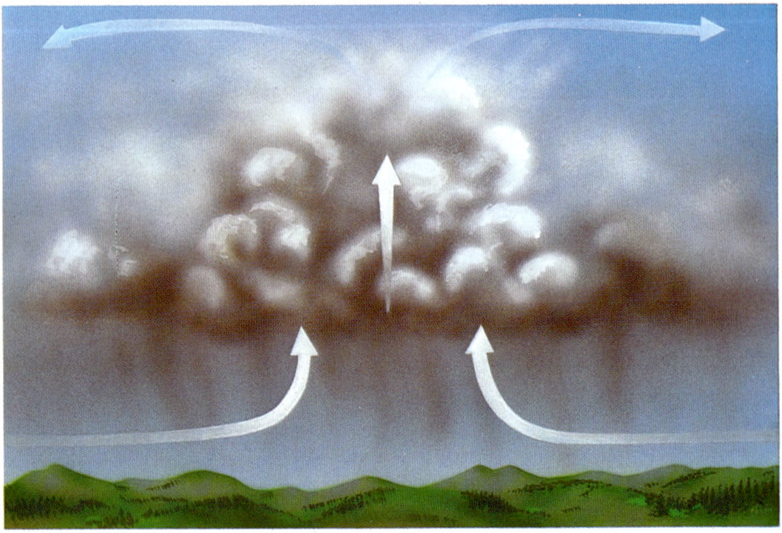

En una zona de bajas presiones vuelve a ascender el aire que, procedente de una zona de altas presiones, se ha calentado y ha absorbido humedad de la superficie terrestre. El ascenso va asociado a un enfriamiento del aire, a la formación de nubes y a precipitaciones.

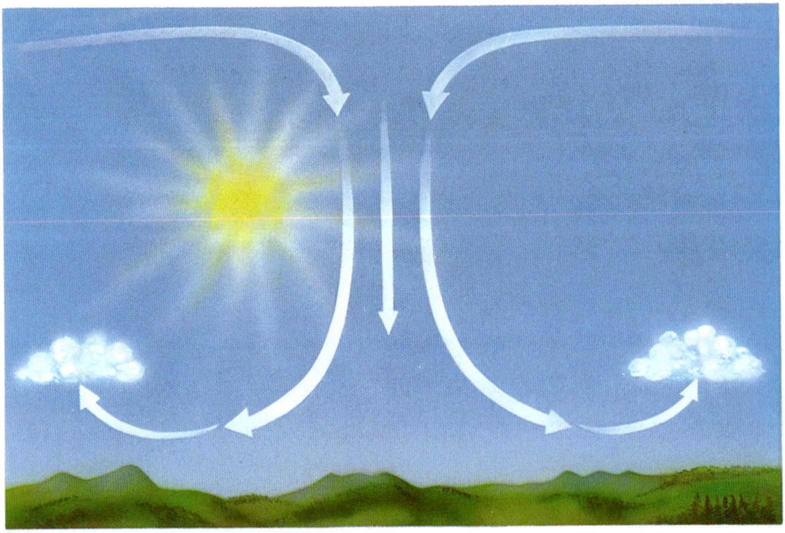

En una zona de altas presiones, el aire desciende hacia una región de bajas presiones. Los vientos en superficie apartan el aire de las capas más bajas del anticiclón y el espacio que dejan lo ocupa aire nuevo procedente de las capas altas de aire. El movimiento descendente del aire incrementa la temperatura y reduce la humedad relativa del aire, lo cual va asociado a la disipación de la nubosidad. El Sol luce con fuerza y causa la formación de cúmulos pasajeros (cúmulos de buen tiempo).

Las corrientes de aire se producen en una Tierra que gira sobre sí misma. Esto desencadena una desviación («fuerza de Coriolis»). El aire fluye en círculos en el centro de los anticiclones y de las depresiones. La fuerza de Coriolis aporta el impulso para una rotación dextrógira en el anticiclón y una levógira en la depresión. En las capas inferiores del aire (debajo de 2000 m de altura) se torna patente el efecto de frenado que ejerce la «rugosa» superficie terrestre. De esta forma, el aire fluye de la capa alta hacia la baja.

la y dos habitaciones, una caliente (con calefacción) y otra fría (sin calefacción). Al abrir la puerta que comunica ambas estancias y situar la vela encendida en el umbral, el movimiento de la llama denota al momento el intercambio de aire que se inicia entre ambas habitaciones. Es el aire frío de la habitación sin calentar el que fluye a ras de suelo hacia la habitación caldeada. El aire frío se desliza bajo el aire caliente, el cual se desplaza hacia arriba y circula por la parte superior hacia la estancia fría. Una vez allí, desciende poco a poco y ocupa el espacio vacío dejado por la marcha del aire frío. El comportamiento de la llama revela con claridad la dirección de la corriente. La circulación del aire se detiene cuando el aire frío se sitúa en el espacio próximo al suelo de ambas habitaciones y el aire caliente ocupa la parte superior de las estancias. En un «caso ideal» ambas masas de aire están separadas por una frontera horizontal. ¿Cómo se comporta entonces la presión? Mientras circula el aire, la presión es mayor bajo el aire frío próximo al suelo. Cuando la circulación se detiene, sobre el suelo impera una presión más alta que en el sector de aire caliente.

Aunque se trata de un mero modelo (en la atmósfera libre no hay paredes de habitaciones), este ejemplo llama la atención sobre un fenómeno relevante para la evolución meteorológica: la circulación con la corriente en superficie (corriente con altas presiones) y la corriente en altura (corriente con bajas presiones), donde la dirección de la corriente en altura se opone a la dirección de la corriente en superficie.

1. En el suelo, el aire frío fluye hacia el aire caliente.
2. En las alturas, el aire caliente fluye hacia el aire frío.

Esto sucede cuando la circulación viene desencadenada por diferencias térmicas. No obstante, la observación de la meteorología permite concluir de inmediato que en las proximidades de la superficie el aire no siempre fluye, ni mucho menos, del frío al caliente.

Repercusión de la rotación de la Tierra en la meteorología

La interacción entre corrientes sería bastante más sencilla sin la rotación diaria de la Tierra sobre su eje. Las diferencias de presión que desplazan el aire desde las bajas hasta las altas presiones se nivelarían con rapidez. Pero la rotación terrestre existe, y también la fuerza centrífuga que resulta de ella y desvía la circulación del aire. El físico francés C.G. de Coriolis (1792-1843) consiguió demostrar por primera vez este efecto desviador en forma de una aceleración manifiesta que desvía un cuerpo en movimiento, cuando su trayectoria está vinculada al movimiento giratorio de un cuerpo de referencia a través de fuerzas de inercia («aceleración de Coriolis», «fuerza de Coriolis»).
La rotación de la Tierra tiene efectos tanto en sentido vertical como horizontal. Cuando un cuerpo se mueve hacia el este en relación con la Tierra, se desplaza más deprisa alrededor del eje terrestre que la propia Tierra, la fuerza centrífuga es más intensa que en reposo, y la atracción terrestre aparentemente más débil. Cuando un cuerpo se mueve hacia el oeste en relación con la Tierra, se desplaza más despacio alrededor del eje terrestre que el propio planeta, la fuerza centrífuga es más débil que el reposo y la atracción terrestre aparenta ser más intensa. El objeto que se mueve hacia el este parece más ligero, el que avanza hacia el oeste más pesado. Ésta es una componente de la aceleración de Coriolis, la vertical, y es irrelevante a velocidades pequeñas. En cambio, se torna muy manifiesta con disparos de proyectiles, aviones y naves espaciales. Su relevancia es secundaria con las velocidades que suelen alcanzar los vientos en la troposfera.
Veamos la componente horizontal. Aunque en el ecuador sólo actúa la aceleración de Coriolis vertical, según aumenta la latitud geográfica entra en acción una fuerza horizontal. Su efecto consiste en desviar una corriente que circula de oeste a este:

hacia la derecha en el hemisferio norte,
hacia la izquierda en el hemisferio sur.

La desviación no sólo afecta a las corrientes que siguen los paralelos. La componente horizontal de la aceleración de Coriolis actúa sobre cualquier corriente de aire que circule en la Tierra, con independencia de su dirección, por ejemplo, norte-sur. Al final siempre da como resultado una desviación hacia la derecha (en el hemisferio norte) o hacia la izquierda (en el hemisferio sur), con una sola excepción: los movimientos situados justo sobre el ecuador.

Lo mencionado hasta ahora sobre las aceleraciones vertical y horizontal de Coriolis afecta a corrientes que circulan en línea recta. No obstante, lo habitual entre corrientes de aire es que sigan trayectorias curvas. La fuerza centrífuga que actúa en este caso no es debida a la rotación terrestre. Más bien, la intensidad de la fuerza centrífuga dirigida hacia fuera viene determinada por el grado de curvatura y la velocidad de la corriente.

Sin embargo, la corriente de aire activada por el mecanismo de caída de presión aún acusa los efectos de una tercera fuerza. Nos referimos al rozamiento que se produce contra la superficie terrestre cuando la corriente fluye sobre ella. La superficie de las masas terrestres es especialmente rugosa, de modo que en ellas se da un rozamiento mayor que en mar abierto. El movimiento de la corriente invierte energía para vencer dicho rozamiento («efecto de frenado»).

La rotación terrestre repercute sobremanera en las corrientes de aire a gran escala: «Si no se conociera la fuerza de Coriolis, las corrientes de aire resultantes de la distribución barométrica, tal como se leen a diario en los mapas meteorológicos, serían realmente inexplicables» (profesor Heinz Reuter en *Die Wissenschaft vom Wetter*).

La distancia entre isobaras (véase pág. 114) señala en los mapas sinópticos la intensidad de la caída de la presión, cuya fuerza se dirige desde las presiones altas hacia las bajas. Pues bien, la fuerza de Coriolis desvía la fuerza de presión desde las presiones altas hacia las bajas. Cuando aumenta la velocidad de la corriente (= velocidad del viento) dicha desviación también es mayor. Sólo cuando se alcanza un estado de equilibrio entre la fuerza de presión y la aceleración de Coriolis, se establece un «estado semiestacionario».

¿Cómo se comporta la corriente de aire en una zona de altas o de bajas presiones? Para ello aún hay que considerar sobre todo el efecto del rozamiento, que actúa como un «freno» para la corriente de aire. Ocurre así que la corriente de aire fluye en espiral hacia el interior en las zonas de bajas presiones. Las espirales siguen una trayectoria levógira en el hemisferio norte y dextrógira en el sur. En las depresiones atmosféricas, el aire circula hacia arriba, de modo que soporta cada vez menos presión y se enfría. Cuando alcanza una humedad relativa del cien por cien (véase pág. 100), se forman nubes (condensación del vapor de agua en el aire) y, llegado el caso, se producen precipitaciones. Como la fuerza centrífuga que aparece en el flujo espiral expulsa el aire hacia fuera, se forman remolinos de aire que describen trayectorias circulares alrededor del centro de la depresión. Esos remolinos de eje vertical se manifiestan con especial intensidad en los huracanes, aunque curiosamente en el vórtice del ciclón apenas se detectan corrientes de aire (viento en calma en el ojo del huracán).

En las zonas de altas presiones el aire circula en espiral hacia el exterior. En ellas, las espirales siguen una trayectoria dextrógira (hemisferio norte) o levó-

gira (hemisferio sur). En los anticiclones, el aire fluye hacia abajo, donde soporta cada vez más presión y se calienta. Como entonces puede absorber más cantidad de vapor de agua, las nubes se desvanecen y el cielo se despeja.
En los mapas sinópticos, el trazado de las isobaras ciclónicas o anticiclónicas es circular o elíptico (véase pág. 112). El trazado de las isobaras indica el sentido de la corriente:

Anticiclón a la derecha, ciclón a la izquierda del sentido de la corriente (hemisferio norte).
Anticiclón a la izquierda, ciclón a la derecha del sentido de la corriente (hemisferio sur).

Las isobaras muy próximas entre sí en los mapas meteorológicos indican una gran caída de presión y, por tanto, altas velocidades eólicas. La intensidad del viento es mayor en el mar y en las alturas debido al menor rozamiento.
A escala europea se puede considerar que la intensidad del viento es aproximadamente la siguiente:

Separación entre isobaras de 5 hPa	Intensidad del viento
600 km	Brisa muy débil (fuerza 2, escala de Beaufort)
500 km	Brisa moderada (fuerza 4, escala de Beaufort)
400 km	Brisa fresca (fuerza 5, escala de Beaufort)
300 km	Brisa fuerte (fuerza 6, escala de Beaufort)
200 km	Viento fuerte (fuerza 7, escala de Beaufort)
100 km	Viento muy duro (fuerza 9, escala de Beaufort)

De todo ello se deduce asimismo que la distribución barométrica tiene una gran relevancia para valorar la evolución del tiempo. No obstante, sería erróneo emitir pronósticos basados únicamente en ella.

Función desviadora de las montañas

La forma de las superficies continentales no sólo afecta a los procesos de rozamiento que consumen energía. Las costas escarpadas y las montañas o cordilleras del interior interrumpen la corriente de aire próxima al suelo y la obligan a cambiar de curso. Existen fenómenos típicos asociados a esto que suelen influir mucho en la evolución meteorológica regional. Las grandes barreras orográficas de Europa son:

1. En Escandinavia, los montes Escandinavos que recorren Noruega de norte a sur con alturas de hasta 2500 metros.

2. En Europa central, la cordillera más alta de Europa, los Alpes, que abarcan desde el sur de Francia hasta Austria, con una longitud total aproximada de 1200 kilómetros. Su altura media asciende a 1400 metros; el pico más alto mide 4807 metros (Montblanc).
3. En España, los Pirineos (con 435 kilómetros de longitud y 3404 metros de altura en el pico Aneto), que se prolongan hacia el oeste por la cordillera Cantábrica (hasta 2600 metros de altura).

Junto a estas grandes cordilleras, existen varias elevaciones que tienen importancia local, como los macizos alemanes de mediana altura, los Cévennes y Vosgos en Francia, las cordilleras costeras de Dalmacia y Albania o los Apeninos en Italia.
La superficie y el litoral europeos cuentan con una estructura muy desarrollada en comparación con la de otros continentes, que muestra gran variedad de islas y penínsulas. Las penínsulas más grandes son:

Escandinavia (Noruega, Suecia y Finlandia)	1 240 000 km^2
Península Ibérica (España y Portugal)	584 000 km^2
Península Balcánica	468 000 km^2
Península Itálica	149 000 km^2

Hay toda una variedad de litorales: fiordos en Noruega, islotes costeros en Escandinavia, rías en el norte de Alemania, marismas en los Países Bajos y Frisia oriental, y costas alargadas paralelas a cordilleras en Dalmacia, entre otros. Los estuarios (por ejemplo, del Elba, el Weser, el Támesis o el Loira) y los deltas (por ejemplo, del Ródano, el Rin, el Vístula, el Danubio o el Po) de los grandes ríos contribuyen a enriquecer las costas.
Esta variedad de formas geográficas depara una gran diversidad entre las superficies continentales y marinas y, en consecuencia, numerosas diferencias meteorológicas locales. En todas las cordilleras aparecen vientos embalsados y descendentes (véase pág. 202) que son relevantes para la evolución del tiempo. Lo mismo ocurre con los vientos regulares de montaña y de valle (véase pág. 68). Ocasional y localmente imperan proporciones de humedad muy distintas. Las elevaciones obligan a las corrientes de aire a desviarse hacia arriba. Esto provoca el enfriamiento del aire y, dependiendo de la humedad que contenga éste, la aparición de nubosidad y de precipitaciones. El aire atraviesa las elevaciones más pequeñas. Los valles pueden imponer direcciones concretas a las corrientes de aire. En este caso también se dan efectos de contención cuando el valle y la corriente discurren en la misma dirección. Por ejemplo, el mistral (véase pág. 202) en el valle del Ródano. En pasos estrechos semejantes aumenta la velocidad del viento («efecto de canal eólico») y, al salir de ellos, el aire se esparce en forma de abanico.
Muchos refranes antiguos sobre el tiempo, las cosechas y la salud humana aluden a situaciones meteorológicas de zonas muy concretas y estrechamente re-

Climas europeos

La latitud geográfica, la altura sobre el nivel del mar, la distancia al mar, la influencia de montañas, las características del terreno, la vegetación, el estado promedio de la atmósfera representan elementos esenciales del clima de una región. El clima determina fenómenos básicos de la evolución meteorológica. El clima atlántico (clima marítimo) es húmedo y frío: no hay inviernos fríos (rara vez nieva) ni veranos tórridos. El clima continental es seco y de temperaturas extremas: inviernos muy fríos y veranos tórridos y secos. El clima mediterráneo depara veranos cálidos y relativamente secos, e inviernos lluviosos (rara vez nieva) y suaves.

lacionadas con la geografía mencionada. Así, por ejemplo, la expresión «viento de buen tiempo» para el cambio regular del viento terral y marero en las costas y del viento de montaña y de valle en las cordilleras. Desatender las situaciones meteorológicas generales dominantes puede deparar graves sorpresas.

Sistemas eólicos

Las corrientes eólicas son determinantes para la evolución meteorológica. De ellas dependen los cambios de temperatura, la formación de nubosidad y las precipitaciones. Las corrientes eólicas terrestres son diversas. Si bien en latitudes europeas muestran una variabilidad temporal y local bastante grande, los sistemas eólicos manifiestan una constancia sorprendente a ambos lados del ecuador. Se trata de los vientos alisios, que antaño desempeñaron un papel determinante para la navegación a vela. Los alisios forman parte del llamado sistema eólico planetario, una denominación que alude directamente a la Tierra como el planeta que obtiene energía de la radiación solar.
Los alisios predominan en las latitudes más bajas:

alisios del nordeste en el hemisferio norte,
alisios del sudeste en el hemisferio sur.

Los alisios del nordeste y del sudeste convergen en el ecuador y forman una zona de corriente conjunta («zona de convergencia») con una corriente de aire ascendente, nubosidad intensa y precipitaciones copiosas. Dada la escasa actividad eólica y las numerosas calmas en esa franja, quienes navegan a vela hablan de calmazos, calmas ecuatoriales y cinturón de calmas.
A la región de los alisios se le une entre 30 y 35° de latitud en ambos hemisferios un cinturón subtropical de altas presiones que la gente de mar denomina «latitudes de los caballos». En tales latitudes predomina el buen tiempo. Los vientos soplan con suavidad y también escasean las precipitaciones. Las latitudes de los caballos yacen bajo una zona muy estable de altas presiones. El cinturón subtropical de altas presiones forma parte asimismo del sistema eólico planetario. A este cinturón pertenece una célula de altas presiones que aparece a menudo en el Atlántico Norte central cuyo núcleo se sitúa al sur o al oeste de las Azores. En muchos partes meteorológicos aparece bajo el calificativo de «anticiclón de las Azores» y en parte ejerce una influencia intensa en la evolución meteorológica europea. En la región septentrional de esta célula anticiclónica fluye aire marítimo hacia Europa. Durante los meses estivales, el anticiclón de las Azores alcanza con frecuencia España y el sur de Francia. En invierno, en cambio, suele situarse tan sólo a 30° de latitud norte, mientras que en primavera y otoño experimenta cambios de situación especialmente grandes. El anticiclón de las Azores no sólo depara buen tiempo en Europa, sino que con frecuencia es un centro regular para los típicos flujos del oeste en Europa (véase pág. 188).

El sistema eólico planetario (= zona de convergencia ecuatorial, vientos alisios y cinturón subtropical de altas presiones) se desplaza con las estaciones del año: de acuerdo con la posición del Sol, alrededor de 10 grados como máximo hacia el norte en verano y hacia el sur en invierno. Esto sucede con un desfase temporal de varios meses con respecto a la posición del Sol, de modo que hasta septiembre no alcanza la latitud más septentrional y hasta marzo no ocupa la latitud más meridional. Este desplazamiento resulta muy decisivo para la evolución meteorológica en los trópicos y determina la época de lluvias y la formación de tornados tropicales.

Otro sistema eólico a gran escala lo representa el de los vientos periódicos que se conocen con el término genérico de monzones. Este sistema se designa como sistema eólico terrestre porque lo desencadena el calentamiento desigual del mar y la tierra firme a lo largo de las estaciones del año. Su mecánica es, en principio, idéntica a la del viento terral y marero de las costas (véase pág. 68), sólo que el lugar del día y la noche lo ocupan el verano y el invierno. Los monzones determinan el tiempo atmosférico sobre todo en el sur y el sudeste asiático. En verano fluyen masas de aire desde el mar, más frío, hacia la tierra, más caliente, y deparan intensas precipitaciones («monzón de verano»). En invierno, las masas de aire circulan desde la tierra fría hacia el cálido mar y, a diferencia del monzón de verano, este monzón de invierno es seco y con escasa nubosidad. Sobre las situaciones meteorológicas europeas de tipo monzónico véase la página 68.

Las latitudes medias, donde se encuentra buena parte de Europa, se caracterizan por un intercambio continuo de aire entre las corrientes procedentes de regiones subtropicales y la zona polar. Por lo común, la corriente está orientada en este caso de oeste a este. La «vaguada polar» se halla a unos 60° de latitud, lo que en el hemisferio norte se corresponde con la línea situada sobre Escocia, el sur de Noruega, el sur de Suecia y el golfo de Finlandia. Esta vaguada es bastante estrecha y está afectada por las depresiones extratropicales (véase mapa en pág. 214).

Las corrientes de aire en la Tierra se describen muy bien a partir del calentamiento desigual del suelo y el mar por el Sol y por el descenso de temperatura observable desde el ecuador hacia los polos terrestres debido a la radiación incidente. En cada zona aislada también se comprueba la corriente en altura que compensa la corriente en superficie. La única excepción la constituyen precisamente las latitudes medias con vientos del oeste tanto en superficie como en altura. La exploración de las capas superiores de la troposfera brindó una explicación. En las capas superiores de la troposfera se producen los llamados «cinturones de viento fuerte» (corrientes en chorro), que tienen intensidades eólicas de varios cientos de kilómetros por hora. Por encima del cinturón subtropical de altas presiones se constató una zona de vientos fuertes que circula de oeste a este.

Los cinturones de viento fuerte son la manifestación de una turbulencia en la troposfera a gran escala que resulta de la acción conjunta de cada una de las fuerzas que ponen en movimiento, intensifican y frenan las corrientes de aire (véase pág. 66).

Numerosos sistemas eólicos se deben a una estratificación inestable del aire indispensable para que se den corrientes de aire determinadas por la temperatura. (Más ejemplos en págs. 203 y 204.)

Viento marero (costa marítima)

Viento terral (costa marítima)

Viento ascendente

Viento descendente

Foehn

Vientos catabáticos o descendentes y remolinos

Aparte de los grandes sistemas eólicos, existe una serie de corrientes de aire que se limitan a un ámbito local y que están sujetas a características locales como, por ejemplo, obstáculos orográficos en forma de cordilleras o incluso de montañas aisladas.

De los **vientos terral** y **marero** que se observan en las costas ya se ha hablado (véase pág. 68), así como de los vientos que aparecen con las tormentas (véase pág. 76). Al viento descendente más conocido, el **foehn,** se le dedicó su propio apartado en la página 64. Los vientos catabáticos existen en todo el mundo, sobre todo en regiones donde hay obstáculos orográficos que elevan o desvían la corriente de aire.

De hecho, no sólo existe el foehn que sopla de sur a norte, sino también un **foehn del norte** en la ladera meridional alpina, que lleva aire frío a las zonas mediterráneas. Un viento descendente típico del Adriático es el **bora,** un viento seco y a menudo bastante frío que sopla desde las lisas laderas de la cordillera costera dálmata y albanesa hacia el mar. El bora es un viento racheado y tormentoso que molesta mucho a la navegación de recreo del Adriático. Este viento aparece con distintas situaciones meteorológicas. Así, en invierno se da con anticiclón sobre la península Balcánica y el este de Europa. Entonces el tiempo es bueno, seco y frío. El mecanismo desencadenante lo constituye la diferencia de temperatura entre las alturas de la cordillera costera y el cálido mar. De acuerdo con la estabilidad de estas situaciones anticiclónicas hiemales, el «bora de invierno» llega a durar varias semanas en ciertas circunstancias. No obstante, el bora también se forma cuando sobre el Adriático domina una intensa depresión atmosférica, mientras que la península Balcánica tiene una presión entre más alta y alta. El «bora ciclónico» no sólo depara tormenta, sino también intensas precipitaciones ocasionales. En este caso nunca perdura más de un día, y a menudo tan sólo un par de horas. Aunque se trata de un viento catabático, el bora es frío porque la temperatura es fría en las montañas y el calentamiento durante el descenso no basta para igualar el contraste con el aire cálido situado sobre el Adriático. Por el contrario, el descenso del aire frío desde las alturas enfría incluso el aire húmedo y caliente del mar. Una señal característica del comienzo del bora es la formación de nubes sobre las montañas de la cordillera costera.

El **mistral** es el viento descendente de la costa meridional francesa, un viento frío y seco del norte que sopla en la región de la desembocadura del Ródano entre Aviñón y Marsella. Su aparición se debe a bajas presiones sobre el mar cálido y altas presiones sobre los Cévennes y los Alpes franceses, con aire frío y seco en invierno. La depresión atmosférica absorbe directamente el aire sobre el continente porque la corriente se intensifica en forma de canal eólico en el valle del Ródano.

El **siroco** es un viento catabático de la costa septentrional de África, un viento cálido y seco del sur. Su aparición se debe a un ciclón situado sobre el mar. La baja absorbe el aire de las alturas de la cordillera del Atlas. Con frecuencia, el

La radiación solar (calentamiento del aire hacia el suelo) o la entrada de aire frío en las capas altas provoca la estratificación inestable del aire. (Más ejemplos en pág. 204.)

Mistral

Bora

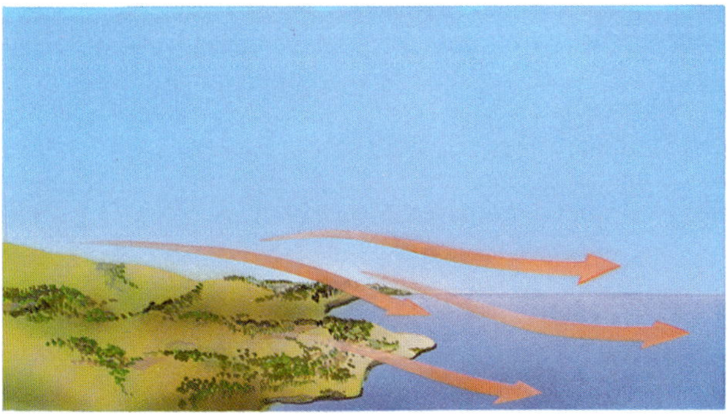

Siroco

Viento de valle

Viento de montaña

Viento marerero (mar interior)

La radiación solar (calentamiento del aire hacia el suelo) o la entrada de aire frío en las capas altas provoca la estratificación inestable del aire. (Más ejemplos en pág. 203.)

Aguacero

Viento tormentoso

Remolino

siroco fluye desde el Sáhara acarreando consigo polvo y arena. En ocasiones, sus efectos llegan hasta Europa central. En el Mediterráneo occidental, el siroco provoca remolinos racheados. En el Mediterráneo oriental también se denomina siroco a cualquier viento racheado. En este caso no se trata de un viento catabático, sino de una corriente turbulenta asociada a una zona de bajas presiones procedente del oeste.

Las superficies fronterizas entre masas de aire frías y calientes son las zonas más propensas a la formación de remolinos de aire, sobre todo durante la estación cálida del año. Estos remolinos van desde pequeños remolinos de polvo, mangas de viento y de agua (trombas) hasta **tornados** y **huracanes** tropicales con unos efectos devastadores y catastróficos. Sin embargo, si bien los huracanes tropicales (ciclones, tifones) representan un tipo de remolino de bajas presiones y abarcan una extensión de 100 a 600 kilómetros de diámetro, los tornados sólo actúan en unos pocos kilómetros y deben su violencia al efecto de resaca de las bajas presiones atmosféricas.

Exceptuando las mangas de viento y de agua, la formación de remolinos de grandes dimensiones en Europa es rara, pero no imposible. «En Alemania, el clima de la meseta del Rin favorece especialmente la formación de este tipo de remolinos porque el aire cálido y húmedo fluye sobre la Puerta de Borgoña y el Sol calienta con fuerza el terreno arenoso del valle del Rin. Por tanto, en nuestra tierra debemos contar con la aparición de un tornado cada cinco o diez años. En cambio, las situaciones meteorológicas con remolinos en gestación se producen varias veces al año» (Willi Laun, *Kosmos*, septiembre de 1969). En principio los tornados pueden aparecer en toda Europa. El 20 de julio de 1997, una manga de viento situada en la zona de baño Bibione, 40 kilómetros al noreste de Venecia, hirió a 50 personas, arrancó árboles y destrozó 20 coches.

A lo largo del siglo XX se ha convertido en costumbre asignar un nombre a cada ciclón tropical. Meinhard Giebel, del Servicio Meteorológico Alemán en Offenbach, dice al respecto: «Como inventor de la asignación de nombres a los ciclones tropicales debemos considerar a Clement Wragge, quien como gobernador de Queensland (1887-1902), en el estado federal australiano del mismo nombre, "bautizó" los ciclones tropicales que la población australiana acostumbra a llamar "Willy-Willies". Él partió del alfabeto griego (alfa, beta, gamma, etc.) y luego se explayó a sus anchas con la mitología griega y romana, sobre todo con los nombres femeninos (diosas, ninfas, musas y similares)».

Hoy es habitual asignar indistintamente nombres masculinos o femeninos, los cuales son determinados con una serie de años de antelación por los servicios meteorológicos nacionales en colaboración con la World Meteorological Organization (WMO).

También en los medios alemanes se ha generalizado el uso de nombres para formaciones meteorológicas de presión. La costumbre vino de Berlín, donde en 1954 estudiaba meteorología Karla Wege, que más tarde se hizo conocida por dar la información del tiempo en la segunda cadena de la televisión alemana. Ella y sus compañeros de estudios empezaron a nombrar los ciclones y antici-

Hay una serie de vientos regionales cuyos nombres se usan en la prensa y en informes meteorológicos de los cuales ofrecemos una selección:

Nombre	**Zona**	**Naturaleza**
Alisios	Latitudes tropicales	Sistema eólico planetario
Bagio	Filipinas	Ciclón tropical
Bise	Suiza, Francia	N a E en zonas subalpinas con anticiclón
Blizzard	Norteamérica	Ventisca tras una incursión de aire frío
Bora	Croacia	Viento catabático frío
Camsin	Egipto	Viento cálido del desierto del SE
Chinook	EE UU	Viento catabático cálido
Ciclón	Océano Índico	Ciclón tropical
Cordonazo	Centroamérica	Ciclón tropical
Etesios	Mediterráneo oriental	Vientos secos regulares de N a NE que soplan en verano
Foehn	Alpes	Viento catabático cálido
Harmatan	Costa N de Guinea	Viento del N seco y pulverulento (parte de la corriente de los alisios)
Huracán	India occidental	Ciclón tropical
Huracán de Mauricio	Océano Índico	Ciclón tropical
Huracán del mar del Sur	Pacífico Sur	Ciclón tropical
Mistral	S de Francia	Viento catabático frío
Monzón	Asia meridional	Sistema eólico terrestre
Norte	América del N y central	Tormenta debida a irrupciones frías del N
Pampero	Sudamérica	Tormenta debida a irrupciones frías del S
Samum	África del N	Tormenta de arena
Sudestada	Argentina	Tormenta del SE
Sumatra	Estrecho de Malaca	Viento catabático
Tifón	Pacífico Norte	Ciclón tropical
Tornado (1)	Norteamérica	Tromba grande
Tornado (2)	África occidental	Turbonada con tormenta
Tromba	En todas partes	Manga local de viento
White squalls	India occidental	Viento catabático
Williwan	Argentina	Viento catabático
Willy-willy	Australia	Manga de viento tropical
Zonda (sonda)	Andes	Viento catabático

clones en los mapas sinópticos de los periódicos berlineses, para poder seguir mejor la trayectoria de estas formaciones de presión, por ejemplo, desde Inglaterra hasta Rusia, pasando por el Báltico. Las bajas recibieron nombres femeninos y las altas, nombres masculinos.

Según Meinhard Giebel del Servicio Meteorológico Alemán (DWD): «Los nombres que se asignan desde Berlín a una alta o una baja sólo se han generalizado cuando cobran relevancia para Europa central. La prensa los asume gustosa, al igual que las cadenas de televisión privadas. Sin embargo, el Servicio Meteorológico Alemán no los usa de manera oficial». La razón estriba en que aún no existe un consenso internacional. Los nombres de los ciclones tropicales, en cambio, son comunes en todo el mundo desde hace décadas.

Masas de aire y frentes meteorológicos

La evolución del tiempo atmosférico en las latitudes europeas se basa esencialmente en un proceso de equilibrio entre aire frío y caliente. A idénticas condiciones barométricas, el aire frío pesa más que el caliente. Por tanto, el aire frío tiende a esparcirse por las proximidades del suelo, mientras que el aire caliente es propenso a subir a las alturas. Hay que tener en cuenta que cero grados a 4000 metros de altura no pueden considerarse igual que a ras de suelo. En otras palabras: en meteorología hay que reparar en la temperatura de cada masa aislada de aire relevante para la previsión meteorológica. La superficie fronteriza entre las masas de aire frío y caliente es muy interesante. Puede afirmarse incluso que en ella se producen los fenómenos meteorológicos más importantes. Si el aire frío va delante se habla de frente frío; si se adelanta el aire caliente se habla de frente cálido.
Considerada a gran escala, la temperatura de cada masa de aire depende de la latitud geográfica de la que procede. Existen lugares propicios para las masas de aire que determinan el tiempo en Europa, como las zonas polares o las latitudes de los caballos. A continuación ofrecemos un cuadro con las masas de aire más relevantes y determinantes del tiempo, su procedencia y sus características:

Nombre	Procedencia	Características
Aire polar (ártico)	Regiones polares	Frío, seco
Aire polar marítimo	Zonas polares y circulación prolongada sobre el mar	Fresco, húmedo; no tan fresco, sobre todo en las capas inferiores
Aire polar continental	Zonas polares y circulación prolongada sobre el continente (Europa oriental)	Frío y con una sequedad entre alta y extrema
Aire tropical	Cinturón subtropical de altas presiones	Cálido, seco
Aire tropical marítimo	Atlántico, zona de las Azores	Cálido y con una humedad entre moderada y alta
Aire tropical continental	N de África, Turquía	Cálido, muy seco

Para la evolución meteorológica resultan determinantes el desplazamiento horizontal de las masas de aire frías y calientes por tramos relativamente grandes, la convergencia entre ellas y su combinación. Todos estos procesos ocurren en la troposfera, la capa más baja de la atmósfera.

Algo se ha mencionado ya acerca de los frentes fríos y cálidos (véase pág. 84). Como el avance de un frente frío eleva el aire caliente y el paso de un frente cálido desliza el aire caliente sobre el frío, ambas situaciones meteorológicas van asociadas a la formación de nubes y, en la mayoría de los casos, a la aparición de precipitaciones. La evolución del tiempo antes y durante un frente cálido es relativamente tranquila. Las precipitaciones pueden durar (lluvia persistente de varios días). Tras el paso del frente, el aumento de la temperatura del aire desvanece la nubosidad. La experiencia demuestra que la mejoría del tiempo que sigue al paso de un frente cálido suele ser más evidente que la que sucede a un frente frío, una circunstancia a la que no le afecta en absoluto la subida vacilante de la presión; en parte, el barómetro llega incluso a bajar.

La evolución del tiempo antes y durante un frente frío es tormentosa en el sentido estricto de la palabra. La irrupción de aire frío va acompañada, incluso en la estación más cálida del año, de chubascos de nieve o de granizo. A menudo se producen tormentas frontales. Aunque la extensión real de las nubes y precipitaciones es relativamente reducida y la subida de la temperatura tras el paso del frente suele ocurrir con una rapidez asombrosa, cabe esperar que la situación meteorológica se prolongue. En este caso tampoco afecta en absoluto el ascenso de la presión atmosférica, que en ocasiones puede ser intensa.

Nubes de lluvia sobre campos de cereales.

Cuadro de frente cálido

	Antes del frente	Durante el frente	Después del frente
Nubes	Sucesión de cirros seguida de campos de estratos (altostratos, altocúmulos)	Nubes bajas de lluvia. Nimbostratos	Disipación de nubes
Presión	Descendente	Descendente	Constante, en ciertas circunstancias baja aún más
Viento	Fresco y frío, del sudeste a sur	Del sur, refrescando	Del sudoeste a oeste, fresco y más cálido
Temperatura	En descenso (en ocasiones ascendente)	En ascenso	En ascenso
Visibilidad	Empeorando	Mala	En general, continúa siendo mala
Tiempo	Cielo completamente gris, «lluvia débil»	Nubosidad generalizada, lluvia persistente	Aparición de claros. Remiten las lluvias

Cuadro de frente frío

	Antes del frente	Durante el frente	Después del frente
Nubes	Cirros altos. Acumulación masiva de cumulonimbos («rodillos»)	Nubosidad de lluvia. Nimbostratos, cumulonimbos	Aclara, a menudo muy deprisa. Variable por momentos
Presión	Descendente	Ascendente; ascenso acusado en ciertas circunstancias	Ascendente
Viento	Del sudoeste, intenso y frío	De oeste a noroeste, tormentoso, frío y racheado	Del noroeste, algo intenso y frío
Temperatura	En descenso	En descenso	En descenso
Visibilidad	Satisfactoria	Mala	Buena
Tiempo	Acumulación de nubes «amenazantes» por el oeste y noroeste	Cielo totalmente cubierto con nubes de paso veloz y «jirones de nubes»; tormentas en ciertas circunst.	Persiste la tendencia de chubascos. Tiempo posfrontal inestable

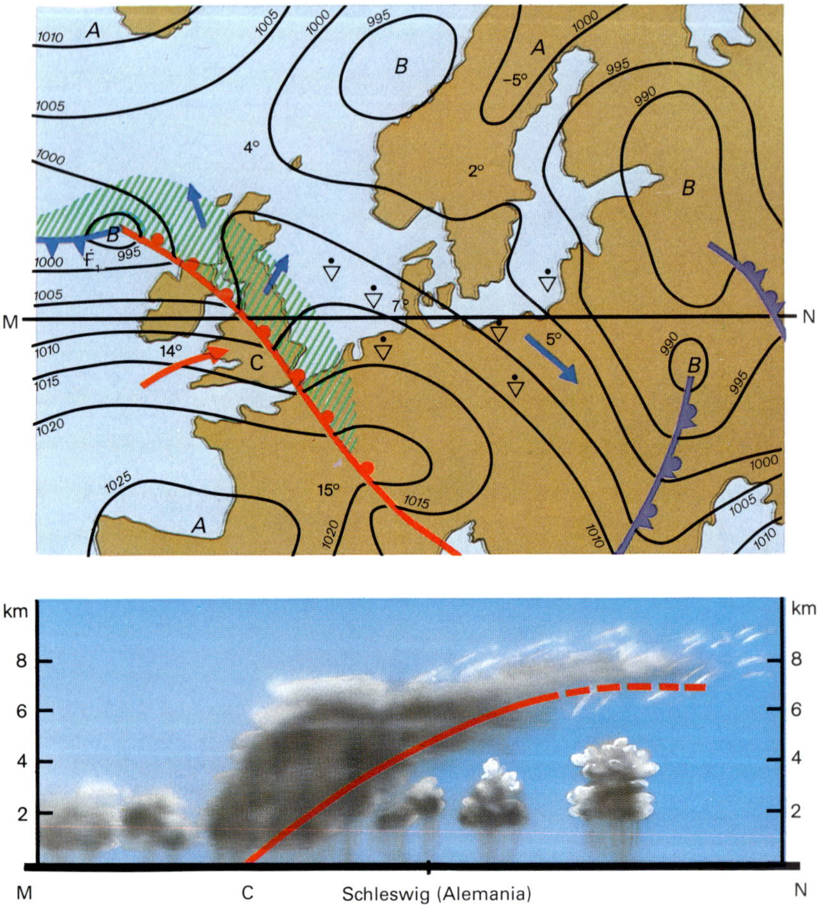

Fenómenos meteorológicos al paso de una baja I

Mapa sinóptico del 11 de noviembre de 1947 (arriba). Aspecto de las nubes vistas en vertical sobre la superficie M-N (abajo). Lugar de observación: Schleswig (Alemania). Tiempo posfrontal con aguaceros como consecuencia de una depresión sobre el oeste de Rusia. Baja sobre Irlanda. Por la zona meridional avanza hacia Europa central un aire cálido marino que se desliza sobre el aire frío que encuentra ante sí. Por consiguiente, delante del frente cálido C se forma una zona de precipitaciones (rayada en verde en el mapa). El tiempo posfrontal está marcado por cúmulos densos, y el frente cálido ascendente se caracteriza por estratos altos y medios. C = frente cálido. (Basado en un modelo del Servicio Meteorológico Alemán, manual de meteorología n.° 10, «Kleine Wetterkunde».)

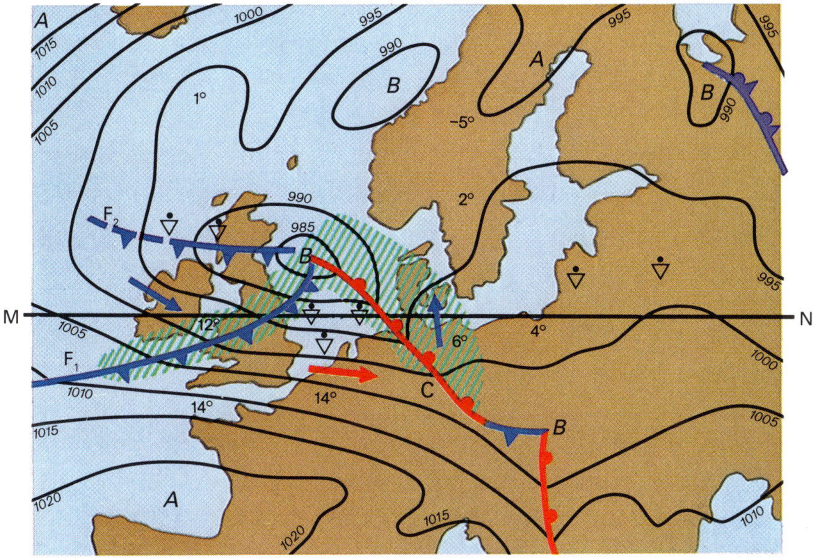

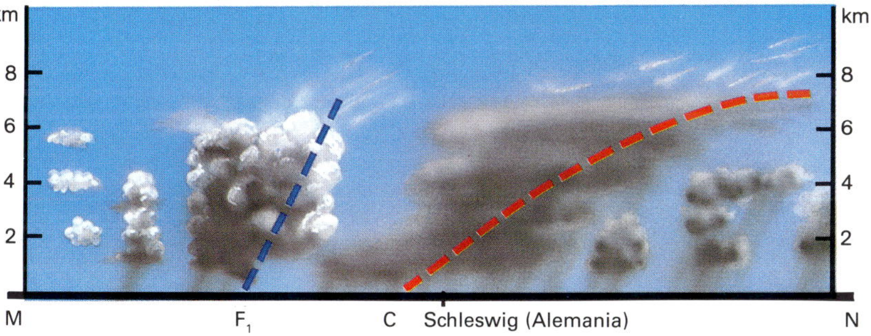

Fenómenos meteorológicos al paso de una baja II

Mapa sinóptico del 12 de noviembre de 1947 (arriba). Aspecto de las nubes vistas en vertical sobre la línea M-N (abajo). Lugar de observación: Schleswig (Alemania). La depresión sobre Irlanda ha alcanzado la zona central del mar del Norte. El frente cálido ha llegado a la costa occidental del estado alemán de Schleswig-Holstein. El frente frío se halla sobre la región occidental del mar del Norte y avanza veloz hacia el frente cálido. Sobre Schleswig se ciernen densas nubes y precipitaciones. El frente frío que le sigue de inmediato impide la aparición de claros y conlleva chubascos. Tras el paso del frente frío se produce una desaparición lenta de la nubosidad. C = frente cálido; F_1 = frente frío$_1$. (Basado en un modelo del Servicio Meteorológico Alemán, manual de meteorología n.° 10, «Kleine Wetterkunde».)

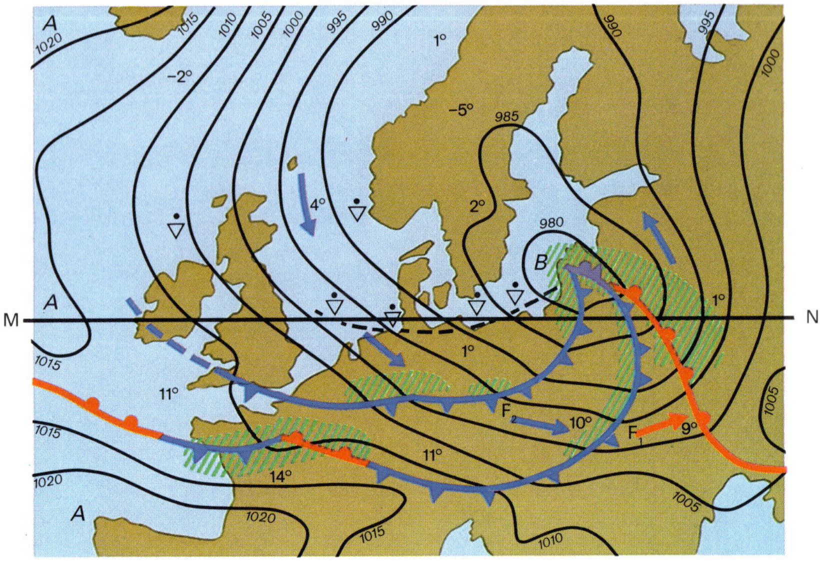

Fenómenos meteorológicos al paso de una baja III

Mapa sinóptico del 13 de noviembre de 1947 (arriba). Aspecto de las nubes vistas en vertical sobre la línea M-N (abajo). Lugar de observación: Schleswig (Alemania). La depresión que se ha movido desde Irlanda hacia el estado alemán de Schleswig-Holstein pasando por el mar del Norte ha alcanzado la zona sudoriental del mar Báltico y el oeste de Rusia. El aire frío que llega hasta las alturas ha inundado por completo el norte de Alemania. Chubascos sobre el litoral septentrional alemán. Densos cúmulos y grandes claros. Fuera de las zonas de aguaceros hay aire claro y buena visibilidad. C = frente cálido; F_1, F_2 = frente frío$_{1,\,2}$. (Basado en un modelo del Servicio Meteorológico Alemán, manual de meteorología n.° 10, «Kleine Wetterkunde».)

La pugna entre masas de aire frío y caliente es muy intensa en las zonas de bajas presiones. En las latitudes europeas, los ciclones (= zonas de bajas presiones) suelen tener una superficie cuadrada muy extensa y aúnan al menos dos masas de aire a distinta temperatura. Aunque abundan más en primavera y otoño, las depresiones ocurren durante todo el año en Europa.
El aire caliente que circula hacia el este en las latitudes medias no puede pasar ante el aire frío polar que fluye hacia el oeste sin sufrir perturbaciones. Es más, sólo los obstáculos orográficos como las montañas de Canadá, Groenlandia, Noruega o Rusia (los Urales) detienen la corriente de aire y la desvían. La desviación del aire frío hacia el sur depara irrupciones frías a gran escala en las masas de aire caliente. Entonces se forman remolinos que, en el caso de los ciclones, dan lugar a una estructura nubosa con una forma espiral muy manifiesta y fácil de reconocer en fotografías por satélite (véase pág. 262). En la zona de bajas presiones aparecen los frentes recién descritos y a menudo se dan las circunstancias para que vayan sucesivos. En su estadio inicial, el ciclón sólo abarca las capas bajas de aire, pero a medida que se desarrolla se extiende hacia arriba.
Los frentes fríos y cálidos suelen mostrar desviaciones considerables a partir de la norma. Hay frentes fríos que al principio muestran una nubosidad como la que impera durante los frentes cálidos. Las formaciones nubosas sólo se vuelven típicas de frente frío de manera progresiva. Y viceversa; el aire caliente en proceso de deslizamiento adopta a menudo una estratificación inestable, sobre todo en verano. En estos casos, los estratos nubosos aparecen salpicados de densos cúmulos. No pocas veces sucede que la lluvia de un frente cálido vaya acompañada de tormentas. El aspecto del frente cálido también puede cambiar debido, por ejemplo, a una cuña anticiclónica y, entonces, el frente frío sólo está marcado por una acumulación de cirros.

Etapas evolutivas de un ciclón

1. Una lengua de aire cálido se dirige hacia aire frío.
2. El aire cálido se desliza sobre el aire frío oriental (frente cálido).
3. El aire frío occidental irrumpe en el aire cálido (frente frío).
4. La región de aire cálido se torna cada vez menor.
5. El aire frío occidental adelanta al frente cálido.
6. El aire cálido restante escapa a las alturas y, de esta forma. ocluye el ciclón («se desmorona»).

La zona de bajas presiones se desplaza de oeste a este. El intervalo temporal de las etapas evolutivas descritas ronda las 48 horas. La velocidad de movimiento y la estructura pueden presentar grandes diferencias en cada caso particular. En el momento de la oclusión el movimiento casi se detiene por completo («baja estacionaria»).
La evolución del tiempo durante un ciclón se corresponde en gran medida con las situaciones descritas en los cuadros de frentes cálidos y fríos de la página 209. En lo que atañe a la situación meteorológica, la oclusión tiene carácter de frente: confluencia de dos masas de aire frío a distinta temperatura.

2
3
5
1
4

Cuadro de oclusión

	Antes del frente	Durante el frente	Después del frente
Nubes	Nubes de lluvia, nimbostratos	Nubosidad densa, nimbostratos, cumulonimbos	Ocasional, disipación de nubes
Presión	Descendente	Descendente	Ascendente
Viento	Del sudoeste, refrescando	Del oeste arreciando	Del nordeste amainando a fresco
Temperatura	En descenso (en ocasiones constante)	De descendente a constante, fresca	En descenso
Visibilidad	Moderada	Mala	Buena
Tiempo	Nubosidad densa y precipitaciones	Nubosidad densa y precipitaciones	Aparición de claros, aún quedan aguaceros

Durante las situaciones meteorológicas ciclónicas siempre se observan dos fenómenos concretos:

1. La depresión secundaria. Se caracteriza por presiones atmosféricas muy bajas tras el paso del frente frío del ciclón. Prácticamente consiste en un nuevo hundimiento del remolino ciclónico como consecuencia de intensos procesos de deslizamiento. Curiosamente, antes de la depresión secundaria, la calma del viento que sigue al frente frío es pasajera, ya que con depresiones secundarias suelen producirse las tormentas más severas.
   Una variante la ofrecen las situaciones de «gota de aire frío» o «gota fría». Esta configuración llega a detectarse casi en la estratosfera y va acompañada de «lluvias fuertes»: «En la región central del lago de Zurich, en Horgen

---

◁ **Vías de paso de las zonas de bajas presiones (ciclones) sobre Europa central**

1. El ciclón se desplaza de sudoeste a noreste al oeste de las islas Británicas y Noruega. Afecta al continente sólo en forma de baja periférica.
2. El ciclón avanza de oeste a este por el norte de las islas Británicas hacia Escandinavia.
3. El ciclón avanza de oeste a este sobre las zonas septentrionales de las islas Británicas hacia el sur de Escandinavia y la región báltica.
4. El ciclón avanza de sudoeste a nordeste entre Inglaterra y la costa francesa pasando por Dinamarca en dirección al Báltico.
5. El ciclón avanza desde el oeste por el sur de Francia hacia el Mediterráneo occidental e Italia. Una vía continúa paralela al borde meridional y oriental de los Alpes hacia el este de Europa, y otra vía discurre más al sur sobre los Balcanes.

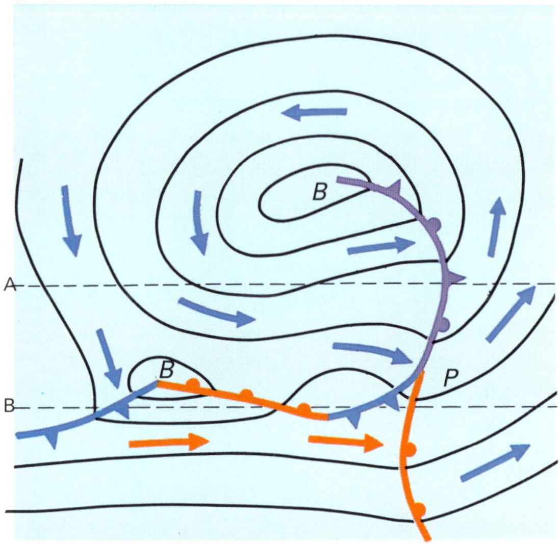

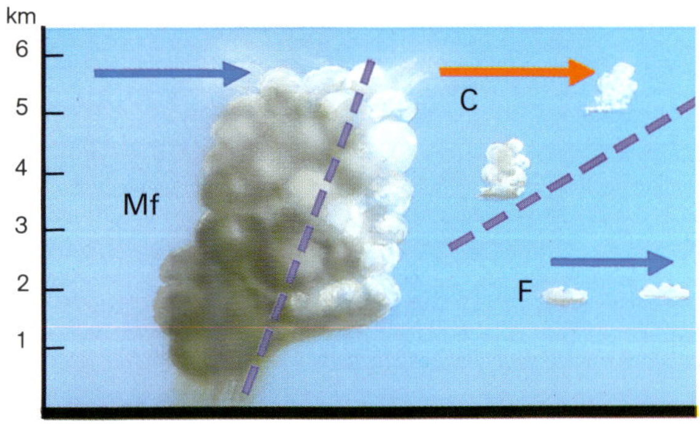

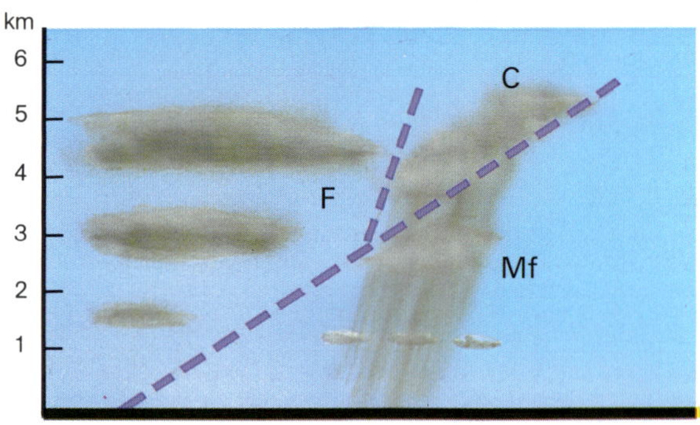

Las zonas de bajas presiones se desplazan de oeste a este. En el proceso experimentan cambios notorios de forma e intensidad. El mapa meteorológico adjunto muestra una región de bajas presiones típica en Europa central. El aire frío en rápido avance de oeste a este cerca el sector de aire cálido y desplaza el aire cálido del suelo. Cuando el aire frío alcanza el aire cálido (P), ocluye el ciclón. En el mapa aparece el símbolo del frente ocluido, consistente en la alternancia de los símbolos para frente frío y cálido. En el frente ocluido se unen las masas de aire que al principio estaban separadas. La ilustración central muestra un corte vertical de una «oclusión fría» (interviene aire muy frío que depara gran inestabilidad con fuertes aguaceros).
La ilustración inferior muestra un corte vertical de una «oclusión cálida». (El contraste entre el aire frío y el caliente es menos intenso, el ascenso del aire cálido desde el suelo transcurre «con suavidad» bajo la formación de nubosidad estratificada. Predominan precipitaciones de carácter persistente.) La actuación de una baja termina con la oclusión. La pugna entre el aire frío y el caliente vuelve a finalizar. El tránsito de nubes marca la escena en el lugar de observación. (Basado en un modelo del Servicio Meteorológico Alemán, manual de meteorología n.° 10, «Kleine Wetterkunde».)
A = sector de aire frío
B = sectores de aire caliente
Flecha azul = aire frío
Flecha roja = aire caliente
F = aire frío
Mf = aire muy frío
C = aire caliente

(Suiza), llovió sin interrupción durante 42 horas. En ese tiempo cayeron 79 litros por metro cuadrado, y en sólo seis horas entre 11 y 12 litros. La lluvia empezó de pronto y cayó con la misma intensidad durante 42 horas» (Noticia en el periódico *Neuen Züricher Zeitung* sobre una situación de gota fría acaecida en los alrededores de Génova el 23/24 de agosto de 1975 que asimismo deparó lluvias fuertes en la ladera norte y sur de los Alpes).

2. La cuña anticiclónica. Una cuña fina de altas presiones entre dos ciclones conlleva una mejoría pasajera del tiempo.

En Europa, las zonas de bajas presiones suelen aparecer en series sucesivas que se desprenden de las repetitivas perturbaciones de la línea fronteriza entre el aire cálido y el frío («frente polar»). En su desplazamiento de oeste a este, los ciclones siguen unas rutas determinadas donde predominan las vías marítimas debido a la ausencia de obstáculos orográficos. El continente y sobre todo las montañas precipitan el desmoronamiento (oclusión) del ciclón.

Influencia de la meteorología en las personas (biometeorología)

La humanidad estudia la meteorología desde tiempos remotos. La tendencia del tiempo a mostrar fenómenos característicos en cada época del año ha inspirado dichos y proverbios campesinos. Así, por ejemplo, las irrupciones frías en primavera con aguaceros («tiempo de abril») y riesgo de heladas nocturnas («santos de hielo») o la tendencia a anticiclones estivales tardíos con tiempo bueno y estable («veranillo de las buenas mujeres»). El comportamiento de animales y plantas también da pie a dichos sobre el tiempo. Los cambios de tiempo son, sobre todo, los que provocan comportamientos particulares. Por ejemplo, cuando sobreviene una tormenta, las abejas regresan al panal. Muchos insectívoros (aves, peces, batracios) reaccionan ante el vuelo alto o bajo de las moscas, mosquitos y tábanos, los cuales deambulan más altos con aire caliente y seco que con aire frío y húmedo. Sin duda, tanto en este caso como en el de la sensibilidad humana a las influencias atmosféricas, el papel fundamental lo desempeña la intervención de fenómenos de electricidad atmosférica.

Hace ya décadas que la medicina y la meteorología estudian los efectos del tiempo y el clima en las personas. Para ello es importante el estímulo que parte de las condiciones meteorológicas y la reacción física o psíquica que le sucede. La gente sana cuenta con una capacidad de adaptación asombrosa, incluso ante estímulos de larga duración, cuando se trata de acostumbrarse a un clima determinado. La capacidad de adaptación depende en gran medida de la edad, el sexo, la complexión y, no en última instancia, del estado de salud de cada cual.

Cuando el estímulo es muy débil, el organismo se desacostumbra («malos hábitos»). Se despierta y fortalece cierto poder de estímulo (por ejemplo, clima estímulo en las terapias climáticas). La sobredosis de estímulo acaba poniendo

en peligro al organismo y causándole daños (por ejemplo, demasiado sol puede provocar cáncer de piel, demasiado frío causa congelación).
El tiempo y el clima suelen repercutir de forma compleja en las personas:

1. Consecuencias debidas al estado del aire (limpio, sucio).
2. Influencia de la radiación de onda larga o corta (por ejemplo, radiación ultravioleta).
3. Condiciones para la emisión del calor corporal (dependientes de la temperatura del aire, la humedad del mismo, la velocidad del viento y la radiación de onda larga y corta).
4. Influjo de ciertas situaciones meteorológicas (cambios de tiempo).

La percepción térmica desempeña un papel crucial para el bienestar humano. La temperatura que marca el termómetro no siempre coincide con la denominada «temperatura sensible»: «Cinco grados bajo cero en invierno se perciben mucho más fríos con viento fuerte que con viento en calma; a sotavento, muchos esquiadores toman el sol de marzo desnudos de cintura para arriba sin pasar frío, aunque imperen temperaturas de helada» (Servicio Meteorológico Alemán, Departamento de Meteorología Médica). Al respecto ofrecemos la siguiente tabla:

Temperatura sensible	**Percepción térmica**	**Grado de incomodidad**	**Efecto psicológico**
≤–30	Mucho frío	Incomodidad extrema	
–20 a –30	Frío	Gran incomodidad	Estrés por frío
–5 a –20	Fresco	Incomodidad moderada	
+5 a –5	Algo fresco	Ligera incomodidad	
+5 a +17	Agradable	Ninguna incomodidad	Bienestar
+17 a +20	Algo cálido	Ligera incomodidad	
+20 a +26	Cálido	Incomodidad moderada	Estrés por calor
+26 a +34	Calor	Gran incomodidad	
≥+34	Mucho calor	Incomodidad extrema	

Tanto el estrés por calor como el estrés por frío pueden llegar a interferir en el sistema circulatorio principal y los vasos periféricos. Así, cuando aparece el estrés por calor, el corazón tiene que aportar un rendimiento mayor. La sangre enfriada sobre la piel mediante evaporación por transpiración tiene que ser bombeada para poder conservar la temperatura de 37 °C que precisan todas las funciones corporales.
Las condiciones meteorológicas favorables desde el punto de vista biológico se presentan con tiempo bueno y apacible después del paso de una zona de

mal tiempo (perturbaciones frontales). Entonces predomina el influjo de altas presiones y no hay afluencia de masas de aire intrusas (advección). Es indudable que el buen tiempo puede deparar estrés por calor. En invierno aparecen además situaciones meteorológicas de inversión que agravan la contaminación atmosférica. Las situaciones desfavorables desde un punto de vista biológico son: el buen tiempo extremo en zonas de altas presiones en proceso de desaparición, los cambios de tiempo (como la evolución meteorológica en la parte anterior de una región de bajas presiones en desaparición con afluencia intensificada de masas de aire intrusas). También resulta crítico el momento preciso del tiempo posfrontal del frente cálido y frío. Esto repercute sobre todo en personas enfermas. Así, por ejemplo, quien padece migrañas llama al médico, duelen más las articulaciones inflamadas de quien tiene reúma, el cálculo biliar y renal se torna más manifiesto (cólicos) y la gente con hipotensión sufre desvanecimientos.

Por mucho que la capa de ozono de la estratosfera proteja a los seres vivos frente a los rayos ultravioleta, el ozono próximo al suelo puede dificultar la respiración. El ozono es una sustancia muy irritante para los pulmones. En determinadas situaciones atmosféricas, el *smog* cargado de ozono puede estancarse durante días o semanas sobre una zona concreta (véase pág. 230) y, entonces, las personas propensas (como las asmáticas) pueden sufrir irritaciones en los pulmones que no siempre son reversibles.

Ciertas situaciones atmosféricas extremas, sobre todo en las regiones tropicales, pueden causar la aparición de enfermedades. Las inundaciones provocadas por precipitaciones intensas suponen un riesgo alto de males contagiosos (cólera). No obstante, también las grandes sequías perjudican la salud. Aparecen afecciones diarreicas porque la falta de agua no permite tomar medidas de higiene. Las epidemias de malaria se producen tanto después de lluvias fuertes como con sequías persistentes. Las lluvias torrenciales en zonas que no son húmedas forman pequeñas charcas ideales para la incubación del mosquito anofeles, que transmite el parásito de las fiebres palúdicas. Las sequías prolongadas en lugares de naturaleza húmeda causan asimismo la aparición de lagunas inmejorables para el desarrollo de este mosquito.

Los pronósticos de la biometeorología humana también estudian qué calidad del aire e influencias térmicas y de radiación resultan difíciles de soportar a la especie humana. La calidad del aire también actúa en interiores afectada por el aire exterior dependiente del tiempo. Con situaciones meteorológicas de altas presiones, la calidad del aire depende de la duración de la zona de presión. Cuando la duración supera los cinco días hay que contar con una calidad mala del aire. Esta dependencia temporal desaparece con situaciones meteorológicas de bajas presiones.

El tiempo lluvioso no va asociado de forma automática a una buena calidad del aire. Con mucha humedad en el aire aumenta el tamaño de las partículas de aerosoles. La mejor calidad de aire la depara el paso de un frente frío o el tiempo posfrontal. Los frentes cálidos también pueden reducir la hipertensión del organismo humano después de varios días. Como ya se ha dicho, el desarrollo temporal de la meteorología tiene efectos diversos en el estado de cada persona. Aparecen molestias que no dependen de la calidad del aire. Un ejemplo de ello lo ofrece asimismo el tiempo de foehn con una calidad del aire buena o muy buena, puesto que fluye constantemente aire fresco de las alturas. No obstante, aparte de la tendencia a la formación de ozono, muchos pacientes sufren molestias con el tiempo de foehn.

Se han detectado alteraciones en la actividad cerebral causadas por los esféricos o atmosféricos. Los esféricos son señales electromagnéticas breves generadas por relámpagos. Llegan a detectarse a distancias de hasta 1500 kilómetros. Es probable que exista cierta propensión personal para percibir los efectos de estas señales. Por otra parte, se sabe, además, que algunos animales son muy sensibles a los fenómenos eléctricos de la atmósfera.

No es fácil encontrar una relación entre los efectos de sustancias perjudiciales del aire y las alergias de las personas. Las sustancias perjudiciales del aire pueden dañar la mucosa de las vías respiratorias. Por consiguiente, no está garantizada una protección contra la entrada de sustancias alérgicas (como polvo doméstico o polen). Por tanto, un descenso en la concentración de sustancias perjudiciales puede deparar síntomas de enfermedad en las personas alérgicas.

Entre la información meteorológica de los medios de comunicación también aparecen alusiones a la biometeorología. Los departamentos de meteorología médica de los servicios meteorológicos nacionales estudian los efectos del tiempo y el clima en las personas. Para obtener información véanse las señas que se dan en la página 241.

Ya durante un congreso de medicina que se celebró en Berlín en 1975 se subrayó que un tercio de las personas adultas con edades comprendidas entre 20 y 50 años «siente», por decirlo así, los cambios de tiempo. Estadísticas nuevas señalan que uno de cada dos alemanes afirma ser sensible a la meteorología. Mientras la sensibilidad a las condiciones atmosféricas alude a un estado general, la barosensibilidad se refiere a afecciones concretas en los pacientes, como agravamiento del dolor en enfermos reumáticos con tiempo húmedo y frío, o mayor abundancia de cardiopatías en días con inestabilidad barométrica. La sensibilidad a la meteorología aumenta con la edad y, según datos del servicio de meteorología médica, la padecen más las mujeres que los hombres. Asimismo se discute sobre el colapso circulatorio y el infarto de miocardio durante una ola de calor, la tensión de los velocistas europeos al competir en lugares de ultramar con mucha humedad en el aire, así como la intensificación de los efectos del alcohol ante un cambio de tiempo inminente. Un catedrático de medicina de la universidad hebrea de Jerusalén, el médico Gad Sulman, recomienda a quienes son sensibles a la meteorología la ingestión de sal, agua, azúcar y arenques salados. Con situaciones meteorológicas críticas, por ejemplo de foehn, deben tomar el café y el té más azucarados, la comida más salada y beber más. Este tema requiere aún estudios más amplios.

El bioclima de cada paisaje particular no es irrelevante para el sentimiento de bienestar en las personas. En Alemania, las zonas al oeste de la línea entre Hamburgo y el lago Constanza están muy afectadas por el clima marítimo; las regiones que yacen al este de dicha línea reciben más a menudo la influencia del clima continental. El bioclima de muchas ciudades centroeuropeas está determinado por su ubicación en hondonadas o valles. Los calores sofocantes, las nieblas y la falta excesiva de sol suelen repercutir en la salud. En la costa y en las llanuras de alrededor, las masas de aire encuentran pocos obstáculos. Las montañas, en cambio, tienen su propio clima biológico (por ejemplo, los Alpes tienen foehn y lluvia de compresión).

La marea de tempestad que a comienzos de 1976 tuvo efectos catastróficos en el oeste y el centro de Europa demuestra que las situaciones meteorológicas tormentosas no sólo conllevan desolación. En el mar Báltico, rodeado de tierra, la tormenta introdujo grandes cantidades de agua procedente del mar del Norte con alto contenido en oxígeno y sal a través de los estrechos daneses. El nivel de oxígeno del Báltico había disminuido drásticamente en los últimos 25 años, amenazando a los peces y la flora. El agua salada y más pesada del mar del Norte transformó las aguas del Báltico, ya que se hundió hasta el fondo y provocó una oxidación completa suficiente para cubrir las necesidades del Báltico durante varios años. Las catástrofes también pueden conllevar efectos positivos.

No obstante, se pueden observar otros fenómenos como, por ejemplo, el transporte de polvo del Sáhara hasta Europa central. A finales de enero de 1983 se hizo eco de esto hasta la prensa, que informó sobre su deposición sobre los coches, la colada y las ventanas de toda Alemania. El transporte de arena a través de los Alpes o, como en el caso mencionado, a través del Atlántico hacia el Europa occidental y central, viene desencadenado por situaciones atmosféricas determinadas. La deposición de polvo del Sáhara también se ha registrado en Inglaterra e incluso en Escandinavia.

El aire porta asimismo sal marina. El viento, las olas y las rompientes esparcen en el aire partículas de sal del mar. Los vientos terrestres transportan partículas de sal desde la costa hasta varios kilómetros en el interior. Como la sal tiene efectos corrosivos, la concentración de sal en el aire de las zonas costeras y próximas a ellas se supervisa con regularidad.

Cambios climáticos globales

Se han detectado cambios climáticos pero, por el momento, sus causas sólo se conocen de manera parcial. Las investigaciones se centran en diversos procesos que repercuten en el devenir del clima. Entre ellos se cuentan los agentes naturales, que abarcan desde la radiación solar hasta el vulcanismo y la interacción entre la atmósfera y los océanos. Sin embargo, también están las influencias humanas capaces de desencadenar cambios climáticos. La ciencia presta especial atención al aumento en la concentración de los gases traza que interaccionan con la radiación (como el dióxido de carbono y el metano) y a la liberación de aerosoles a la atmósfera. Ambos se deben a las actividades industriales humanas (calefacción, tráfico aéreo y rodado, industrialización, turismo).

La historia de la Tierra revela que en los últimos 1 a 2 millones de años se han producido periodos de varios cientos de miles de años durante los cuales se han alternado épocas cálidas (que duraron unos 20 000 años) y glaciaciones (de unos 80 000 años de duración). La última glaciación, la llamada Würm, terminó hace unos 12 000 años. Estudios de perforación en Groenlandia y en el lecho marino mostraron puntos de partida para un calentamiento intenso y a corto plazo durante la última glaciación. En Groenlandia, la temperatura aumentó entre 8 y 10 °C en pocos años y la temperatura original de la era glacial no se recuperó hasta pasados varios cientos de años. Este cambio de temperatura es justo lo que descubrieron los geólogos marinos en el fango del océano profundo. Los cálculos mediante modelos informáticos apoyan las conjeturas: las mayores corrientes en los mares planetarios se correspondieron con los saltos de temperatura en Groenlandia.

La mayoría de las series de mediciones climatológicas comenzaron a tomarse en las postrimerías del siglo XIX mucho más en el hemisferio norte que en el hemisferio sur del planeta. Alrededor del 70 por ciento de la superficie terrestre está cubierta por los océanos y en estas zonas escasean las series de mediciones prolongadas, de modo que no resulta sencillo establecer con seguridad valores medios sobre datos climáticos globales relativos a un intervalo temporal amplio.

Las observaciones y los modelos climatológicos revelan desde hace algún tiempo un incremento de la temperatura global que se atribuye a una concentración cada vez mayor de gases que interaccionan con la radiación. Así, se prevé que de aquí a finales del siglo XXI se producirá un aumento de la temperatura mundial de varios grados. La inercia térmica de los océanos planetarios y el ascenso de las concentraciones de aerosoles (como partículas de humo o polvo mineral) en la atmósfera pueden retrasar el incremento de la temperatura.

El efecto invernadero natural permite la existencia de vida en la Tierra. Éste ocurre en la troposfera mediante gases traza como el dióxido de carbono (CO_2), el vapor de agua (H_2O), el metano (CH_4), el dióxido de nitrógeno (N_2O) y el ozono (O_3). Estos gases invernadero permiten que la radiación solar visible de onda corta llegue casi sin trabas hasta el suelo, mientras que absorben parte de la radiación térmica de onda larga que refleja la superficie terrestre (véase ilustración en pág. 28). Esto provoca un calentamiento adicional de la superficie planetaria y del aire próximo al suelo. Sin este efecto invernadero natural, la temperatura planetaria sería más de 30 °C inferior y la temperatura media equivaldría a 18 °C bajo cero, en lugar de ascender a 15 °C sobre cero.

Las influencias antropogénicas en la atmósfera intensifican una serie de gases traza de efecto invernadero y alteran de este modo el equilibrio radiativo de la atmósfera. Cada efecto desencadena otro nuevo. Por ejemplo: la quema de combustibles fósiles eleva la cantidad de CO_2 en la atmósfera, lo que a su vez produce una evaporación mayor del agua, de manera que el vapor de agua induce un ascenso de la temperatura. En los últimos 50 años, la concentración de vapor de agua en la estratosfera ha experimentado un gran incremento. Los investigadores parten de que el aumento de temperatura en ese intervalo temporal es atribuible en un 50 por ciento al aumento del vapor de agua en la atmósfera.

El desarrollo dinámico del tráfico aéreo revela hasta qué punto liberan sustancias perjudiciales para la atmósfera las actividades humanas. Durante el intervalo tem-

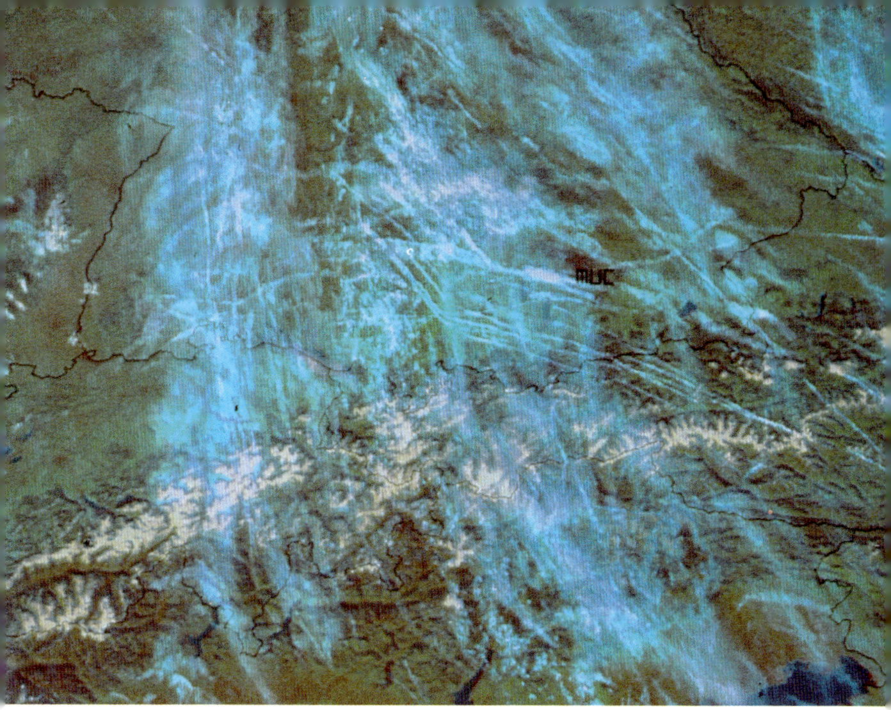

Subestimar a largo plazo: las estelas de los aviones entorpecen la radiación térmica e incrementan el efecto invernadero. En la imagen superior, estelas de gases condensados o velo de niebla creado por ellos sobre los Alpes. Fotografía del satélite NOAA/Institut für Physik der Atmosphäre, DLR en Oberpfaffenhofen. Abajo a la derecha asoma el golfo de Venecia. La imagen inferior muestra el aspecto de estas estelas.

poral de 1980 a 1993, el tráfico aéreo se multiplicó por tres en Alemania. En 1993, sólo el tránsito aéreo alemán produjo unas emisiones de 19 millones de toneladas de CO_2, es decir, el 10 por ciento del conjunto del tráfico global de Alemania. A eso se suman al año alrededor de 100 000 toneladas de óxido de nitrógeno que contribuyen a la formación de ozono en la troposfera superior, o sea, entre 6 y 12 kilómetros de altitud sobre las latitudes medias, e intensifican el efecto invernadero. Las emisiones de óxidos de nitrógeno, dióxido de azufre y hollín en la estratosfera, situada sobre la troposfera (véase también figura en pág. 23), puede favorecer la destrucción del ozono estratosférico. Por último, la emisión de vapor de agua da lugar a la formación de estelas de gases condensados (véanse figuras en pág. 223) que repercuten en la cantidad de radiación en la atmósfera terrestre y pueden inducir un calentamiento adicional.

Los principales gases invernadero

Vapor de agua	H_2O
Dióxido de carbono	CO_2(*)
Metano	CH_4(*)
Óxido de nitrógeno	N_2O(*)
Ozono	O_3
Monóxido de carbono	CO
Hidrocarburos fluorados	HFC(*)
Hidrocarburos perfluorados	PFC(*)
Hexafluoruro de azufre	SF6(*)

* Esta relación de gases invernadero se recopiló en el llamado paquete de Kioto y forman parte del compromiso de reducción previsto por los países industrializados en el protocolo de Kioto.

A pesar del efecto invernadero y de la tendencia hacia un clima mundial más caluroso, la evolución regional es muy diversa. Los cálculos a partir de modelos realizados por el Instituto Max Planck de meteorología en Hamburgo revelan, por ejemplo, que en el Atlántico Norte y en Europa occidental y septentrional podría aumentar el frío. Hay razones para pensar que la corriente del Golfo desaparecerá. En la actualidad, transporta calor desde el Caribe hasta el Atlántico Norte (mil millones de megavatios al año). Forma parte de un sistema de corrientes oceánicas a escala mundial cuya circulación depende de la temperatura del aire y del agua. La temperatura y el contenido de sal determinan las rutas de las corrientes oceánicas. El agua rica en sal y fría se hunde hasta el fondo marino, mientras que el agua menos salada y más caliente asciende hasta la superficie. Esto, que se denomina «corriente ascendente», se manifiesta convertida en la corriente del Golfo que circula desde América del Norte hasta Europa. Ella depara el calentamiento del clima europeo. Sin embargo, el efecto invernadero podría ampliar el volumen de fusión de los hielos polares. Si además se producen lluvias copiosas, podría favorecer la desalinización del agua del mar y alterar la trayectoria de las corrientes oceá-

nicas. Entonces, tal vez la corriente del Golfo abandonara el clima europeo. El climatólogo estadounidense Wallace Broecker ve en este modelo un descenso de temperatura de hasta 11 grados como promedio anual. ¿Imperarán temperaturas árticas en Europa?
En los océanos puede ocurrir aún algo más. El aumento creciente de la cantidad de dióxido de carbono en la atmósfera parece implicar, según los últimos resultados científicos, un aumento de las algas. Al igual que el resto de plantas, las algas absorben dióxido de carbono y lo transforman en biomasa mediante la fotosíntesis. Cuantas más algas, más dióxido de carbono se consume. Investigaciones futuras revelarán si ellas suponen un auténtico freno para el calentamiento global.

Interacción entre los océanos y la atmósfera

1. **Corriente circumpolar antártica:** cercadas por zonas de altas y bajas, circulan masas de agua frías y calientes siguiendo un ciclo de 8 años alrededor del polo sur.
2. **Oscilación del Pacífico:** cambio a largo plazo de la temperatura superficial del mar. Un enfriamiento del Pacífico Norte se opone al calentamiento de la costa occidental de Norteamérica. El proceso se invierte cada 2 o 3 décadas.
3. **El Niño y La Niña:** calentamiento del Pacífico Sur frente a la costa de Sudamérica de hasta 5 °C (El Niño) a intervalos de 3 a 7 años. A continuación, nuevo enfriamiento del mar (La Niña). Fluctuaciones barométricas cercadas entre el Índico oriental y el Pacífico oriental tropical del sur (oscilación meridional).
4. **Oscilación del Atlántico Norte:** los cambios de presión en el Atlántico Norte repercuten en la temperatura superficial del mar. Una presión atmosférica especialmente baja en el polo norte depara inviernos suaves en el este de EE UU y en Europa noroccidental. Cuando la presión es más alta que el promedio, se producen inviernos suaves en Canadá y Groenlandia.
5. **Oscilación tropical atlántica:** aguas superficiales frías al norte del ecuador y cálidas al sur del mismo deparan lluvia en el noreste brasileño y sequía en la zona de Sahel. Cuando la temperatura del agua es inversa, llueve menos en Brasil y más en el oeste de África.

En la actualidad, aún no se puede dar una explicación definitiva sobre las interdependencias. Sólo podemos observar hechos, como las variaciones de temperatura en el Pacífico. El Niño da nombre a una anomalía climática que se manifestó con vehemencia por primera vez en el invierno de 1982/83. Entonces, igual que cuando se repitió en 1997, cesaron los vientos alisios cálidos del sudeste que soplan de este a oeste y portan aguas cálidas oceánicas a través de Australia, Indonesia y Filipinas. El calor húmedo depara lluvias. En épocas normales del ciclo oceánico fluye agua fría por la costa pacífica de América, sobre todo por la de Sudamérica. El agua fría está especialmente enriquecida con nutrientes y en ella se forman grandes bancos de peces. En cambio, en 1982/83 y 1997 ese ciclo se invirtió: hubo sequía en el sudeste asiático, lluvias y aguas carentes de peces en las costas pacíficas de América; los pescadores peruanos eligieron el nombre de «El Niño» para denominar esta anomalía climática en alusión al niño Jesús cristiano, porque sus efectos se hacen más patentes en el mes de diciembre.

El Niño se estudia desde hace dos décadas, pero aún no se han resuelto suficientes enigmas. Si el fenómeno apareció al principio a intervalos de varios años,

El Niño es un fenómeno climático periódico con gran repercusión en el campo de corriente y de temperatura del Pacífico tropical.

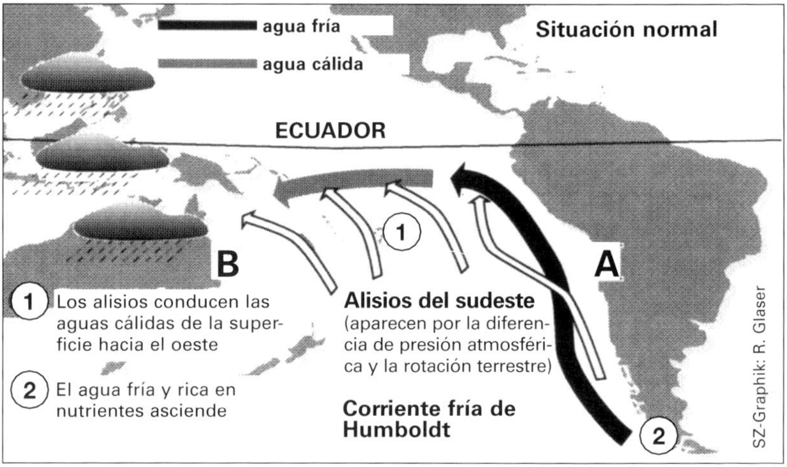

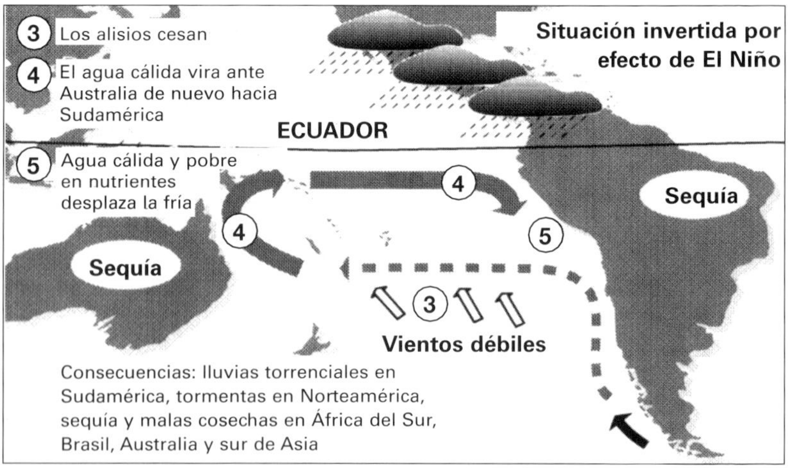

desde el comienzo de la década de 1990 se observa cada año con una intensidad muy diversa. Todo indica que El Niño de 1997 fue mucho más activo que el de 1982/83. Sus consecuencias son muy complejas y no sólo afectan, ni mucho menos, a la pesca peruana. Las sequías favorecen los incendios forestales con el consiguiente ensuciamiento del aire. Las lluvias torrenciales desencadenan corrimientos de tierra y destrozan los campos de labor y las viviendas. Tampoco se sabe si las consecuencias de El Niño se restringen al ámbito del Pacífico. Debemos contar con que fenómenos como el de El Niño revolucionen la meteorología mundial y nos deparen todo tipo de sorpresas.
Los vientos huracanados (de 170 km/h o más) observados en Europa occidental a comienzos de 1990 consolidan otra suposición de la investigación climatológica: existe una relación entre el contenido de vapor de agua en la atmósfera, la evaporación del mar y el incremento de las velocidades eólicas. Además del aumento de la concentración en la atmósfera de dióxido de carbono, metano y clorofluorocarbonos («efecto invernadero seco»), ha aumentado la concentración de vapor de agua en la atmósfera debido a la evaporación de los océanos. Entre 5 y 6 kilómetros de altitud (troposfera media) se evidencian cambios en la formación de nubosidad y en el campo barométrico y eólico. Estos cambios también se manifiestan en el abastecimiento energético del sistema climático. La temperatura del aire a dicha altitud ha subido alrededor de 1 °C. Paralelamente a ello se producen situaciones meteorológicas extremas: tormentas, lluvias fuertes, granizo. Por consiguiente, junto al «efecto invernadero seco» parece haber también uno «húmedo».

Grandes catástrofes naturales desde 1960. La envergadura de los daños aumenta de manera espectacular. (Gráfica de Münchener Rück.)

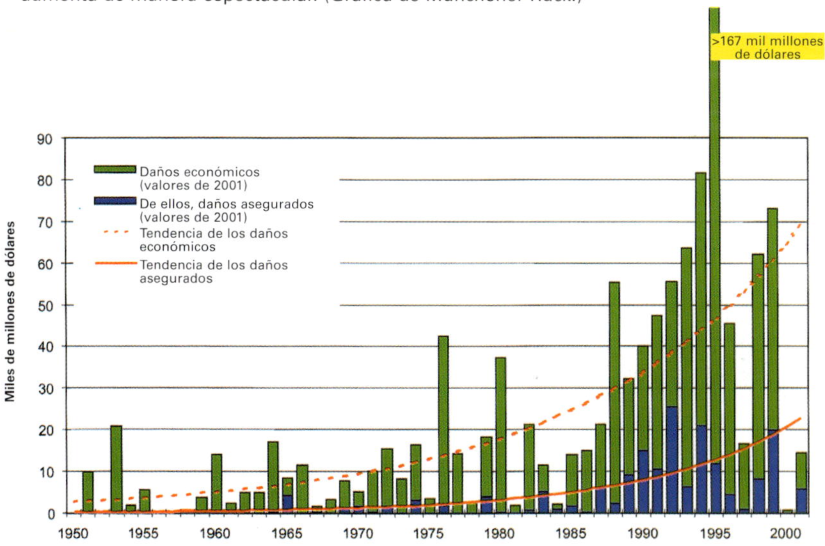

Grandes catástrofes naturales
Daños asegurados por un mínimo de mil millones de dólares

Cat.	Año	Suceso	Zona	Daños asegurados	Daños económ.
				Millones de dólares	
27	1983	Huracán «Alicia»	EE UU	1275	3000
29	1987	Temporal invernal	Europa occidental	3100	3700
6	1989	Huracán «Hugo»	Caribe, EE UU	4500	9000
5	1990	Tormenta invernal «Daria»	Europa	5100	6800
26	1990	Tormenta invernal «Herta»	Europa	1300	1950
14	1990	Tormenta invernal «Vivian»	Europa	2100	3250
25	1990	Tormenta invernal «Wiebke»	Europa	1300	2250
4	1991	Tifón «Mireille»	Japón	5400	10 000
19	1991	Incendio forestal «Oakland fire»	EE UU	1750	2000
1	1992	Huracán «Andrew»	EE UU	17 000	30 000
20	1992	Huracán «Iniki»	Hawai	1650	3000
18	1993	Tormenta de nieve	EE UU	1750	5000
34	1993	Inundación	EE UU	1000	16 000
2	1994	Terremoto	EE UU	15 300	44 000
10	1995	Terremoto	Japón	3000	100 000
29	1995	Granizo	EE UU	1135	2000
22	1995	Huracán «Luis»	Caribe	1500	2500
15	1995	Huracán «Opal»	EE UU	2100	3000
21	1996	Huracán «Fran»	EE UU	1600	5200
28	1998	Tormenta de hielo	Canadá, EE UU	1200	2500
33	1998	Inundaciones	China	1000	30 000
24	1998	Granizo, temporal	EE UU	1350	1800
7	1998	Huracán «Georges»	Caribe, EE UU	4000	10 000
30	1999	Tormenta de granizo	Australia	1100	1500
23	1999	Tornados	EE UU	1485	2000
13	1999	Huracán «Floyd»	EE UU	2200	4500
8	1999	Tifón «Bart»	Japón	3500	5000
16	1999	Tormenta invernal «Anatol»	Europa	2350	2900
3	1999	Tormenta invernal «Lothar»	Europa	5900	11 500
12	1999	Tormenta invernal «Martin»	Europa	2500	4000
32	2000	Tifón «Saomai»	Japón	1050	1500
31	2000	Inundaciones	Gran Bretaña	1090	1500
17	2001	Granizo, temporal	EE UU	1900	2500
11	2001	Huracán «Allison»	EE UU	3500	6000

Situación en febrero de 2002; daños originales sin ajuste de la inflación
Tabla de Münchener Rück.

¿Qué papel desempeña el ozono? Hace unos 200 años M. van Marum descubrió un olor peculiar e intenso al someter el oxígeno a descargas eléctricas. Más de medio siglo después, C.F. Schönbein comprobó que el olor se debe a un gas. Lo denominó ozono (que, en griego, significa maloliente). Al final se demostró que el ozono es una variante triatómica del oxígeno. Este gas aparece de manera natural en cantidades minúsculas entre el aire próximo al suelo. Luego, fue importante constatar la existencia de una capa de ozono en la atmósfera superior y la capacidad del gas para absorber la radiación solar de longitud de onda corta.

El ozono próximo al suelo se ha multiplicado a lo largo del siglo pasado. En Europa central se alcanzan en verano valores máximos de ozono que superan en cinco veces los valores máximos naturales, de unos 70 microgramos de ozono por metro cúbico de aire. El ozono es uno de los oxidantes más potentes y resulta irritante y tóxico para las células humanas y animales. No obstante, también afecta a los árboles y las plantas (muerte de bosques). El ozono en superficie no sólo causa molestias subjetivas. En verano se refuerza el gas irritante («*smog* estival») y merma las funciones pulmonares de las personas afectadas.

Mientras la disociación de las moléculas de oxígeno desencadena la formación de ozono en la estratosfera (el 90 por ciento del ozono se halla entre 15 y 50 kilómetros de altitud), en la atmósfera próxima al suelo (donde se halla el 10 por ciento restante) se produce la fotólisis del dióxido de nitrógeno (NO_2). Bastan cantidades pequeñas de NO_2 para que la luz solar genere una mezcla de gases

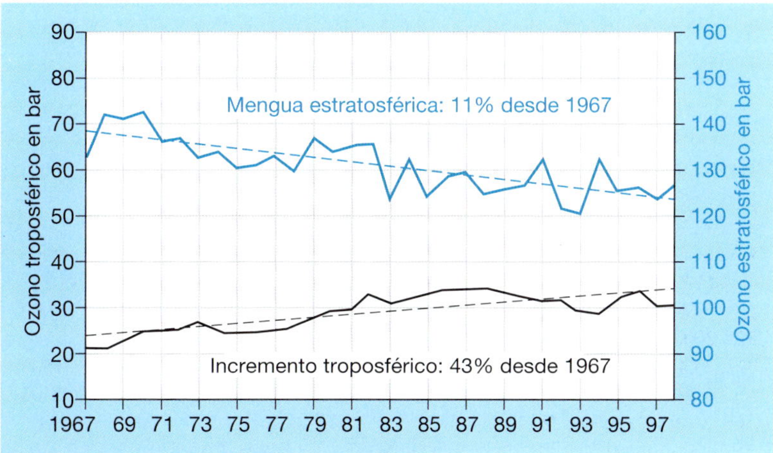

Variación del ozono estratosférico y troposférico.
Según el Servicio Meteorológico Alemán, Offenbach.

Nubes estratosféricas polares en el cielo nocturno e invernal de Laponia: según han podido demostrar por primera vez los científicos del MPI para física nuclear en Heidelberg mediante una sonda, estas nubes consisten en aerosoles de agua y ácido nítrico que se congelan cuando el aire está a –80 °C. Estas formaciones, que yacen entre 15 y 25 kilómetros de altitud, preparan el terreno para la destrucción del ozono portando el cloro de los clorofluorocarbonos hasta la estratosfera.

conocida como *fotosmog*. Al principio del proceso existe, entre otros, monóxido de nitrógeno (NO) procedente de gases de escape automovilísticos, que se oxida en NO_2 con ayuda del ozono.

Por otro lado, la teoría fotoquímica ha asignado al ozono la función de «sustancia crucial» dentro de un sistema muy ramificado de gases traza, que abarca la estratosfera y la troposfera. En él se producen procesos químicos en los que cada vez se reconoce más la influencia del ser humano. Sin embargo, los cambios en dichos procesos químicos pueden alterar el clima a través de las corrientes y la radiación atmosféricas.

La cantidad de ozono entre los 10 y 15 kilómetros más bajos de la atmósfera (troposfera) aumenta por un incremento en las concentraciones de óxidos de nitrógeno e hidrocarburos y por la luz solar. En cambio, la fracción de ozono en la zona de máxima concentración a más de 20 kilómetros de altitud (estratosfera) es más escasa debido al crecimiento de las concentraciones de clorofluorocarbonos y óxidos de nitrógeno. Esta disminución amenaza su carácter protector contra la peligrosa radiación ultravioleta. Dependiendo de su distribución vertical (aumento abajo, disminución arriba), el ozono actúa con una intensidad variable como gas invernadero.

De acuerdo con las líneas de actuación de la UE con respecto al ozono, se realiza un seguimiento de la concentración del *smog* dañino para la salud. El denominado umbral de información se sitúa en 180 microgramos de ozono por metro cúbico de aire durante una hora, y el límite de alerta en 240 microgramos. En última instancia, cuando las concentraciones elevadas duran más de tres horas se toman las medidas pertinentes para reducirlas. De este modo, una alarma de *smog* en enero de 2002 al norte de Italia condujo a la adopción de medidas drásticas: hasta nueva orden hubo que alternar a diario la circulación de vehículos con matrícula par o impar. La niebla, el viento en calma y la ausencia de precipitaciones unidos a los gases de emisión del tráfico rodado formaron durante varias semanas una «campana tóxica» sobre zonas amplias de la meseta del Po.

La mengua observada del ozono estratosférico causa una radiación ultravioleta perjudicial para la biosfera. Se ha comprobado con claridad una propagación temporal de una capa de ozono debilitada («agujero de ozono») sobre las regiones ártica y antártica.

La intensidad de la radiación ultravioleta, o de la ultravioleta B, depende del tiempo atmosférico y de la situación geográfica. El Servicio Meteorológico Alemán publica en verano un pronóstico diario de índices ultravioleta:

Índice UV	Riesgo	Posibilidad de quemadura solar	Medidas de protección
8 y más	Muy alto	En menos de 20 minutos	Indispensables
5 a 7	Alto	A partir de 20 minutos	Convenientes
2 a 4	Medio	A partir de 20 minutos	Aconsejables
0 a 1	Bajo	Improbable	Innecesarias

El factor protector de las cremas solares debería doblar al menos el índice UV (en Alemania 15 y en zonas mediterráneas 20). En el caso de los niños, el factor protector no debería bajar de 20 (información del DWD).

El cambio climático resulta más manifiesto en la agricultura y el caudal de los ríos. Los ríos, como el Níger y el Nilo, llevan cada vez menos agua. Si la cantidad de precipitaciones desciende en las zonas áridas alrededor de un 25 por ciento, el agua disponible se rebaja en un 80 por ciento. En las zonas de humedad moderada, disminuye en un 60 por ciento, y en los trópicos, en un 75 por ciento. Los estudios científicos prevén constantes cambios locales y temporales de las regiones con sequía e inundaciones en el futuro, lo cual no facilita la solución del problema.

Los cambios climáticos globales también plantean riesgos para la salud. Suponiendo variaciones en la cantidad de ozono existente en la atmósfera habrá que hacer frente sobre todo al calor, la radiación ultravioleta y el ensuciamiento del aire. Si un aumento de la temperatura dejara inactivo el mecanismo regulador humano para equilibrar la temperatura corporal, muchas personas sufrirían estrés por calor.

El catálogo de contramedidas es el siguiente: sustitución de los combustibles fósiles (casi 1/3) y mejor aprovechamiento energético basado en la combustión, limitaciones de velocidad para el tráfico rodado (30/80/100 km/h), mejor aislamiento de viviendas, reducción de CFC a casi 0, suspensión de desmontes mediante incendios en los trópicos (Brasil), así como un uso distinto de bosques y campos. El primer puesto como energía alternativa lo ocupa la energía solar.

Este problema volvió a manifestarse con gran claridad en la conferencia sobre la preservación del clima celebrada en diciembre de 1997 en Kioto, Japón. Los países industrializados ricos producen las tres cuartas partes de los gases invernadero. De ellos se esperaba que adoptaran compromisos concretos. Sin embargo, también aquí hay diferencias. Mientras que Alemania ha reducido las emisiones de CO_2 por debajo de los valores de 1990, Estados Unidos registra un aumento del 13 por ciento y Japón, de un 8 por ciento. Todos los cálculos efectuados mediante modelos concluyen que la expulsión global de estos gases perjudiciales continúa creciendo. El aumento mayor se espera en los países en vías de desarrollo, sobre todo en Asia. El desarrollo económico ha reportado «cuotas de emisión» a algunos países industrializados, sobre todo los del antiguo bloque del este, que en los próximos años deberán traducirse en dinero. Esto implica que los países que adquieran tales cuotas no tendrían que reducir sus emisiones de gases invernadero.

Conferencias climáticas de las Naciones Unidas

1992 Río de Janeiro: convención climática general como base para la protección internacional del clima. Los países aún se contentan con realizar una declaración de intenciones para reducir los gases invernadero.

1995 Berlín: las naciones deciden establecer objetivos de reducción y plazos temporales.

1996 Ginebra: conferencia sin progresos dignos de mención.

1997 Kioto: los países se comprometen al fin a cumplir objetivos concretos de reducción. Reducción en todo el mundo de las emisiones de gases invernadero en un 5 por ciento con respecto a los valores de 1990 entre 2008 y 2012. Los objetivos de reducción varían para cada país: Estados Unidos el 7 por ciento, UE el 8 por ciento.

1998 Buenos Aires: la conferencia se limita a un plan de trabajo para conferencias futuras.

2000 La Haya: Japón y sobre todo Estados Unidos se opusieron al compromiso de Kioto. Estados Unidos rechaza el protocolo de Kioto. El ministro de medioambiente neerlandés, Jan Pronk, propone un fondo de los países industrializados (1 millón de dólares anuales) para financiar la adopción de medidas protectoras del medio ambiente en los países en vías de desarrollo. En esta conferencia tampoco se alcanzaron acuerdos de cumplimiento obligado.

2001 Bonn: tras arduas negociaciones 180 países (sin Estados Unidos) acuerdan seguir avanzando en el cumplimiento del protocolo de Kioto. Aún no queda claro cómo se velará por el cumplimiento de los objetivos de reducción. Japón, Australia y Canadá deben permitir que sus medidas de explotación forestal se incluyan en los objetivos para la protección del clima.

2001 Marrakech: queda libre el camino para la ratificación del protocolo de Kioto a través de los países contratantes, el cual deberá entrar en vigor durante la segunda mitad de 2002.

En unas declaraciones de la Sociedad Meteorológica Alemana sobre los cambios climáticos que se publicaron en marzo de 2001 se dice, entre otras cosas: «Aunque las causas de los cambios climáticos son complejas y en absoluto se ha explicado suficientemente la importancia de los cambios climáticos naturales, el calentamiento global de los últimos 100 a 150 años se debe con gran probabilidad a la actividad humana, sobre todo al incremento constante en la producción de dióxido de carbono (CO_2) y otros gases traza que afectan al clima, junto con el uso de combustibles fósiles (carbón, petróleo y gas natural, incluyendo el tráfico rodado) y los desmontes forestales. En el caso de que la emisión de estos gases continúe aumentando al mismo ritmo que hasta ahora, es de temer un incremento de temperatura en términos globales de 1,4 a 5,8 °C durante los próximos 100 años. El amplio espectro de estas estimaciones se explica en su mayoría a partir de las incertidumbres de las actividades humanas futuras, pero también a partir de las imprecisiones que aún existen en los modelos climáticos. Por tanto, debemos entender mucho mejor, entre otros, los efectos de las nubes y las partículas en la atmósfera, el sistema de corrientes oceánicas y la relevancia del ecosistema en el devenir del clima. Es más, debemos lograr mayor resolución regional para efectuar predicciones más seguras y una interpretación más realista de las fluctuaciones temporales, incluyendo los eventos extremos».

DEUTSCHER
WETTERDIENST

Servicios meteorológicos y pronósticos del tiempo

La información sobre el desarrollo del tiempo interesa a todo el mundo. Asimismo, el éxito del trabajo en una serie de profesiones también depende de dicha evolución. Quienes se dedican a tales profesiones ya no saben manejarse sin los pronósticos meteorológicos. Las tareas de los servicios meteorológicos y de quienes trabajan en ellos no se limitan en modo alguno a efectuar pronósticos diarios. Junto a otras divisiones, existen departamentos de investigación dedicados a profundizar en el conocimiento del tiempo y el clima y relacionados con diversos aspectos sociales y científicos. Como ejemplo de estas especialidades se cuentan entre otras la meteorología agrícola y médica (biometeorología), la meteorología aeronáutica, la meteorología marítima, la radiometeorología, la meteorología por radar o la meteorología por satélite.

En documentos antiguos de la historia de la humanidad ya se informa sobre sucesos meteorológicos inusuales. Así, los libros de historia de Heródoto (484-408 a. de C.) contienen alusiones a tempestades que acabaron con ejércitos enteros. En el séptimo tomo de su *Geographica*, Estrabón mencionó en el siglo I a. de C. un violento aire tormentoso del mar del Norte como posible causa de la migración de los cimbrios y los teutones.

El término «meteorología» (disciplina dedicada a los fenómenos que se dan en la atmósfera terrestre) se remonta al filósofo griego Aristóteles (384-322 a. de C.). Los pueblos de la Tierra de todos los tiempos han efectuado observaciones meteorológicas. Con ellas reunían sobre todo datos regionales que han perdurado hasta hoy en la sabiduría popular («proverbios campesinos»). En especial, llama la atención el *Verdadero calendario secular,* que describe el resultado de siete años de observaciones meteorológicas del abad Mauritius Knauer (1612-1664) o lo que interesó de ellas a autores posteriores. Knauer tituló su obra como *Calendarium oeconomicum practicum perpetuum*. Tal como era habitual en aquel entonces, la obra contiene mezcladas observaciones astronómicas y meteorológicas, además de una explicación que, condicionada asimismo por la época, se basaba en influencias astrológicas. Knauer estaba convencido de la existencia de largos periodos en el devenir meteorológico. En el prólogo de su *Calendarium* también tenía idéntico consuelo para posibles pronósticos erróneos: «Si no todo concuerda al pie de la letra, sí lo hará al menos en su mayor parte; puesto que Dios todopoderoso no ha dictado en este caso ni propósito ni dimensión alguna».

Algunos proverbios campesinos en verso se remontan a la época de los babilonios. Werner P. Heyd publicó los refranes populares del sudoeste de Alemania en una obra titulada *Bauernweistümer, Wetterregeln und Lostagsprüche*, donde el autor tiene razón al destacar la relatividad de los refranes alusivos a la me-

◁ Observatorio meteorológico Hohenpeißenberg: edificio principal con plataforma de observación en el tejado y torre con cúpula de radar.

teorología y a los días clave: «Ante montañas se dan situaciones meteorológicas distintas a las de la meseta; las épocas de madurez y recolección, así como las de siembra en las tierras altas no coinciden con las de las tierras bajas, más fructíferas y de clima más benigno. Por tanto, los proverbios aquí recopilados no se pueden aplicar a cualquier lugar que se desee, y además porque, como en la actualidad se desconocen las épocas y los lugares de que son originarios, esos aspectos esenciales están confusos».

Históricamente tienen un interés particular los informes cometarios de los siglos XVII y XVIII. Entonces, al igual que en la Antigüedad y en la Edad Media, se creía que los cometas formaban parte de la Tierra como si pertenecieran, por decirlo así, a la familia de las nubes. A partir de los informes se deduce que entonces los fenómenos atmosféricos se observaban con mucha atención (más en la publicación de J. Classen: «15 Kometenflugblätter des 17. und 18. Jahrhunderts» en *Die Sterne 52* (1976), cuaderno 2, págs. 98-114).

El barómetro y el termómetro se remontan a los inicios de la meteorología científica. La evolución del tiempo se infería a partir de observaciones aisladas. Las series de mediciones periódicas comenzaron en el siglo XVIII. La estación meteorológica de montaña más antigua del planeta se encuentra en el pico Hohen Peißenberg (988 m) en la Alta Baviera. Desde 1781 se han realizado observaciones meteorológicas sistemáticas sobre esa montaña. En la actualidad alberga un observatorio meteorológico del Servicio Meteorológico Alemán dedicado a meteorología con radar y física de la precipitación.

El astrónomo y físico alemán Heinrich Wilhelm Brandes (1777-1834) utilizó observaciones barométricas y termométricas además de observaciones sobre la dirección y la intensidad del viento para confeccionar en 1820 los primeros mapas sinópticos del tiempo. Los estados empezaron a establecer cada vez más estaciones meteorológicas (Württemberg 1821, Prusia 1847). No obstante, un obstáculo fundamental para aprovechar las observaciones meteorológicas lo representaba la lenta transmisión de los resultados observacionales hasta otros lugares. La situación cambió con la invención del telégrafo (S. Morse 1837 y otros) y del teléfono (G. Bell 1876 y otros).

El periódico londinense *Daily News* reprodujo por primera vez un parte meteorológico telegráfico en 1848 y tres años después el público de la Exposición Universal de Londres asistió a la publicación de mapas meteorológicos diarios que reproducían la situación meteorológica de toda Europa. Los datos necesarios fueron cedidos por 22 estaciones meteorológicas de diversos países. Es posible que en Francia se acelerara la publicación de mapas meteorológicos diarios (desde 1855) por la impresión causada por la destrucción de una flota de guerra francesa durante una tempestad en 1854 en plena guerra de Crimea. En 1876 apareció el primer «mapa meteorológico diario» en Alemania, también publicado en los periódicos. Con ello se introdujo una observación sinóptica (= simultánea) del tiempo como base para las previsiones. Por tanto, la información meteorológica diaria también sirve como documentación para el desarrollo de la meteorología sinóptica. Asimismo, se conocía la importancia de la elaboración periódica de pronósticos meteorológicos para la navegación. El

Observatorio Marítimo Alemán, sito en Hamburgo y precursor del posterior Departamento de Meteorología Marítima, se convirtió a partir de 1871 en un punto central para todas las observaciones meteorológicas recibidas. Una importancia similar a la mencionada para la navegación la adquirió en el siglo XX el desarrollo de servicios meteorológicos y pronósticos para la aviación. De este modo, surgió el Servicio Meteorológico Aeronáutico durante los años de la primera guerra mundial, y el primer observatorio meteorológico aeronáutico centroeuropeo se erigió en Núremberg en 1921.

Ya desde muy pronto se desarrolló un trabajo internacional conjunto relacionado con el intercambio de observaciones meteorológicas. A raíz del congreso internacional de meteorólogos celebrado en Viena en 1873 se fundó la «Internationale Meteorologische Organisation» (IMO). Sus funciones fueron asumidas en 1948 por la Organización Meteorológica Mundial (World Meteorological Organization, WMO), un órgano de las Naciones Unidas con sede en Ginebra. Hoy en día, casi todos los países están adheridos a la WMO, entre ellos España, representada por el Instituto Nacional de Meteorología. La tarea más importante, tanto antes como ahora, de esta organización consiste en estrechar aún más la red de observación en toda la Tierra, lograr métodos de observación unificados y comparables, y transmitir las observaciones para que se interpreten con la mayor rapidez posible. Las ocho comisiones técnicas de la Organización Mundial determinan las especialidades que asimismo representan los departamentos de la mayoría de los servicios meteorológicos nacionales:

1. Meteorología sinóptica dedicada a preparar y publicar las previsiones del tiempo tal como las reciben también la radio, la televisión y los periódicos.
2. Meteorología aeronáutica («Servicio Meteorológico Aeronáutico») dedicada a informar sobre el tiempo en las líneas aéreas y al tratamiento estadístico de los elementos meteorológicos relevantes para la aeronáutica.
3. Climatología dedicada a la observación e interpretación de los elementos climáticos de importancia cada vez mayor para las necesidades de la vida pública (por ejemplo, la agricultura, la protección ambiental, la planificación territorial, la sanidad).
4. Física de la atmósfera. Aquí se incluyen trabajos de investigación sobre la atmósfera libre de la Tierra y tareas de vigilancia (por ejemplo, radiactividad, medición de vientos en altura).
5. Agrometeorología destinada a aplicar a la práctica agropecuaria los conocimientos meteorológicos y climáticos. Una de sus especialidades es la meteorología forestal.
6. Hidrometeorología dedicada a investigar sobre la formación de precipitaciones y las existencias de agua.
7. Meteorología marítima destinada a estudiar la evolución del tiempo y el clima en los mares del mundo.
8. Instrumentos y métodos de observación. En este caso se trata de seguir desarrollando los instrumentos meteorológicos, la planificación y el equipamiento instrumental de las estaciones meteorológicas.

Los programas que tienen mayor envergadura e importancia de la WMO son, entre otros:

- El programa de vigilancia meteorológica mundial (WWW). Representa la columna vertebral de todos los programas de la WMO y abarca centros de tratamiento de datos, sistemas de observación y de telecomunicaciones gestionados por cada servicio meteorológico para poner a disposición mundial la información meteorológica y geofísica pertinentes y necesarias para que los servicios meteorológicos e hidrológicos de cada país desempeñen su labor con eficacia. El WWW incluye además un programa para estudiar los tornados tropicales en el que colaboran más de 60 países, así como actividades relacionadas con satélites que deben contribuir a garantizar los datos y resultados obtenidos mediante satélites para labores meteorológicas.
  La red cuenta con los siguientes sistemas para observar el tiempo:

  - unas 10 000 estaciones terrestres en superficie por control directo o automático
  - 7000 buques meteorológicos
  - 3000 aviones con información meteorológica
  - 1000 estaciones de radiosondas
  - 600 boyas oceánicas
  - 500 estaciones con radares meteorológicos
  - 5 satélites meteorológicos geoestacionarios
  - 4 satélites meteorológicos en órbita polar
  - 3 centros meteorológicos mundiales: Washington, Moscú y Melbourne
  - unos 25 centros regionales (RSMC), entre ellos el de Offenbach, Bracknell, Toulouse, Praga, Roma y Sofía en Europa.

- Un programa sobre instrumentos y métodos de observación para asegurar la estandarización y el desarrollo de métodos de observación meteorológica (métodos de observación en especialidades anejas).
- El programa de clima mundial destinado a mejorar el conocimiento de los procesos climáticos mediante una investigación internacional coordinada y la supervisión de variaciones o cambios climáticos, lo cual permite impulsar planes y desarrollos económicos y sociales. Los aspectos de la investigación en este programa son responsabilidad conjunta de la WMO, el International Council of Scientific Unions y la comisión oceanográfica interestatal (IOC) de la UNESCO. La valoración de la influencia climática y las estrategias de respuesta correspondientes está coordinada por el programa medioambiental de las Naciones Unidas.
- El programa de investigación y desarrollo atmosférico destinado a fomentar el estudio de la atmósfera. Una parte está contenida en el Global Atmosphere Watch (GAW), las actividades de vigilancia e investigación, como el sistema global de observación del ozono (GO_3OS) y la red de vigilancia de la contaminación del aire. Con ello deben examinarse las alteraciones en la composi-

ción de nuestra atmósfera. Muchos servicios meteorológicos nacionales están vinculados al GAW. Además, el programa abarca: estudios relacionados con el sector de los pronósticos meteorológicos, la meteorología tropical, la física de las nubes y la química de las nubes así como la influencia del tiempo atmosférico.
- El programa de hidrología y las existencias de agua, que se ocupa de determinar la cantidad y calidad de las reservas de agua y de atenuar los daños causados por el agua. Abarca la normalización de todos los aspectos de las observaciones hidrológicas y la aplicación de las técnicas y métodos meteorológicos. El programa está muy vinculado al programa hidrológico internacional de la UNESCO.

El Instituto Nacional de Meteorología de España

El Instituto Nacional de Meteorología es uno de los organismos estatales de investigación más antiguos de España, puesto que cuenta con una historia de más de ciento cuarenta años. Inició su andadura con el nombre de Servicio Meteorológico Nacional, una denominación análoga a las que se mantienen en uso para la mayoría de sus análogos en otros países. Hasta el año 1978 el Instituto Nacional de Meteorología dependió de ministerios vinculados a la defensa, debido a su estrecha relación con la navegación tanto marítima como aérea. Desde esa fecha pasó a depender de ministerios civiles, relacionados con las obras públicas, el transporte y el medio ambiente.

El Instituto Nacional de Meteorología tiene su sede central en Madrid. Véase su dirección en la página 241.

La organización del Instituto se estructura en una secretaría general, tres subdirecciones generales, quince centros territoriales y tres organismos específicos: el Área de Relaciones Internacionales, el Servicio de Comunicación y el Observatorio de Izaña. El Instituto es gobernado por el Director General. Comentamos a continuación las características fundamentales de cada uno de los organismos que integran el Instituto Nacional de Meteorología de España.

La Secretaría General

Entre los organismos que componen la estructura del Instituto Nacional de Meteorología, la Secretaría General es probablemente el que menos pueda interesar a nuestros lectores desde un punto de vista científico, pero vale la pena dar algunas pinceladas sobre esta entidad, para adquirir una visión más cabal de las dimensiones y capacidades del Instituto.

La Secretaría General tiene encomendadas las funciones de gestión de recursos humanos y financieros, así como el establecimiento y cumplimiento del régimen interior. Consta de varias áreas, cuyos nombres describen sus funciones: financiera, recursos humanos, organización y métodos de trabajo, jurídica, microinformática, régimen interior.

Algunas cifras darán una idea de las dimensiones e importancia del Instituto Nacional de Meteorología. Cuenta con una plantilla de casi doscientos meteorólogos profesionales, casi trescientos diplomados en meteorología y más de quinientos trabajadores entre observadores de meteorología (encargados de obtener a diario los datos meteorológicos en las estaciones de observación) y calculadores administrativos. Se añade al personal científico mencionado el personal laboral y de apoyo, que asciende a más de trescientas personas. El personal total de Instituto se acerca a mil quinientos trabajadores. El presupuesto total del Instituto Nacional de Meteorología para el año 2000 ascendió a más de setenta y cinco millones de euros.

Las subdirecciones generales

Como hemos comentado, el Instituto Nacional de Meteorología consta de tres subdirecciones generales: Redes, Sistemas y Producción; Programas Especiales e Investigación; Atención al Usuario y Formación. Las subdirecciones generales dependen orgánicamente de la Dirección General, encabezada por el Director General.

Subdirección General de Redes, Sistemas y Producción Meteorológica

He aquí el peso pesado del Instituto, desde el punto de vista de la infraestructura. Esta subdirección es la responsable de la red de estaciones meteorológicas. Elabora las predicciones y avisos, suministra la información meteorológica a las Fuerzas Armadas, la navegación aérea, Protección Civil y al público general. Gestiona, también, el Banco Nacional de Datos Meteorológicos.

Para cubrir estos fines, esta subdirección cuenta con una red de recursos técnicos impresionante.

Empecemos por la infraestructura de observación meteorológica, la más relacionada con los asuntos tratados en este libro y por tanto la más cercana a los intereses de nuestros lectores.

La red sinóptica de superficie, el tejido básico de las estaciones meteorológicas clásicas, consta de 89 observatorios (un promedio de casi dos por provincia), donde se obtienen datos a horas prefijadas y siempre bajo la supervisión personal y directa de profesionales cualificados. Aunque muchas de estas estaciones cuentan con décadas de historia, todas ellas disponen en la actualidad de los recursos técnicos más avanzados.

La red sinóptica de altura cuenta con siete estaciones desde las que se analiza la estructura vertical de la atmósfera mediante ondas de radio.

La red de estaciones automáticas dispone de doscientos treinta y ocho emplazamientos donde, mediante instrumentos de medida y aparatos de comunicación de alta tecnología, se obtienen medidas automáticas cada diez minutos. Los datos obtenidos de este modo proporcionan a los datos meteorológicos una

Servicios centrales y centros territoriales del Instituto Nacional de Meteorología de España

Servicios Centrales. Sección de Información Meteorológica
Camino de las Moreras, s.n.
28040-Madrid
Tlf. 915 819 810; fax 915 819 811;
correo-e: infomet@inm.es
http://www.inm.es

Centro Meteorológico Territorial de Andalucía Occidental y Ceuta
Avda. Américo Vespucio, edificio S-7
Isla de La Cartuja
41092-Sevilla
Apartado de correos 709, 41080-Sevilla
Tlf. 954 460 858; fax 954 461 891;
correo-e: usuariosaoc@inm.es

Centro Meteorológico Territorial de Andalucía Oriental y Melilla
C/ Demóstenes, 2
Urbanización El Cónsul
29010-Málaga
Tlf. 952 611 725; fax 952 611 895;
correo-e: usuariosaor@inm.es

Centro Meteorológico Territorial de Aragón, La Rioja y Navarra
Polígono El Greco, edificio 1, planta 3
C/ Argualas, 40
50012-Zaragoza
Tlf. 976 569 736; fax 976 569 106;
correo-e: usuariosarn@inm.es

Centre Meteorològic Territorial de les Illes Balears
Moll de Ponent, s.n.
Porto Pi
07071-Palma de Mallorca
Tlf. 971 403 511; fax 971 404 626;
correo-e: usuariosbal@inm.es

Centro Meteorológico Territorial de Canarias Occidental
C/ San Sebastián, 77
Apartado 38071
38005-Santa Cruz de Tenerife
Tlf. 922 213 222; fax 922 225 248;
correo-e: usuarioscoc@inm.es

Centro Meteorológico Territorial de Canarias Oriental
C/ Historiador Fernando de Armas, 12
Urbanización El Zurbarán
35071-Las Palmas de Gran Canaria
Tlf. 928 430 601; fax 928 430 601;
correo-e: usuarioscor@inm.es

Oficina Meteorológica Provincial de Asturias
Tlf. 985 238 875; fax 985 257 733;
correo-e: usuariosovi@inm.es

Centro Meteorológico Territorial de Cantabria y Asturias
C/ Ricardo Lorenzo s.n.
39012-Santander (Cantabria)
Tlf. 942 393 050; fax 942 391 656;
correo-e: usuarioscas@inm.es

Centro Meteorológico Territorial en Castilla y León
C/ Orión, 1
47071-Valladolid
Tlf. 983 335 192; fax 983 351 825;
correo-e: usuarioscle@inm.es

Centre Meteorològic Territorial de Catalunya
C/ Arquitecte Sert, 1
08005-Barcelona
Tlf. 932 211 600; fax 932 211 692;
correo-e: usuarioscat@inm.es

Centro Meteorológico Territorial de Extremadura
Avenida de Elvas s.n.
06071-Badajoz
Tlf. 924 286 430; fax 924 276 905;
correo-e: usuariosext@inm.es

Centro Meteorológico Territorial de Galicia
C/ Gregorio Hernández s.n.
Apartado 4644
15071-La Coruña
Tlf. 981 253 199; fax 981 251 640;
correo-e: usuariosgal@inm.es

Centro Meteorológico Territorial de Madrid y Castilla-La Mancha
Parque del Retiro, Paseo de Uruguay, 2
Apartado 285
28080-Madrid
Tlf. 915 733 779; fax 915 042 794;
correo-e: usuariosmcm@inm.es

Centro Meteorológico Territorial de Murcia
Avenida de la Libertad, 2
Apartado 138
30100-Espinardo (Murcia)
Tlf. 968 834 063; fax 968 830 423:
correo-e: usuariosmur@inm.es

Centro Meteorológico del País Vasco
Villa Etxalde-Borda
C/ Caserío Parada, 48
20015-Donostia
Tlf. 943 392 000; fax 943 401 413;
correo-e: usuariospva@inm.es

Centre Meteorològic Territorial de València
C/ Botànic Cavanilles, 3
Apartado 22043
46010-València
Tlf. 963 932 284; fax 963 694 976;
correo-e: usuariosval@inm.es

densidad espacial y temporal imprescindible para la elaboración de los modelos predictivos modernos.
Esta subdirección controla también una red de catorce radares meteorológicos que cubren todo el territorio español, y quince sistemas detectores de rayos que abarcan la España continental y Baleares.
Todo lo anterior se refiere a la observación meteorológica en superficie, pero la Subdirección General de Redes, Sistemas y Producción Meteorológica dirige también el sistema de recepción y análisis de datos meteorológicos procedentes de satélites, del que se volverá a hablar más adelante.
La enumeración completa de las tareas desempeñadas por esta subdirección resultaría prolija y aburrida, pero reparemos tan sólo en la complejidad de la red de comunicaciones e informática necesaria para recolectar y procesar toda la información mencionada. Pensemos también en las complejas tareas de elaboración e interpretación de modelos meteorológicos, que requieren superordenadores con gran potencia de cálculo y sistemas de archivo electrónico eficientes y de gran capacidad.

Subdirección General de Programas Especiales e Investigación Climatológica

Esta subdirección se encarga de otro de los aspectos científicos fundamentales y más interesantes para nuestros lectores: la investigación básica sobre atmósfera, tiempo y clima, tanto a nivel nacional como internacional. Para ello cuenta con una intensa actividad de colaboración con otros organismos de investigación españoles y extranjeros, sobre todo universidades.
Esta subdirección participa en la gestión del Banco Nacional de Datos Climatológicos. Entre sus labores principales se halla, también, desempeñar las tareas necesarias para el funcionamiento del Consejo Nacional del Clima.
El Consejo Nacional del Clima es el organismo estatal encargado de elaborar la estrategia española frente al cambio climático, que establecerá un conjunto de planes y programas nacionales y sectoriales encaminados a cumplir los compromisos internacionales para la solución de los problemas causados por el cambio climático.

Subdirección General de Atención al Usuario

He aquí una subdivisión del Instituto con la que el lector tendrá que tratar a menudo. Esta subdirección es la encargada de relacionarse con administraciones públicas y entidades privadas para ofrecerles diversos productos y servicios, velando siempre por su calidad y su adecuación a la demanda.
Reciben atención prioritaria los usuarios esenciales, que son los siguientes: Protección Civil, Fuerzas Armadas, Aviación Civil, Marina Mercante y otras administraciones públicas.

De esta subdirección dependen el Centro de Documentación, que consta de biblioteca, imprenta y servicio de publicaciones. La biblioteca del Instituto es la más importante de España sobre asuntos meteorológicos, y supone una referencia obligada para todos los investigadores del área. Sus fondos más antiguos datan del siglo XVII.

La Subdirección General de Atención al Usuario mantiene varios servicios de información: *Teletiempo*, páginas en Internet, contactos con medios de comunicación y *Tienda del Tiempo*.

Teletiempo es un servicio de información meteorológica canalizado a través del número 906 365 365. El servidor del Instituto en Internet ofrece gran cantidad de datos a través de la dirección http://www.inm.es. Los contactos con los medios de comunicación pretenden poner a disposición de las principales cadenas televisivas, emisoras radiofónicas y la prensa datos de calidad avalados por el Instituto, y sobre los cuales cada medio basa su información diaria. La *Tienda del Tiempo* es un servicio nuevo del Instituto, accesible en su sede central y en los centros territoriales, donde pueden adquirirse todos los productos del Instituto Nacional de Meteorología: cartografía, publicaciones, servicio de datos meteorológicos, etcétera.

Los centros meteorológicos territoriales

El Instituto Nacional de Meteorología se aproxima a la ciudadanía y a las administraciones mediante una red descentralizada de centros territoriales.

Cada centro territorial se organiza con una estructura análoga a la de los servicios centrales del Instituto. Así se descentraliza el mantenimiento de las redes de observación, la recolección de datos, la elaboración de predicciones y productos específicos de interés local y la ejecución de estudios centrados en comarcas o áreas concretas.

Los quince centros territoriales son: Galicia; Cantabria y Asturias; País Vasco; Aragón, La Rioja y Navarra; Cataluña; islas Baleares; Castilla y León; Extremadura; Madrid y Castilla-La Mancha; Valencia; Andalucía Occidental y Ceuta (Huelva, Sevilla, Cádiz, Córdoba, Ceuta); Andalucía Oriental y Melilla (Jaén, Málaga, Granada, Almería, Melilla), Canarias Occidental (La Palma, Hierro, Gomera, Tenerife); Canarias Oriental (Gran Canaria, Lanzarote, Fuerteventura).

En la tabla de la página 241 se enumeran las direcciones de contacto de los servicios centrales y de los centros territoriales del Instituto Nacional de Meteorología.

Área de Relaciones Internacionales

El Área de Relaciones Internacionales coordina la cooperación con los servicios meteorológicos de otros países, así como con los organismos internacionales dedicados a las ciencias de la atmósfera. Esta área encauza la participación española en la Organización Meteorológica Mundial (WMO), así como en el Centro Europeo de Predicción Meteorológica a Medio Plazo y en el consorcio EUMETSAT, que gestiona la operación y explotación de los satélites meteorológicos europeos. También se encarga de la representación española en el Grupo Intergubernamental de Expertos sobre el Cambio Climático y en los comités meteorológicos de otros organismos internacionales (OACI, OTAN, etc.).

Servicio de Comunicación e Imagen Corporativa

Este departamento se encarga de las relaciones del Instituto con los medios de comunicación. A través del mismo se encauza la información destinada a los periodistas que informan sobre el tiempo al público general: emisoras de radio, prensa diaria, agencias informativas, televisiones y revistas.
Este departamento emite, asimismo, notas de prensa sobre acontecimientos destacados (inundaciones, olas de frío o de calor, periodos de sequía, etc.).
El Servicio de Comunicación es responsable del boletín informativo impreso interno del Instituto, *El Observador*, de carácter bimensual, así como de una agenda meteorológica anual.

El Observatorio Atmosférico de Izaña

Este observatorio depende directamente de la Dirección General del Instituto. Está ubicado en Izaña, un lugar cercano al preparque del Parque Nacional del Teide, en la isla de Tenerife, a una altura de más de dos mil trescientos metros sobre el nivel del mar. En este observatorio se desarrollan trabajos de investigación relacionados con todos los aspectos de la observación meteorológica, entre ellos los que tienen que ver con el cambio climático, enmarcados en el Programa de Vigilancia Atmosférica Mundial.

Las prestaciones del Instituto Nacional de Meteorología

El Instituto Nacional de Meteorología ofrece una serie variada de prestaciones y servicios. Algunos de ellos, los llamados servicios esenciales, se dirigen sin coste alguno a determinados organismos públicos. El resto de prestaciones, los servicios comerciales, se prestan a organizaciones y particulares a un precio determinado.
Los servicios esenciales son gratuitos para los organismos receptores, lo cual no quiere decir que su coste sea nulo, sino que se financian a través de los presupuestos generales del Estado español. Entre los receptores de servicios esenciales se encuentran la Dirección General de Protección Civil, los organismos de lucha contra incendios forestales, los consejos de seguridad nuclear,

las Fuerzas Armadas, Marina Mercante, Aviación Civil, Vigilancia Aduanera y otras entidades del Estado y las Comunidades Autónomas.
Entre las prestaciones comerciales se cuentan multitud de servicios de interés, como los ofrecidos a autoridades judiciales, medios de comunicación, aeronáutica civil, investigación, educación, etc. Para nuestros lectores serán del máximo interés las prestaciones ofrecidas al público general, entre las que se cuentan el servicio telefónico *Teletiempo*, las publicaciones y la información directa por solicitud específica.

Teletiempo

Teletiempo es un sistema de información meteorológica por teléfono que ofrece datos generales sobre España, y también a nivel autonómico y provincial. Asimismo, permite acceder a información específica orientada a navegación marítima, áreas de montaña e información internacional.
Se accede al servicio general para toda España a través del número 906 365 365. Si se desea acceder a información provincial y autonómica, debe marcarse el número 906 365 3 seguido de las dos primeras cifras del código postal de la provincia en cuestión. La información ofrecida incluye datos sobre las últimas 24 horas, predicciones para el día siguiente y para los días próximos, y predicciones urbanas para grandes capitales de provincia.
La información marítima es accesible a través de varios números de teléfono; todos ellos empiezan con 906 365, y terminan en tres cifras que dependen del área: 370 para Baleares y Mediterráneo; 371 para el litoral peninsular mediterráneo; 372 para el litoral cantábrico y gallego y para el Atlántico al norte de la Península; 373 para el litoral andaluz, Canarias, y para el Atlántico al sur de la Península y Azores.
La información de montaña se ofrece por el mismo sistema, con los números siguientes: 380 Pirineos; 381 Picos de Europa; 382 Sierra de Madrid; 383 Sistema Ibérico; 383 Sierra Nevada.
El número de información internacional (Europa) es el 906 365 388.
El Instituto Nacional de Meteorología ofrece muchos otros servicios. La relación completa puede consultarse a través de las páginas del Instituto en Internet. Destacamos aquí, por su interés especial, los siguientes productos: datos brutos para especialistas, mapas diversos (precipitaciones, isobaras, rayos, etc.), salidas de modelos numéricos, información elaborada (incluyendo predicciones), imágenes de satélite, datos climatológicos, etc.

Costes y utilidad

Queda añadir unas líneas acerca de los costes y la utilidad de los servicios meteorológicos oficiales. El enorme avance técnico de las últimas décadas ha exigido gastos considerables en el terreno del tratamiento de datos, la transmisión de los mismos, la técnica de satélites y el sistema de instrumentación, y continuará haciéndolo en el futuro. Para ir al paso del desarrollo técnico hay que invertir cada año fondos presupuestarios que ascienden a millones de euros. No obstante, las consideraciones en cuanto a costes-utilidad indican una proporción en meteorología de 1:20 y demuestran con ello que los fondos que los estados destinan a la meteorología están muy bien invertidos desde un punto de vista económico aun cuando no siempre se traduzcan en ganancias para servicios meteorológicos nacionales.

Avances técnicos al servicio de la meteorología

El trabajo de los servicios meteorológicos depende de innumerables observaciones aisladas. En primer lugar, porque hay miles de estaciones de suelo en cada país que por lo común emiten informaciones meteorológicas cada tres horas: sobre precipitaciones en el lugar de observación, sobre la dirección y la intensidad del viento, sobre la radiación solar, etc. En segundo lugar, más de dos tercios de la superficie terrestre están cubiertos de agua. Como la evolución del tiempo en el mar es muy importante, las observaciones meteorológicas a bordo de buques resultan indispensables. El servicio meteorológico también recibe información meteorológica cada tres horas desde cientos de estaciones en barcos. Los buques meteorológicos son estaciones de un tipo particular que se especializan en observaciones meteorológicas y se mantienen en lugares muy concretos de los océanos del mundo. Desde estas embarcaciones se lanzan radiosondas que aportan datos sobre las condiciones meteorológicas que imperan a alturas de hasta 20 y 30 kilómetros. Los globos con radiosondas también parten desde estaciones terrestres escogidas y aportan datos de mediciones al servicio meteorológico dos veces al día.

La elaboración de pronósticos del tiempo era y es una tarea compleja. En realidad hay que enfrentarse a una cantidad gigantesca de procesos que ocurren en la atmósfera terrestre cada segundo. A eso se suman los efectos externos a la atmósfera, por ejemplo, los que induce la superficie terrestre. Lo mínimo necesario para efectuar un pronóstico es una red eficaz de estaciones de observación y un sistema de comunicación de datos, que en el siglo XIX brindaban el telégrafo y el teléfono. Gracias a ello se logró la condición indispensable para una supervisión simultánea de la atmósfera desde la superficie terrestre («método sinóptico»).

Si la meteorología del siglo XIX dependía por completo de las mediciones tomadas desde la superficie, en el siglo XX accedió a la «tercera dimensión» con un instrumento nuevo. Tras los primeros intentos llevados a cabo incluso antes de 1900, a partir de la década de 1930 se emplearon con regularidad globos meteorológicos y radiosondas transportadas que permiten trazar mapas meteorológicos de altura.

Globos sonda no tripulados y equipados de termógrafos y meteorógrafos (para la presión, la temperatura y la humedad) alcanzaron en la década de 1890 alturas de hasta 9000 metros. Entonces, las predicciones meteorológicas también se servían de globos cautivos y de globos cometa. Una «estación de cometas del observatorio marítimo alemán» de Hamburgo-Großbrostel entró en funcionamiento el primero de abril de 1903. Dos décadas después, le siguieron vuelos meteorológicos de aviones que aún desempeñaron un papel importante durante la segunda guerra mundial.

A pesar del desarrollo experimentado por las técnicas de medición, el método sinóptico alcanzó su límite debido a la complejidad de los procesos atmosféricos. A John von Neumann, matemático estadounidense, se le ocurrió en 1947 poner los ordenadores al servicio de los pronósticos meteorológicos. Fue el comienzo de las predicciones numéricas. Los ordenadores de cálculo rápido y de memoria cada vez mayor producen hoy en día mapas de predicción en pocos segundos. «Los servicios meteorológicos disponen hoy, junto a los estados mayores de las grandes potencias, los ordenadores más modernos y veloces del mundo. Con ellos se obtienen pronósticos de tendencias meteorológicas con los que se calcula de antemano la evolución de las situaciones meteorológicas generales para varios días. Los resultados se ponen, por ejemplo, a disposición del ramo de la construcción y de la agricultura, aunque también la navegación marítima se beneficia de los informes del tiempo en el mar y del asesoramiento sobre rutas» (K.E. Puls en «Der Wetterlotse» marzo/abril de 1983). En la actualidad, los pronósticos de tendencias comprenden 6 días y deben hacerse extensivos para 10 días. Esto sólo es posible aplicando los datos de las grandes computadoras (véase el apartado siguiente).

Las técnicas de medición meteorológica experimentan una evolución constante. Una parte importante la representan los métodos de radar. El objetivo consiste en favorecer el servicio sinóptico y aeronáutico mediante predicciones a plazo corto, así como confeccionar valores de precipitaciones que cubran una amplia superficie para la climatología, la agrometeorología e hidrología mediante la aplicación de instrumentos meteorológicos de radar modernos y digitales. Los datos obtenidos por radar también se necesitaron para muchos otros fines, desde el análisis numérico, hasta la regulación de daños a través de seguros.

El servicio de medición de radiactividad ha ido cobrando una importancia cada vez mayor. En 1992, el Servicio Meteorológico Alemán efectuó por primera vez vuelos sobre Alemania para supervisar también la alta atmósfera.

El desarrollo de la electrónica deparó con eficacia el desarrollo de los equipos automáticos de medición. Las estaciones meteorológicas automáticas existen también en los buques faro y en faros. La transmisión de los datos que obtienen se realiza ya en parte mediante satélite.

La predicción meteorológica mediante modelos numéricos en superordenadores

Con la capacidad de rendimiento de los grandes ordenadores, que aumenta con los años, y la obtención constante de conocimientos nuevos en los estudios atmosféricos, se pueden mejorar sin cesar los modelos con los que se describen las evoluciones físicas de la atmósfera y configurarse con más complejidad. Dada la importancia de los modelos numéricos en la meteorología moderna, en esta sección ofrecemos una descripción de las técnicas de cálculo implicadas, los ingredientes de los modelos y las prestaciones que proporcionan.

Se entiende por predicción numérica del tiempo la simulación de los procesos atmosféricos en ordenadores, con el objetivo de describir el estado actual y futuro de la atmósfera en una zona determinada.

Los modelos de predicción numérica constan de diversos ingredientes fundamentales. Una parte esencial la constituyen los **superordenadores** que se emplean como herramientas, y sin los cuales no sería posible realizar pronósticos fiables. Por otra parte, resultan de importancia crucial las **leyes físicas** implicadas en la evolución de la atmósfera, que deben conocerse con precisión e introducirse en los modelos en forma de ecuaciones diferenciales, que luego los ordenadores resolverán de forma numérica. Para la resolución de las ecuaciones es necesario introducir en los modelos el último ingrediente de los modelos numéricos: **información precisa y completa sobre el estado actual de la atmósfera,** obtenida a partir de estaciones de medida.

En los comienzos de la supercomputación mediante aparatos electrónicos se tendía a obtener mayor potencia de cálculo mediante el diseño e implementación de microprocesadores cada vez más sofisticados. Esta tendencia sigue teniendo sentido para ordenadores de propósito general y para usuarios modestos, aparatos que suelen estar dotados de uno o a veces dos procesadores. Sin embargo, durante la última década se han producido grandes avances en potencia de cálculo gracias no sólo a la mejora individual de los procesadores, sino también a la conexión mutua de grandes redes de procesadores, que suman sus potencias y conforman así los denominados «ordenadores paralelos». En este tipo de máquinas, el cálculo se distribuye entre los distintos procesadores interconectados, de manera que diferentes partes del problema se resuelven simultáneamente y el proceso global se ve así muy acelerado. Un procesador aislado, por muy veloz que sea, sólo puede ejecutar una tarea cada vez, de modo que se ve obligado a resolver las diferentes partes de un problema de manera secuencial, una tras otra. La posibilidad de abordar partes distintas de un problema *simultáneamente* es la característica que multiplica las capacidades de las máquinas paralelas, dotadas de multitud de procesadores independientes. Los ordenadores *masivamente paralelos* más recientes llegan a combinar centenares de procesadores. Este tipo de máquinas supone un reto no sólo desde el punto de vista de la ingeniería y el diseño, sino también para los programadores, que deben construir los algoritmos de maneras específicas para aprovechar al máximo las posibilidades de estos sistemas.

Si bien los avances de la tecnología más moderna son fundamentales para los métodos actuales de predicción meteorológica, no debemos olvidar que todos estos cálculos se basan en teorías físicas y ecuaciones conocidas desde hace bastante tiempo. Todos los modelos numéricos se basan en las mismas ecuaciones físicas, y se diferencian en el resto de ingredientes (ordenadores usados, método de resolución y cálculo, manera de introducir las condiciones actuales). Las ecuaciones implicadas describen seis aspectos físicos. En primer lugar, un conjunto de ecuaciones describe el movimiento horizontal de las masas de aire y refleja principios físicos fundamentales como la segunda ley de Newton, la conservación de la cantidad de movimiento, las fuerzas debidas a cambios de presión y la fuerza de Coriolis debida a la rotación del planeta. La ecuación hidrostática describe la física del aire como un fluido compresible que cumple varios requisitos, como la compensación de la fuerza gravitatoria por las fuerzas debidas a gradientes de presión. La ecuación termodinámica describe el comportamiento de las masas de aire frente a cambios térmicos, relacionados con los cambios de presión, y esencialmente se reduce al principio de conservación de la energía. La ecuación de continuidad expresa el principio de conservación de la masa: pase lo que pase con el aire, los procesos meteorológicos nunca implican la creación ni la desaparición de masas de aire. La ecuación de estado relaciona la presión, la densidad y la temperatura para el material concreto que compone la atmósfera. La ecuación del vapor de agua tiene en cuenta el cambio en el contenido de agua y sus propiedades a medida que evoluciona una masa de aire dada.

Las ecuaciones mencionadas son de carácter diferencial, esto es, expresan no tanto la relación entre valores concretos de las magnitudes, cuanto la relación entre los *ritmos de variación* de esas cantidades a medida que se desarrolla el proceso físico. La resolución de estas ecuaciones constituye un problema matemático formidable y que sólo puede abordarse mediante procedimientos aproximados y a través del cálculo intensivo. Al menos en principio, la solución de las ecuaciones puede ser todo lo exacta que se desee si se dispone de suficiente potencia de cálculo. En la práctica, no sólo la potencia de cálculo no es ilimitada, sino que tampoco se dispone de datos infinitamente exactos sobre el estado de partida de la atmósfera. Ello, unido al carácter intrínsecamente caótico de los procesos meteorológicos, hace que los resultados de los modelos no puedan ser exactos, aunque la mejora en potencia de cálculo y en calidad de datos de entrada los ha mejorado mucho y hace que aún pueda recorrerse mucho camino en ese sentido en el futuro cercano.

Para resolver las ecuaciones diferenciales mediante ordenadores suele dividirse el espacio abarcado por el modelo (por ejemplo, Europa occidental) en una rejilla de puntos. Cuantos más puntos se consideren, más exacto será el resultado, pero más potencia de cálculo se requerirá. Los procesos a gran escala (regiones de altas y bajas presiones) se abordan con modelos que abarcan varios millares de kilómetros. Otros fenómenos de importancia local pueden tratarse en modelos cuya rejilla de puntos cubre decenas de kilómetros. Por supuesto, en condiciones ideales nos gustaría disponer de un modelo que cubriera todo el globo terrestre con una rejilla de puntos separados muy pocos kilómetros entre sí, pero la potencia de cálculo que requeriría queda fuera del alcance de los ordenadores actuales. De este modo, la separación horizontal de los puntos de rejilla de los modelos actuales va de unos 400 kilómetros a unos 15 kilómetros. Una división semejante se efectúa en sentido vertical, separando la atmósfera en capas. Cuantas más capas se consideren, mejores serán los resultados. Suelen considerarse de 5 a 20 superficies superpuestas. Finalmente, debe realizarse una división similar en pasos para el parámetro tiempo. El refinamiento de los modelos conlleva que se incorporen procesos físicos conocidos, pero descartados en un principio para simplificar los cálculos, tales como la turbulencia, la convección, la radiación, la nubosidad y la influencia de la superficie terrestre en la atmósfera. De este modo, además de informar sobre la presión, el viento y la temperatura, los cálculos informan también sobre las nubes y el tipo de precipitaciones, lluvia o nieve.

Finalmente, aparte de los ordenadores, las ecuaciones y los métodos de resolución de ecuaciones, deben introducirse los datos de partida sobre el estado actual de la atmósfera, a partir de los cuales el modelo elaborará una predicción para el futuro. En condiciones ideales, el modelo debería recibir como entrada datos exactos sobre el estado de la atmósfera en todos los puntos de su rejilla. Sin embargo, el número de estaciones meteorológicas es limitado, y los datos que proporcionan están afectados por un cierto margen de error. Por lo tanto, son necesarios procedimientos de asimilación de datos que, a partir de las estaciones meteorológicas disponibles y a partir de otras informaciones (satélites, principios físicos, etc.), ofrezcan al modelo datos de entrada sobre la situación actual de la mayor calidad posible.

En la actualidad, todo centro de predicción meteorológica desarrolla simultáneamente varios modelos, aplicables a varias escalas. Suele tenerse en cuenta un modelo global, con una rejilla que cubre todo el planeta con puntos separados por centenares de kilómetros y de una a dos decenas de superficies en vertical. De este modo, un modelo global completo puede implicar rejillas tridimensionales con alrededor de medio millón de puntos, y con pasos temporales de cálculo del orden de 15 minutos. De este modo, se obtiene un valor medio para cada parámetro meteorológico por cada cuadro de rejilla. Esto significa un valor para la temperatura, la presión atmosférica, el viento, etc., para una zona bastante amplia. Para detallar las predicciones, y dado que por el momento no es posible reducir la distancia de la rejilla del modelo global debido a limitaciones en las técnicas de cómputo, se suele complementar el modelo global con otro de media escala y que también cuenta a intervalos temporales más cortos. Este modelo regional tiene el mismo número de superficies verticales y, en cada superficie, muestra una separación entre los puntos de la rejilla de decenas de kilómetros. Para Europa, un modelo regional típico cubre el Atlántico Norte hasta la región tropical, Groenlandia, la parte occidental del océano polar Ártico, Europa con el Mediterráneo y la costa norteafricana, así como la parte occidental de Oriente Próximo. No obstante, para predicciones locales útiles, aún es necesario introducir modelos más restringidos, de pequeña escala, que suelen abarcar áreas del tamaño de los estados grandes de Europa central (Francia, Alemania, España) y que son los que proporcionan las predicciones finales que solemos recibir a través de los medios de comunicación. Suelen contar con separaciones entre puntos de la rejilla de poco más de 10 kilómetros en cada una de las 20 superficies superpuestas. Aunque abarca una región limitada, el modelo local cuenta con un número de puntos en su rejilla tridimensional del orden de medio millón, y su paso temporal es de pocos minutos. No obstante, los cálculos implicados suelen ser más complejos que los de los modelos de escala mayores, al incorporar elementos tales como detalles orográficos específicos, por ejemplo, cordilleras, lagos y costas.

Satélites meteorológicos

La observación terrestre mediante satélites se ha convertido hoy en día en una fuente de información irrenunciable. Con ellos, la superficie de la Tierra se observa desde distintos puntos del espacio tanto mediante fotografías en el intervalo de luz visible, como mediante la aplicación de sensores adecuados en otras bandas espectrales. Los satélites envían a la Tierra corrientes de datos digitales que una vez aquí se ensamblan para formar espléndidas imágenes.
Los datos de esos satélites son útiles para numerosos campos prácticos de aplicación. Así, sirven para observar la atmósfera y el clima. Detectan alteraciones en la capa de ozono y miden la expansión de sustancias perjudiciales. Al observar los océanos y regiones polares captan la posible fundición de los casquetes polares. La observación de la superficie continental sirve para el registro y la triangulación cartográficos, para detectar el aumento de páramos y regiones desérticas y para el descubrimiento de yacimientos de materias primas. De las observaciones terrestres desde satélites se benefician asimismo la agricultura y la investigación y los controles medioambientales. La naturaleza global de la observación de la Tierra favorece una colaboración internacional más intensa. Alemania participa en una serie de proyectos importantes de investigación entre los que se cuentan:

- Observaciones y predicciones meteorológicas mediante los satélites METEOSAT y NOAA.
- La observación de los océanos y regiones polares con el satélite ERS-1.
- Observaciones ópticas y optoelectrónicas de la superficie continental mediante una cámara de mediciones en serie de la primera misión Spacelab, 1983.
- Medición de la concentración de gases traza relevantes para el clima y perjudiciales para la capa de ozono con un radiómetro de ondas milimétricas a bordo del transbordador espacial.
- Medición del balance radiativo global.

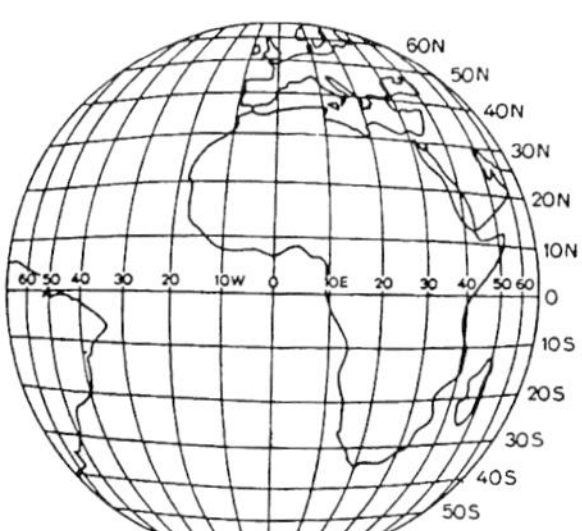

Desde 36 000 km de altitud, el radiómetro del METEOSAT abarca casi un tercio de la superficie terrestre. La figura muestra aproximadamente el campo visual del METEOSAT (compárese con fotografía en pág. 11).

La Agencia Espacial Europea ESA lanzó en 2002 su satélite de observación de la Tierra más grande y costoso hasta el momento, el ENVISAT. Este satélite de 8 toneladas de peso, 10 metros de altura y dos mil millones de euros se halla a 800 kilómetros de altura en órbita polar. La superficie y los mares terrestres se analizan mediante instrumentos especiales. El ENVISAT registra con espectrómetros los gases traza de la atmósfera, entre ellos el ozono, el dióxido de carbono y los CFC, y determina su distribución en altura. Mediante radar se miden desplazamientos de la superficie planetaria y con un sensor de infrarrojos, la temperatura del mar. Los servicios meteorológicos de los países miembros de la ESA reciben con regularidad datos útiles sobre la atmósfera para la elaboración de pronósticos. Se espera que este aparato universal se mantenga en funcionamiento durante al menos 5 años.
El empleo de satélites comenzó en la década de 1960. En abril de 1960, los estadounidenses pusieron en órbita su primer satélite meteorológico (Tiros I). Le siguieron otros satélites meteorológicos, también soviéticos. Los meteorólogos

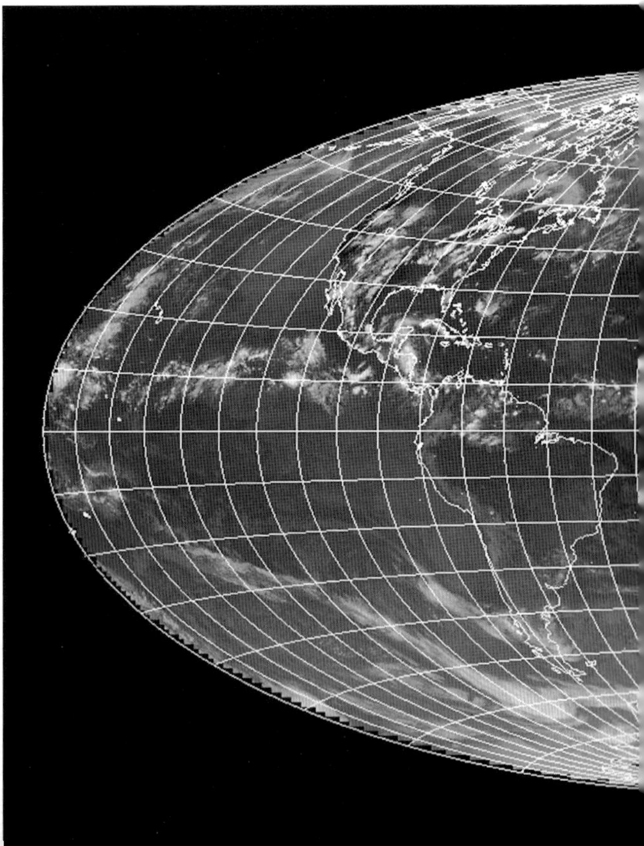

Evolución atmosférica de la Tierra. Composición en una sola imagen de tomas obtenidas por cinco satélites geoestacionarios en órbita alrededor del globo. 10 de agosto de 2001 (DWD).

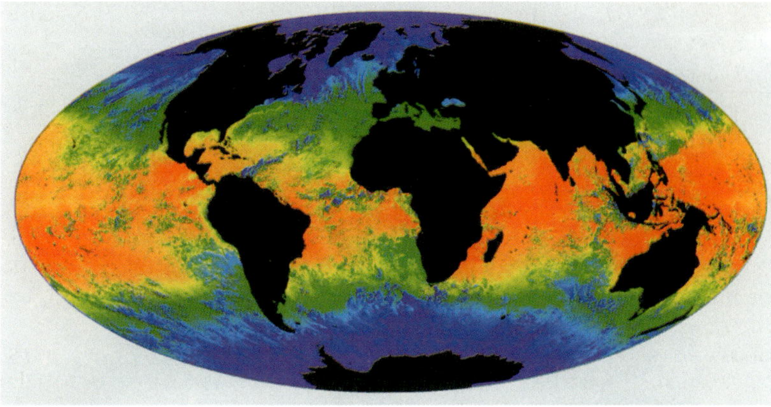

Los satélites modernos permiten medir la distribución global de la temperatura superficial del mar. Las regiones cálidas aparecen en rojo y tonos anaranjados, mientras que las frías están en azul.

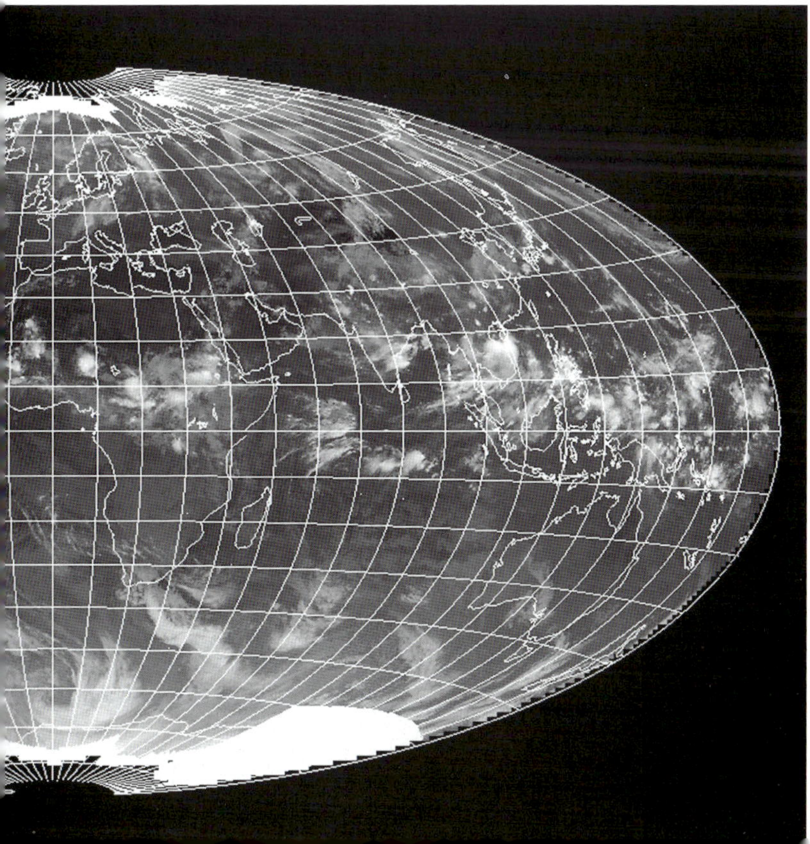

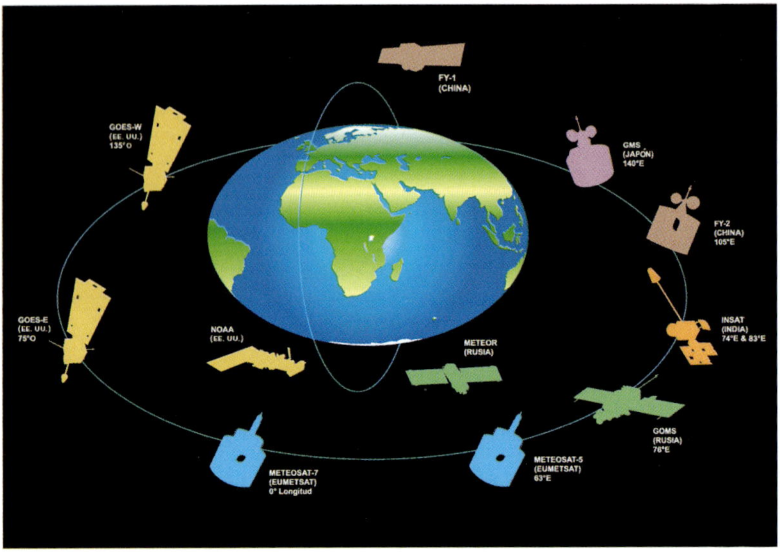

Los satélites meteorológicos en activo de seis organizaciones distintas del mundo se dividen en dos clases.
Los satélites geoestacionarios se desplazan alrededor del ecuador a unos 36 000 km de altitud. Cada uno de estos satélites obtiene una imagen de la Tierra a intervalos de media hora.
Los satélites en órbita polar dan catorce vueltas a la Tierra en un día a una altura aproximada de 850 km. Cada uno de estos satélites envía imágenes y otros datos de toda la superficie terrestre dos veces al día.

reconocieron muy pronto la inmensa importancia de esta nueva ayuda técnica para efectuar predicciones. A comienzos de la década de 1960, la organización mundial de meteorología (WMO) fundó el programa de «Vigilancia Meteorológica Mundial» (WWW). Los satélites meteorológicos servirían para cubrir los huecos en la red de observación de toda la Tierra, sobre todo la de las zonas significativas para la evolución meteorológica, como las próximas al ecuador y a los polos.

Desde 1960, la mayoría de los satélites meteorológicos han sido puestos en órbita por Estados Unidos y la Unión Soviética. Gran parte de estos satélites sigue órbitas polares, con las cuales el plano orbital del satélite forma un ángulo de entre 80 y 100 grados con el plano del ecuador. Los satélites se desplazan a alturas entre 800 y 1500 kilómetros, y sus periodos orbitales van de 90 a 120 minutos. Estos aparatos dan entre 12 y 16 vueltas a la Tierra en un día. Con un periodo orbital de 120 minutos, el satélite sobrevuela a diario dos veces la misma zona, una durante el día y otra durante la noche hacia la misma hora.

Los satélites meteorológicos geoestacionarios existen desde el año 1966. Estos aparatos, situados a 36 000 kilómetros de altura, tienen un periodo orbital de un

día. Se desplazan sobre su órbita a la misma velocidad con que gira la Tierra sobre su propio eje. El satélite parece mantenerse quieto sobre un punto del ecuador.
Existen diversos métodos para estabilizar satélites. Con la corrección en los tres ejes espaciales, los instrumentos de medida se mantienen orientados hacia la Tierra de manera constante. Los satélites de giro estabilizado rotan alrededor de un eje perpendicular a la órbita. Los instrumentos de medición señalan a la Tierra sólo de forma discontinua.
El desarrollo de un satélite meteorológico europeo se debió a una decisión de los servicios meteorológicos de Europa occidental a comienzos de la década de 1970. En 1972, los 8 estados miembros de la Agencia Espacial Europea (ESA = European Space Agency) ratificaron los compromisos necesarios para crear el METEOSAT. En 1978 se le encomendó a la ESA no sólo la construcción del satélite, sino también su manejo.

Central de operaciones del EUMETSAT para el seguimiento y el manejo de los satélites METEOSAT en Darmstadt. La estructura del edificio reproduce un satélite METEOSAT.

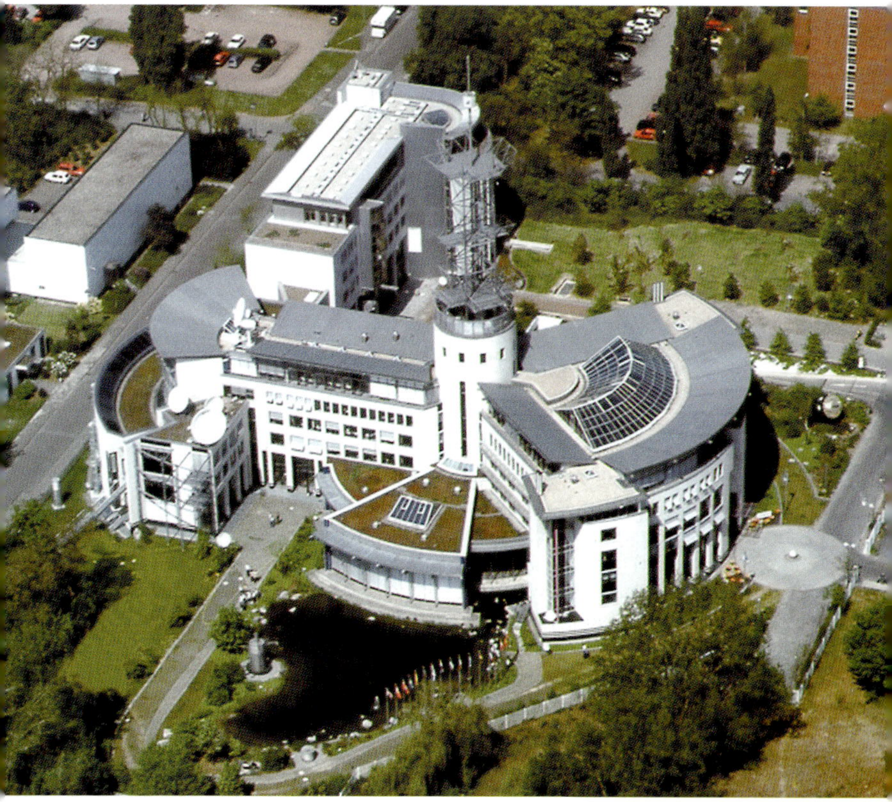

Estructura del satélite meteorológico METEOSAT

Dos cilindros acoplados entre sí forman la estructura del satélite. El cilindro inferior comprende el radiómetro y otros subsistemas, y sus laterales están recubiertos de paneles solares hasta la altura del orificio del radiómetro. El cilindro superior contiene el equipo de transmisión de datos a distancia. En la parte inferior del satélite se halla la abertura del sistema de refrigeración pasivo. En ella encaja el motor de apogeo durante la fase de lanzamiento y de transferencia, el cual se desprende tras alcanzar la órbita (véase fotografía inferior).

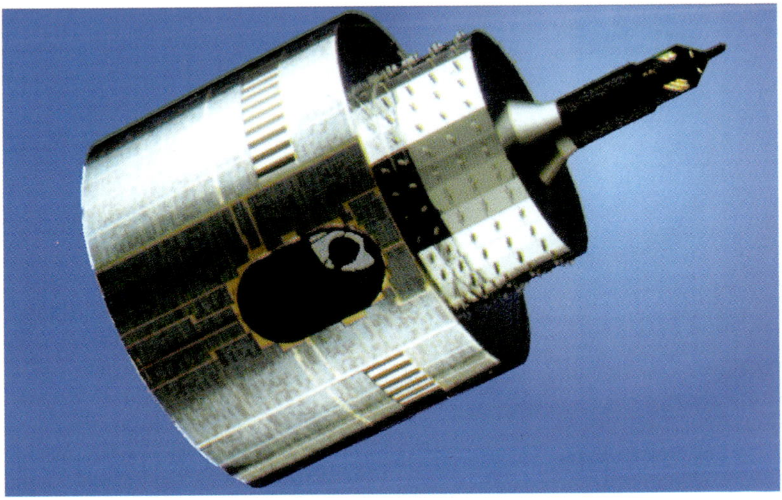

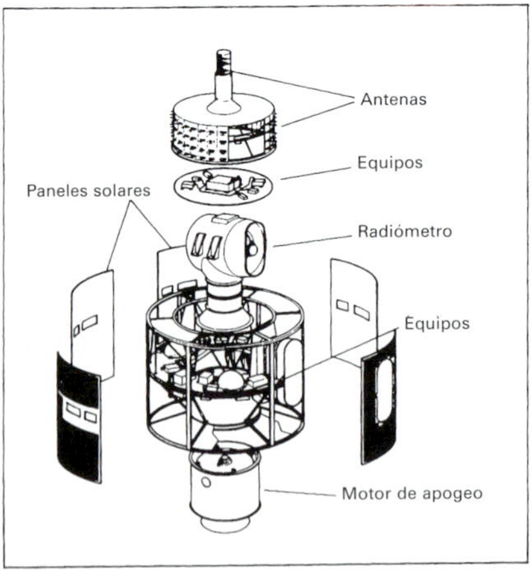

Medidas y peso

Peso en el lanzamiento 699,7 kg (incluido el motor de apogeo)
Peso del sistema en órbita 312,5 kg
Altura 3,20 m
Diámetro 2,10 m
Vida media 3 años

Imagen de la Tierra en la banda visible del espectro tomada desde el satélite meteorológico geoestacionario METEOSAT (© 1997 EUMETSAT).
El campo visual abarca, además de Europa y África, el océano Atlántico y parte de Sudamérica. Para los pronósticos meteorológicos en Europa tiene especial relevancia la evolución meteorológica sobre el Atlántico. Se aprecia con claridad que los cielos de España y Francia carecen de nubosidad, mientras que Europa meridional y oriental así como el Atlántico están cubiertos de zonas de bajas presiones con nubosidad en forma de remolino.

El METEOSAT-1, el primer satélite geoestacionario europeo sobre el ecuador, «estacionado» en la intersección de éste con el grado cero de longitud, fue lanzado el 23 de noviembre de 1977. Desde su posición observa el estado de la nubosidad en casi un tercio de la Tierra. El 19 de junio de 1981 se lanzó el segundo satélite meteorológico europeo, METEOSAT-2. Poco después, ambos satélites funcionaron juntos. El lema era «De dos, hacer uno». El METEOSAT-1, cuyo sistema de imágenes estaba averiado desde noviembre de 1979, asumió la recopilación de datos y, en cambio, el METEOSAT-2, cuyo sistema de recopilación de datos no era operativo, tomaba las imágenes.

Imagen de la Tierra en la banda infrarroja del espectro tomada desde el satélite meteorológico geoestacionario METEOSAT (© 1997 EUMETSAT).

Los satélites meteorológicos están provistos de radiómetros que miden la radiación emitida por la Tierra y la atmósfera en las distintas regiones del espectro. Si en la banda visible el radiómetro mide la radiación solar que reflejan la superficie y la nubosidad terrestres (véase fotografía en pág. 257), en el infrarrojo mide la radiación térmica que parte tanto de la superficie terrestre y nubosa como de la atmósfera. Las mediciones realizadas en la banda infrarroja brindan imágenes donde la gradación de claridad representa la temperatura superficial de las nubes, los mares y los continentes. Las temperaturas elevadas aparecen más oscuras, las temperaturas bajas más claras. Las imágenes en el espectro visible representan las masas de nubes claras debido a su gran capacidad reflectora. En el infrarrojo, las formaciones nubosas son relativamente escasas porque sólo aparecen en tonos claros las nubes frías, es decir, las altas. También se aprecian distintas las masas de agua y de tierra. En el intervalo visible, las masas de tierra no destacan demasiado de las masas de agua porque los mares y los continentes tienen una capacidad reflectora similar. En el infrarrojo, en cambio, las masas de agua fría aparecen claras y las masas de tierra calientes aparecen oscuras.
En la atmósfera, la temperatura disminuye con la altura. Las imágenes en infrarrojo muestran la altura de la frontera superior de nubes. Las mediciones en distintos rangos espectrales aportan informaciones importantes como, por ejemplo, el grado de cobertura nubosa, el tipo y la estructura de la nubosidad, o la posición y el desplazamiento de

Imagen de la Tierra en el intervalo de la longitud de onda en la que el vapor de agua emite radiación térmica en la atmósfera superior, tomada desde el satélite meteorológico geoestacionario METEOSAT (© 1997 EUMETSAT).

las zonas de bajas presiones y de los ciclones tropicales. Las mediciones en infrarrojo permiten determinar la temperatura de las masas de agua y de nubes con una precisión de 1 a 2 grados. El METEOSAT también efectúa mediciones en el intervalo de la longitud de onda en la que el vapor de agua presente en la atmósfera superior emite radiación térmica. Con ello se puede determinar la distribución de la humedad entre 5 y 10 kilómetros de altura. A partir de mediciones en el rango infrarrojo y de microondas, la meteorología obtiene perfiles de temperatura, datos sobre la distribución vertical y horizontal del vapor de agua y las temperaturas que imperan en la superficie del mar.
Las imágenes de satélite que se reproducen en los boletines oficiales de los institutos meteorológicos se tratan mediante ordenador hasta obtener la proyección estereográfica polar, la cual representa para el observador una aproximación a la reproducción de los otros mapas sinópticos del servicio meteorológico. Se trata de imágenes del canal infrarrojo (IR) del METEOSAT y de informaciones relacionadas con la temperatura.
Las imágenes de satélite de alta resolución suelen mostrar estructuras nubosas de poca extensión, por ejemplo, nubes en forma de panal o series de nubes onduladas a sotavento de las montañas. De ahí se obtienen datos relevantes relacionados con la variación de temperatura a medida que aumenta la altura en la atmósfera, la aparición de fenómenos de inversión o los movimientos eólicos y sus cambios con la altura.

El 15 de junio de 1988 despegó el METEOSAT-3 y el 6 de marzo del año siguiente se puso en órbita el METEOSAT-4. Al principio, éste también sirvió para enviar datos meteorológicos y transmitir mapas sinópticos a los estados de África y de Oriente Medio. El 2 de marzo de 1991 y el 20 de noviembre de 1993 se lanzaron al fin el quinto y sexto satélites meteorológicos geoestacionarios europeos. Todos los satélites adoptaron su posición ordinaria sobre el golfo de Guinea.

A través de un acuerdo que entró en vigor el 19 de junio de 1986, los estados europeos crearon en el año 1981 la organización EUMETSAT (organización meteorológica europea para la construcción, conservación y utilización de sistemas de satélites de operaciones) y los recursos financieros para un programa METEOSAT operativo (MOP). La organización tiene sede en Darmstadt (Alemania). Desde aquel momento, la ESA asumió la responsabilidad para la construcción, el lanzamiento y funcionamiento de los satélites, mientras que EUMESAT se hizo cargo, ante todo, de la distribución de las imágenes tomadas mediante satélite.

Sólo uno de los satélites permanece activo en la actualidad. El resto se mantiene a punto en reserva, de modo que en caso de necesidad pueden estacionarse sobre cualquier punto del ecuador. Esto fue de gran ayuda para los americanos en 1991, cuando el METEOSAT-3 se desplazó hacia el oeste tras la avería del satélite geoestacionario americano situado sobre Brasil. Desde su nueva posición sobre Sudamérica, el METEOSAT-3 suministra imágenes de la atmósfera a los servicios meteorológicos estadounidense y europeos.

El MOP finalizó el 30 de noviembre con el sexto METEOSAT. Sin embargo, entonces la segunda generación de METEOSAT (MSG) aún no estaba lista para operar. Esta circunstancia y el hecho de que los satélites se diseñan para durar unos cinco años y la meteorología ya no puede prescindir de los satélites, motivó la creación de un programa de transición (MTP). En este marco se lanzó el METEOSAT-7 el 3 de septiembre de 1997, lo cual garantizó que la observación mediante satélites pudiera continuar sin interrupción hasta el lanzamiento de la segunda generación de METEOSAT a mediados de 2002.

Los avances científicos en meteorología de las últimas décadas han mejorado e incrementado el suministro de datos; por eso, el nuevo programa de satélites brindará imágenes de la atmósfera a intervalos temporales más breves y en más bandas espectrales que hasta ahora y podrá utilizarse ampliado para la observación del clima.

Detalle de una imagen del METEOSAT de Europa occidental y central similar a un mapa sinóptico. Destaca con claridad un ciclón con bandas espirales sobre el Atlántico oriental y el oeste de Europa. En los Alpes y el sur de Italia hay células convectivas (= entrada de masas de aire en sentido vertical). El centro de Europa permanece despejado (© 1997 EUMETSAT). ▷

Tempête au Sud de l'Irlande - Satellite NOAA 4 - le 12 mars 1976/0935 TU - VHRR visible photo reçue au CEMS/Lannion.

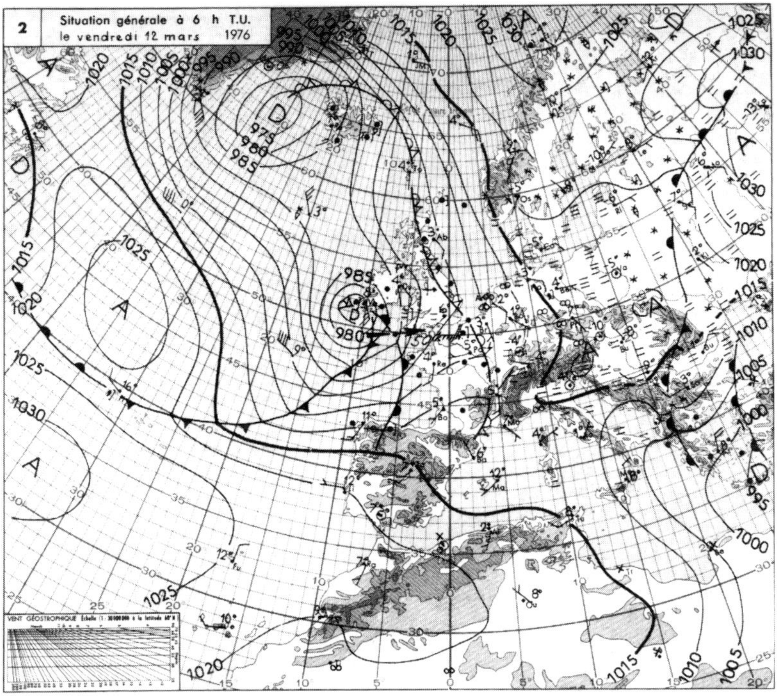

Configuración de mapas sinópticos con ayuda de imágenes de satélite

La imagen de la izquierda muestra la situación meteorológica que impera sobre Europa occidental, tal como la registró el satélite meteorológico estadounidense en órbita polar **NOAA-4 el 12 de marzo de 1976 a las 9 horas 35, tiempo universal.** El mapa meteorológico superior reproduce la situación general del mismo día a las 6 horas, tiempo universal. En este caso se trata de un mapa en francés, donde las bajas presiones se representan con una D y las altas presiones con una A.

En la imagen de satélite aparece una borrasca situada sobre Irlanda. Se aprecia con claridad la distribución en forma de remolino característica de las masas nubosas inmersas en zonas de bajas presiones. Los cúmulos esponjosos en la parte posterior del remolino indican la circulación de aire frío. Sobre Escandinavia y zonas de Europa central predominan altas presiones con nubosidad escasa. Llega a distinguirse el paisaje noruego cubierto de nieve.

La imagen de satélite representa un inventario fiel a la realidad que, por ejemplo, permite analizar las nubes o la velocidad y dirección de su movimiento con gran precisión. Los cambios de posición y de dirección se pueden determinar deprisa y con exactitud, y estos datos están a disposición de las previsiones meteorológicas de forma inmediata. Las fotografías y mediciones de satélite entre 1 y 3 bandas espectrales (véanse ilustraciones en páginas previas) permiten diagnosticar a intervalos cortos la evolución temporal de procesos atmosféricos que pueden tenerse en cuenta de inmediato para efectuar pronósticos.

Comparación entre la primera y la segunda generación de METEOSAT

Primera generación de METEOSAT (MTP)	Segunda generación de METEOSAT (MSG)
• Radiómetro de 3 canales	• Radiómetro de 12 canales
• Estabilización de giro de 100 RPM	• Estabilización de giro de 100 RPM
• Posibilidad de posicionamiento a 5 años	• Posibilidad de posicionamiento a 7 años
• 200 vatios de consumo	• 600 vatios de consumo
• 720 kg en órbita de transferencia	• 2000 kg en órbita de transferencia
• 30 minutos de intervalo de imagen	• 15 minutos de intervalo de imagen
• 5 km de intervalo de píxel (2.5 km HRVIS)	• 3 km de intervalo de píxel (1 km HRVIS)
• Resolución radiométrica: 0.4 K	• Resolución radiométrica: 0.25 K
• Ritmo de transmisión de datos 333 kbps	• Ritmo de transmisión de datos 3200 kbps

Los primeros estudios industriales para el MSG comenzaron a realizarse en 1987. Tres años después se decidieron las características técnicas del satélite y su equipamiento.

Como instrumento más importante se consideró un radiómetro multiespectral que aporta información en 12 bandas espectrales. El MSG proporciona tomas de la Tierra y de la atmósfera cada 15 minutos. Las imágenes en 11 bandas espectrales consisten en 3750 líneas. El canal duodécimo es para imágenes de alta resolución, con un detalle de 1 kilómetro. El MSG se usará además como satélite de telecomunicaciones y por eso está equipado con tres canales de transmisión. Esto permite el envío de imágenes sin tratar y datos telemétricos a la estación en tierra, el funcionamiento como plataforma de recopilación de datos (DCP) y la emisión de imágenes elaboradas así como de otras informaciones a diversas velocidades de transmisión. La planificación en detalle comenzó en el año 1995.

En febrero de 1994 EUMETSAT y la Agencia Espacial Europea ESA resolvieron trabajar estrechamente unidos para el desarrollo del MSG en Europa. Con la contribución financiera de EUMETSAT, la ESA desarrolla un prototipo del nuevo satélite.

Por su parte, EUMETSAT financia los dos satélites siguientes, la adquisición de los cohetes portadores de los tres satélites y el desarrollo íntegro de las instalaciones de control desde el suelo necesarias para la utilización de los satélites hasta el año 2012.

Comparado con los satélites actuales, el MSG será más grande: 3.20 metros de diámetro y 3.70 metros de altura. Su peso durante el lanzamiento ascenderá a 1.75 toneladas y una vez en órbita tendrá una vida de siete años.

Los cometidos más importantes de EUMETSAT son:

- Elaborar imágenes cada media hora.
- Transmitir los datos contenidos en las imágenes de dos modos distintos desde las estaciones receptoras.
- Transmitir los datos de las imágenes obtenidas por otros satélites.
- Recopilar y transmitir datos mundiales.
- Realizar un análisis meteorológico de los datos contenidos en las imágenes.
- Difundir datos meteorológicos adicionales.
- Archivar datos.

El METEOSAT colabora en la construcción de un sistema de satélites en órbita polar (EUMETSAT Polar System, EPS).

El METEOSAT y otros satélites meteorológicos son como un «brazo largo» para quienes estudian esta materia. Las observaciones realizadas desde el espacio aportan informaciones que no podrían brindar todas las observaciones meteorológicas ejecutadas desde tierra. Se trata de datos que mejoran sobre todo y considerablemente los pronósticos que implican datos numéricos grandes. En un futuro, la meteorología agradecerá principalmente a los satélites la posibilidad de efectuar previsiones para intervalos más extensos (de hasta 10 días). Para elaborar pronósticos a plazos más largos, sobre todo «para pronósticos a plazo medio en Europa central», se trabaja en Reading, Inglaterra. Las imágenes de satélite también son especialmente eficaces para prever cambios repentinos de tiempo, como ciclones o zonas de bajas presiones. Así, el servicio meteorológico está en condiciones de advertir a tiempo sobre posibles catástrofes.

Para más información

Quien desee ampliar información sobre los satélites meteorológicos y las imágenes de satélites, podrá hacerlo consultando las siguientes páginas web y números de teléfono:

En Internet

- http://www.inm.es (INM – Instituto Nacional de Meteorología de España)
- http://www.wmo.ch (WMO – Organización Meteorológica Mundial)
- http://www.eumetsat.de (EUMETSAT – Organización Europea para Satélites Meteorológicos)
- http://www.noaa.gov (NOAA – National Oceanic and Atmospheric Administration, EE UU)
- http://smis.iki.rssi.ru (SMIS – Space Monitoring Information Support Laboratory, Rusia).

Por teléfono

- Servicio teletiempo del INM

Además, el INM ofrece múltiples productos normalizados, aparte de observaciones y previsiones meteorológicas actualizadas, como puede consultarse en las páginas del INM en Internet.

Las imágenes de METEOSAT en muy diversos formatos informáticos o tradicionales también se pueden solicitar al INM.

¿Qué boletines y pronósticos meteorológicos existen?

Todas las emisoras de **radio** dan varios informes diarios sobre la situación meteorológica. Por lo común, coinciden con los noticieros que se emiten a intervalos de una o dos horas. Estos boletines meteorológicos ofrecen una idea somera sobre la situación atmosférica global y la meteorología prevista para las 24 horas siguientes. El informe suele ir acompañado de observaciones meteorológicas efectuadas durante la mañana del mismo día del informe en varios lugares regionales y suprarregionales. Las observaciones meteorológicas incluyen, además de datos sobre la temperatura y la humedad del aire, así como de la presión (presión barométrica), numerosos datos sobre el grado de nubosidad, el tipo de precipitaciones eventuales y la dirección del viento.

Los servicios de asistencia que ofrece cada centro emisor a determinados destinatarios dependen de la estación del año. Entre ellos se cuentan, por ejemplo, partes meteorológicos para la práctica de vuelo sin motor, la agricultura, la pesca, el tránsito rodado (boletines sobre el estado de carreteras), el alpinismo (servicio de vigilancia de aludes) y para salir de vacaciones (informes meteorológicos para viajar o practicar deportes de invierno). A menudo, estas informaciones se dan asimismo durante la emisión de los informativos. No obstante, estos informes también se incluyen en emisiones destinadas a colectivos concretos (como a conductores o agricultores).

En todas las programaciones de **televisión** se emiten boletines meteorológicos junto con las noticias. A diferencia de las emisiones de radio, el medio televisivo cuenta con la posibilidad de mostrar de manera visual la evolución atmosférica, por lo común en forma de mapa sinóptico simplificado. En el mapa aparece la situación meteorológica general europea y la evolución que experimentará durante la noche y la jornada siguientes. En la actualidad se acompaña a menudo de pronósticos para varios días. Los símbolos habituales de los mapas sinópticos (véanse págs. 140 a 142) también se utilizan en los mapas que se dan por televisión, aunque cada vez más se los sustituye por representaciones gráficas más fáciles de entender (véanse págs. 138 y 148).

En televisión también se dan pronósticos especiales para determinados destinatarios, además de los boletines meteorológicos generales. Así, suelen darse boletines específicos para viajar, o consejos para practicar deportes de invierno. Para obtener información sobre el estado de la mar para la práctica de deportes o la navegación costera, o para conocer las condiciones atmosféricas de vuelo es recomendable solicitar información en tiempo real directamente en las oficinas de los servicios meteorológicos (véase pág. 241), ya que el contenido informativo y el horario de emisión pueden variar de un año a otro.

La información meteorológica en tiempo real que ofrecen los medios ha aumentado mucho en los últimos años y continúa creciendo con la cantidad de estaciones emisoras privadas y de ofertas.

En todos los **periódicos** se publican informes meteorológicos más o menos extensos con pronósticos y mapas sinópticos. En este caso, los mapas y las previsiones también proceden de servicios meteorológicos oficiales.

El Instituto Nacional de Meteorología en Internet

El Instituto Nacional de Meteorología ofrece multitud de prestaciones a través de Internet. Las páginas son accesibles en la dirección:

http://www.inm.es

A través de estas páginas pueden solicitarse las prestaciones del Instituto Nacional de Meteorología. Bastante información es accesible de manera gratuita (predicciones en particular), mientras que a otras son de aplicación precios públicos o tasas, según corresponda. Entre estas prestaciones se incluyen:

Datos codificados de los sistemas de observación (para expertos):
- Datos TRMP, TEMP SHIP
- Datos SYNOP
- Datos CLIMAT
- Datos CLIMAT TEMP

Productos resultantes del tratamiento de los datos codificados (para expertos):
- Salidas de modelos numéricos (mapas y gráficos)
- Productos de satélite (imágenes)
- Productos de radar (sobre precipitaciones)
- Mapas de rayos
- Datos sobre el viento

Servicios de valor añadido, consistentes en información elaborada comprensible por el público, como predicciones, etc.:
- Climatología (certificados, informes, consultas del archivo meteorológico, datos y resúmenes, gráficos, servicios específicos)
- Análisis y predicción (datos del tiempo actual y reciente, previsiones para puntos fijos, información general del tiempo, predicciones, mapas de isobaras y frentes previstos, mapas marítimos, predicciones estadísticas, etc.)

Todas estas prestaciones pueden solicitarse también por fax. Obténgase más información en las páginas en Internet o en los servicios centrales del Instituto, teléfono 915 819 810. Véanse también los datos de los centros meteorológicos territoriales en la página 241.

Consúltense también las páginas del Servei de Meteorologia de Catalunya en http://www.infomet.fcr.es

Información meteorológica por teléfono

La **Compañía Telefónica de España** ofrece información meteorológica a través de números que pueden consultarse en sus guías comerciales.

El **Instituto Nacional de Meteorología** ofrece el servicio telefónico ***Teletiempo***. La tarifa depende del día de la semana y de la hora. Es reducida en sábados, domingos y festivos. Entre semana es normal de 8 a 20 horas, y reducida el resto del tiempo. Funciona las 24 horas.

Teléfono general para España: 906 365 365
Proporciona predicciones de ámbito nacional con hasta cuatro días de antelación.

Información provincial y autonómica: accesible por el número 906 365 3, seguido de dos dígitos que corresponden al código postal de cada provincia. Se ofrecen predicciones para los cuatro días siguientes en la comunidad autónoma, predicción para hoy y mañana en la provincia, datos meteorológicos de las últimas 24 horas en la capital de provincia, y predicciones urbanas para las próximas horas en las grandes capitales.

Los códigos provinciales para completar el número de teléfono son:

Álava, 01
Albacete, 02
Alicante, 03
Almería, 04
Asturias, 33
Ávila, 05
Badajoz, 06,
Balears, Illes; Baleares, Islas 07
Barcelona, 08
Bizkaia, Vizcaya, 48
Burgos, 09
Cáceres, 10
Cádiz, 11
Cantabria, 39
Castelló, Castellón, 12
Ceuta, 51
Ciudad Real, 13
Córdoba, 14
Coruña, A; Coruña, La, 15
Cuenca, 16
Gipuzkoa, Guipúzcoa, 20
Girona, Gerona, 17
Granada, 18
Guadalajara, 19
Huelva, 21
Huesca, 22
Jaén, 23
León, 24
Lleida, Lérida, 25
Lugo, 27
Madrid, 28
Málaga, 29
Melilla, 52
Murcia, 30
Navarra, 31
Ourense, Orense, 32
Palencia, 34
Palmas, Las, 35
Pontevedra, 36
Rioja, La, 26
Salamanca, 37
Santa Cruz de Tenerife, 38
Segovia, 40
Sevilla, 41
Soria, 42
Tarragona, 43
Teruel, 44
Toledo, 45
València, Valencia, 46
Valladolid, 47
Zamora, 49
Zaragoza, 50

La **información marítima** se ofrece en el número resultante de completar el 906 365 con las tres cifras correspondientes a la zona deseada:
370 para información costera de Baleares y de alta mar para el Mediterráneo
371 para información costera del litoral peninsular mediterráneo y de alta mar para el Mediterráneo
372 para información costera para el litoral cantábrico y gallego, y de alta mar para las zonas de Gran Sol, Vizcaya, Cantábrico y Finisterre
373 para información costera para el litoral andaluz occidental y Canarias, y de alta mar para San Vicente, Cádiz, Azores, Canarias y Sáhara.

Teletiempo ofrece **información de montaña** con pronósticos a cuatro días vista, accesible al marcar el número 906 365 completado con tres cifras, según la zona deseada:
380 para Pirineos
381 para Picos de Europa
382 para Sierra de Madrid
383 para Sistema Ibérico
384 para Sierra Nevada

Finalmente, *Teletiempo* ofrece **información internacional** con predicciones para Europa a cuatro días vista, y datos sobre los registros meteorológicos de las últimas horas en algunas ciudades importantes de todo el planeta (sobre todo europeas). El número de información internacional es 906 365 388.

Los boletines meteorológicos de la prensa diaria suelen contener también información sobre el tiempo que hizo el día anterior en ciudades importantes, tanto nacionales como internacionales. Estos datos pueden limitarse a dar la temperatura de las capitales europeas a las 13 horas, pero a veces dan además los valores barométricos, la humedad relativa del aire en porcentaje, la intensidad del viento en km/h, el grado de nubosidad, la duración en horas de la insolación y las precipitaciones en milímetros para 24 horas.
La información de los boletines meteorológicos en periódicos suele incluir las horas del orto y ocaso del Sol y la Luna.
A través del correo postal también se puede efectuar una suscripción para recibir los mapas meteorológicos diarios de algunos servicios meteorológicos oficiales.
Los informes y pronósticos meteorológicos pueden solicitarse además por **teléfono** y **radio** así como a través del apartado de correos de los servicios meteorológicos, muchos de los cuales ofrecen información también por teléfono.

El mapa previsto de los periódicos indica la situación existente durante la mañana del día de publicación del diario (por ejemplo, a las 7.00 horas, tiempo de Europa central). El pronóstico, que por lo general se da para la jornada en que sale el periódico y el día siguiente, contiene información sobre la evolución atmosférica, el tipo y la extensión de la nubosidad y de las precipitaciones, sobre temperaturas diurnas y nocturnas, y sobre la dirección y la intensidad del viento. El ámbito espacial de validez del pronóstico varía dependiendo de la zona de distribución de cada periódico particular. Por ejemplo, los diarios regionales suelen publicar, además de un mapa con el tiempo en Europa, un mapa especial para su región (véase pág. 148). Los periódicos nacionales e internacionales pueden añadir pequeños pronósticos para Europa, Asia y América.

El mapa meteorológico de a bordo. Consejos para la navegación a vela

Los partes meteorológicos marinos resultan indispensables para la navegación a vela, tanto costera como en alta mar (véase pág. 271). Los datos de tales informes meteorológicos se introducen a diario en el mapa de a bordo junto con las observaciones meteorológicas realizadas desde la embarcación. Los servicios meteorológicos gubernamentales suelen ofrecer información específica para navegación marítima. Además, suelen disponer de modelos oficiales para la cumplimentación de partes meteorológicos a bordo.

Al anotar los partes meteorológicos debe tenerse en cuenta lo siguiente:

1. Registrar las zonas de altas y bajas así como otras formas de presión. Tales zonas de presión pueden ser:
   La **depresión periférica,** en la periferia de una región de bajas presiones de mayor tamaño. Suele desplazarse deprisa en el núcleo de la depresión más grande. No obstante, a menudo influye bastante en el tiempo.
   La **depresión secundaria,** que sucede a una región destacada de bajas presiones en la parte posfrontal. Por lo común va unida a tiempo tempestuoso.
   La **onda,** una depresión en principio plana situada en el frente frío que puede desarrollarse hasta formar una depresión periférica.
   La **cresta de altas presiones** (cuña), que aparece rodeada por un anticiclón y una depresión opuestos en cruz (¡nunca por una isobara cerrada!).
   El **posfrente anticiclónico,** una alta plana entre dos regiones destacada de altas presiones y una caída intensa de presión hacia la zona de bajas presiones.
2. Registrar los frentes (fríos en azul, cálidos en rojo, oclusiones en violeta). El tipo de frente puede ser muy distinto.
3. Registrar los partes de las estaciones (véanse págs. 140 y 141) en tierra y en el mar. Éstos comienzan con la dirección y la intensidad del viento; luego siguen el grado de cobertura del cielo, las precipitaciones observadas, la temperatura registrada (los partes marinos dan la temperatura del aire y de la superficie del agua: la primera encima de una línea de quebrado, la segunda por debajo de la misma) y la presión atmosférica. Por supuesto, las observaciones efectuadas desde la embarcación propia también sirven como partes de estación que deben introducirse asimismo en el mapa meteorológico de a bordo.
4. Registrar las isobaras de 5 en 5 hPa. Es aconsejable anotar los valores de la presión atmosférica en el impreso con números a mano. De este modo es más fácil unir las cifras iguales con una misma línea. Las isobaras no forman líneas rectas, sino curvas muy sinuosas. La curvatura cóncava de las isobaras señala hacia la depresión barométrica. Las isobaras tienen acodamientos en el frente, lo cual revela que los frentes indican inestabilidad. En la mayoría de los casos, la presión delante del frente cae con más lentitud de lo que asciende por detrás del mismo. Por este motivo, las isobaras en la línea del frente se señalan con trazos suaves y con acodamiento inmenso se alzan en el frente por detrás de la línea frontal. **Atención:** ¡las isobaras no se cruzan ni se tocan entre sí! Para la precisión de las isobaras conviene *no* señalarlas

Información meteorológica por radio para la práctica de deportes náuticos: estaciones costeras de utilidad para la navegación en los alrededores de España

Estaciones costeras	Canales	Listas de tráfico	Radioavisos náuticos
Bagur	28 23 27 64	A las horas + 33' de cada hora par, excepto a las 00:33 - 04:33 14:33 y 20:33	09:03 - 16:03
Barcelona	27 25 64 61	A las horas + 33' de cada hora par, excepto a las 00:33 - 04:33 14:33 y 20:33	08:03 - 15:03
Tarragona	26 23 25 27	A las horas + 33' de cada hora par, excepto a las 00:33 - 04:33 14:33 y 20:33	08:33 - 15:33
Castellón	7 28 63 5	A las horas + 33' de cada hora impar, excepto a las 01:03 - 05:03 15:03 y 21:03	08:03 - 15:03
Cabo La Nao	2 27 61 86	A las horas + 33' de cada hora impar, excepto a las 01:03 - 05:03 15:03 y 21:04	08:33 - 15:33
Alicante	1 26 85 62	A las horas + 33' de cada hora impar, excepto a las 01:03 - 05:03 15:03 y 21:05	10:03 - 16:03
Cartagena	5 25 65 4	A las horas + 33' de cada hora impar, excepto a las 01:03 - 05:03 15:03 y 21:06	09:33 - 16:33
Palma	3 20 80 7	A las horas + 33' de cada hora impar, excepto a las 01:03 - 05:03 15:03 y 21:07	09:03 - 16:03
Ibiza	24 84 3 64	A las horas + 33' de cada hora impar, excepto a las 01:03 - 05:03 15:03 y 21:08	10:33 - 16:33
Mallorca	22 4 26 83	A las horas + 33' de cada hora impar, excepto a las 01:03 - 05:03 15:03 y 21:09	10:03 - 16:03
Menorca	23 5 82 78	A las horas + 33' de cada hora impar, excepto a las 01:03 - 05:03 15:03 y 21:10	08:33 - 15:33
Alcudia	21 1 25 81	A las horas + 33' de cada hora impar, excepto a las 01:03 - 05:03 15:03 y 21:11	09:33 - 16:33
Cabo de Gata	27 20 26 25	A las horas + 03' de cada hora par, excepto a las 00:33 - 04:33 14:33 y 20:33	09:03 - 16:03
Málaga	26 24 27 25	A las horas + 03' de cada hora par, excepto a las 00:33 - 04:33 14:33 y 20:34	08:03 - 15:03
Algeciras	1 4 20 81	A las horas + 03' de cada hora par, excepto a las 00:33 - 04:33 14:33 y 20:35	09:03 - 16:03
Tarifa	27 23 26 24	A las horas + 03' de cada hora par, excepto a las 00:33 - 04:33 14:33 y 20:36	08:33 - 15:33
Cádiz	20 25 26 27	A las horas + 03' de cada hora par, excepto a las 00:33 - 04:33 14:33 y 20:37	09:03 - 16:03
Huelva	26 24 25 27	A las horas + 03' de cada hora par, excepto a las 00:33 - 04:33 14:33 y 20:38	08:03 - 15:03
Cabo Ortegal	25 86 84 65	A las horas + 03' de cada hora impar, excepto a las 01:03 - 05:03 15:03 y 21:03	09:03 - 16:03
Coruña	26 28 83 63	A las horas + 03' de cada hora impar, excepto a las 01:03 - 05:03 15:03 y 21:04	08:03 - 15:03
Finisterre	1 23 27 85 22	A las horas + 03' de cada hora impar, excepto a las 01:03 - 05:03 15:03 y 21:05	09:03 - 16:03
Vigo	26 86 62 21	A las horas + 03' de cada hora impar, excepto a las 01:03 - 05:03 15:03 y 21:06	08:03 - 15:03
La Guardia	20 22 82 65	A las horas + 03' de cada hora impar, excepto a las 01:03 - 05:03 15:03 y 21:07	09:03 - 16:03
Navia	27 25 26 24	A las horas + 33' de cada hora par, excepto a las 00:33 - 04:33 14:33 y 20:33	08:33 - 15:33
Cabo Peñas	26 24 27 25	A las horas + 33' de cada hora par, excepto a las 00:33 - 04:33 14:33 y 20:34	09:03 - 16:03
Llanes	25 21 23 83	A las horas + 33' de cada hora par, excepto a las 00:33 - 04:33 14:33 y 20:35	09:33 - 15:33
Santander	24 28 26 27	A las horas + 33' de cada hora par, excepto a las 00:33 - 04:33 14:33 y 20:36	08:03 - 15:03
Bilbao	26 20 27 25	A las horas + 33' de cada hora par, excepto a las 00:33 - 04:33 14:33 y 20:37	09:33 - 15:33
Machichaco	23 4 26 27	A las horas + 33' de cada hora par, excepto a las 00:33 - 04:33 14:33 y 20:38	09:03 - 16:03
Pasajes	27 25 26 20	A las horas + 33' de cada hora par, excepto a las 00:33 - 04:33 14:33 y 20:39	08:03 - 15:03
Arrecife	25 3 86 62	A las horas + 33' de cada hora impar, excepto a las 01:33 - 05:33 15:33 y 21:33	09:03 - 16:03
Gomera	24 2 83 63	A las horas + 33' de cada hora impar, excepto a las 01:33 - 05:33 15:33 y 21:34	08:33 - 15:33
Hierro	23 7 85 64	A las horas + 33' de cada hora impar, excepto a las 01:33 - 05:33 15:33 y 21:35	08:33 - 15:33
Las Palmas	26 4 84 5	A las horas + 33' de cada hora impar, excepto a las 01:33 - 05:33 15:33 y 21:36	09:33 - 16:03
Tenerife	27 1 87 61	A las horas + 33' de cada hora impar, excepto a las 01:33 - 05:33 15:33 y 21:37	08:33 - 15:33

hasta haber registrado en el impreso los partes de estación. Como entre el grosor de las isobaras y la intensidad inminente del viento existe una relación inmediata, es muy importante que al navegar a vela no olvidemos ninguna isobara al introducirlas en el mapa meteorológico de a bordo.

Las observaciones meteorológicas insertadas en el mapa de a bordo son notificaciones de los partes meteorológicos marinos y de las observaciones personales. Los partes oficiales suelen comunicar la situación que imperaba 3 horas antes, a veces incluso con más demora. En consecuencia, el mapa de a bordo requiere un cotejo constante y cuidadoso con el tiempo observado en cada momento desde la embarcación. Según esto, también hay que introducir correcciones en el mapa de a bordo. Para cada informe meteorológico conviene elaborar nuestro propio mapa de a bordo. De este modo, quien capitanea la embarcación obtiene una idea general sobre el comportamiento de las formas de presión y de los frentes, donde deberá prestar especial atención a su **dirección de desplazamiento** y a su **velocidad.**

Importante para la navegación a vela:

1. El viento vira hacia la derecha cuando una depresión barométrica se desplaza al norte de la nave; y lo hace hacia la izquierda cuando la baja pasa al sur de la misma.
2. El viento amaina cuando la separación entre isobaras aumenta hacia la dirección en que discurre la nave. En cambio, arrecia cuando la distancia entre isobaras disminuye en la dirección de avance de la embarcación.

Cuanto más se aleja un barco de la costa y más se adentra en mar abierto, tanta más atención debe prestarse al mapa meteorológico de a bordo. Es muy imprudente trazar los mapas de a bordo de forma incompleta porque entonces resultan absolutamente inútiles para emprender y justificar decisiones tan importantes como cambiar de rumbo para esquivar una tormenta.

Meteorología profesional

En los servicios meteorológicos civiles y militares europeos (EG 92) trabaja un total de 15 000 colaboradores (funcionarios públicos y empleados). En comparación, Estados Unidos cuenta con 13 700 empleados, de los que 4700 pertenecen a servicios meteorológicos civiles, 7000 a las fuerzas aéreas y 2000 a la marina. El número de trabajadores en la «comunidad de los doce» es (* = estimación):

Bélgica*: 250	Grecia*: 300	Luxemburgo*: 15
Alemania*: 4850	Gran Bretaña: 2400	Países Bajos: 250
Dinamarca*: 250	Irlanda*: 200	Portugal*: 300
Francia: 3150	Italia*: 1500	España: 1500

En muchas universidades de Europa se puede cursar meteorología, en estudios que terminan con la licenciatura. La formación en meteorología se apoya en gran medida en los contenidos de la licenciatura en física. La formación básica del meteorólogo es la misma que la del físico, de tal forma que al principio sólo se estudia como una asignatura optativa de la carrera de física. Durante el primer ciclo universitario se estudian esencialmente matemáticas y física. Durante el segundo ciclo, la meteorología general y teórica se sitúan en un primer plano, pero la física continúa presente hasta el fin de la licenciatura. Además deben estudiarse otras materias relacionadas con las matemáticas y las ciencias naturales. Cabe elegir optativas de entre el amplio espectro de materias que ofrece cada universidad.

En muchos casos, la licenciatura va acompañada de un trabajo de colaboración de duración fija en el proyecto de investigación de una facultad. Alrededor de la cuarta parte de meteorólogos termina ese trabajo de investigación doctorándose.

Posibles ocupaciones para licenciados en meteorología:

- Servicios meteorológicos oficiales
- Facultades y centros de investigación
- Consejerías regionales para la protección del medioambiente, entre otras; estación de inspección técnica
- Seguros; industria; economía energética
- Metrología; empresas de procesamiento electrónico de datos
- Asesoramiento meteorológico; empresas de asesoramiento; medios de comunicación.

Observaciones meteorológicas

Las apariencias engañan. Los días estivales suelen empezar soleados. Sin embargo, por la tarde se producen tormentas y precipitaciones. Por el contrario, no es raro que las jornadas invernales comiencen con lluvia o nieve, y que el tiempo mejore a lo largo del día. Resulta curioso que la percepción del tiempo que se hace por la mañana sea especialmente intensa en muchas personas. A eso se debe la idea generalizada de que los inviernos son lluviosos y los veranos soleados. De ahí la siguiente indicación en el «Calendario meteorológico de 1988» (editado por la Deutsche Meteorologische Gesellschaft):

«Por tanto, desconfíe de la percepción lluviosa de las mañanas en invierno ¡y aprovechará mejor su tiempo libre! Y antes de desconfiar de la percepción de buen tiempo de las mañanas veraniegas, ya habrá aceptado los intensos aguaceros de la tarde.»

La observación propia intensifica la experiencia.

Las observaciones meteorológicas pueden realizarse tanto a simple vista (constatación de nubes y del grado de nubosidad, de la dirección y la intensidad del viento, apreciación de determinados fenómenos meteorológicos, como precipitaciones o tormenta, el estado del suelo, el comportamiento de plantas y animales) así como con la ayuda de instrumentos de medición (la presión atmosférica, la temperatura, la humedad del aire, la tasa de precipitaciones). Quien observa por afición suele limitarse a observaciones elementales y, por tanto, a los instrumentos de medición más indispensables. Para efectuar registros regulares conviene colocar los instrumentos dentro de una «caseta térmica». Incluso para usar un solo termómetro para medir la temperatura del aire ya conviene construir una «caseta» de este tipo. En efecto, el termómetro debe mantenerse constantemente en contacto con el aire, pero en ningún caso debe estar expuesto a los rayos del Sol. Al realizar la instalación, debe tenerse en cuenta que cada tipo de suelo se calienta y enfría de manera distinta. Los institutos de meteorología recomiendan montar la instalación sobre superficies de hierba muy corta. La caseta debe permanecer aislada y a una distancia mínima de 10 metros de cualquier edificio. En un terreno de hierba, el aire a ras de suelo también se mantiene durante el día más caliente que a cierta altura. Para disponer de datos comparables, los servicios meteorológicos de todos los estados civilizados han convenido que el termómetro dentro de la caseta se sitúe a 2 metros de altura con respecto al suelo. El Servicio Meteorológico Alemán ha publicado una «Guía para la construcción de una caseta termométrica». En ella se incluyen planos para la construcción de la caseta en sí, del soporte y de la escalera. Importante: las puertas de la caseta se orientan siempre al norte para evitar que la radiación solar incida sobre los instrumentos al abrirlas.

◁ Nubes estivales (cúmulos) sobre Kühnhausen en Turingia.

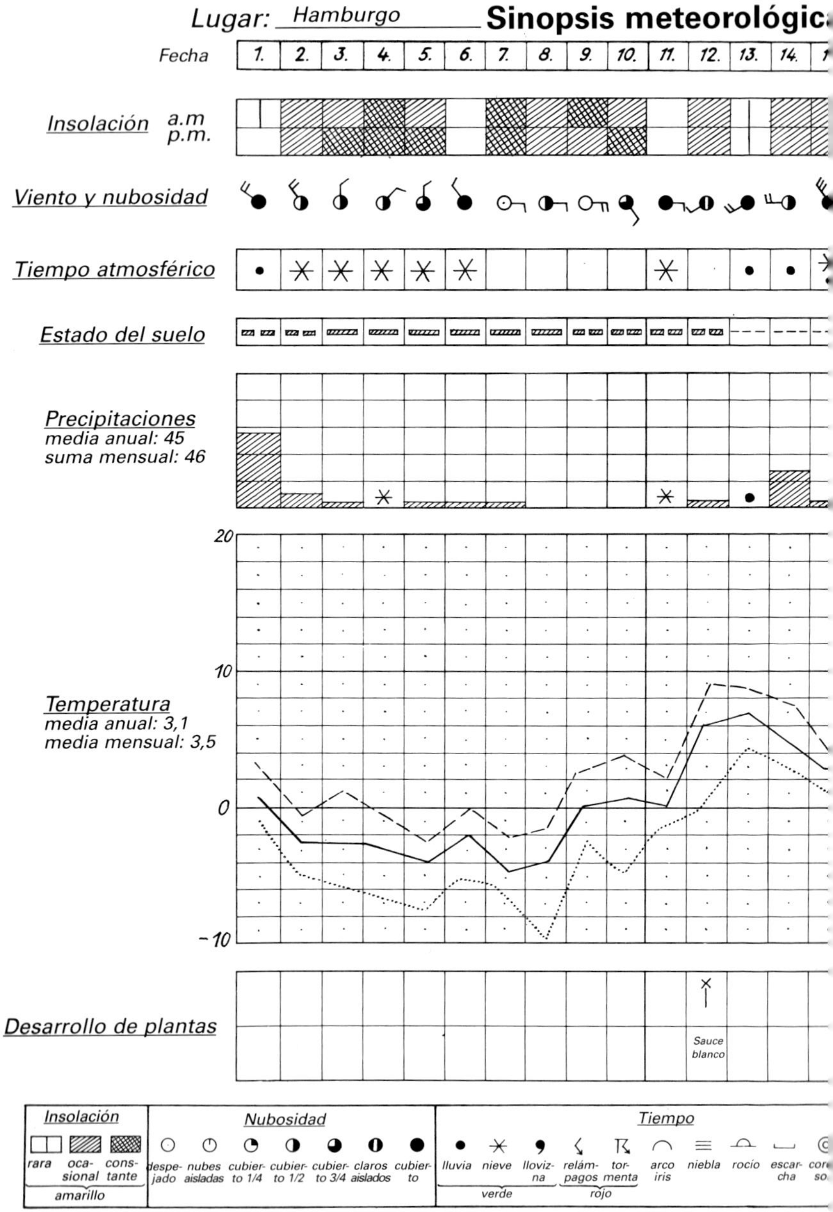

Lugar: Hamburgo
Sinopsis meteorológic
Fecha
1. 2. 3. 4. 5. 6. 7. 8. 9. 10. 11. 12. 13. 14.
Insolación a.m p.m.
Viento y nubosidad
Tiempo atmosférico
Estado del suelo
Precipitaciones
media anual: 45
suma mensual: 46
20
10
0
-10
Temperatura
media anual: 3,1
media mensual: 3,5
Desarrollo de plantas
Sauce blanco
Insolación
rara
ocasional
constante
amarillo
Nubosidad
despejado
nubes aisladas
cubierto 1/4
cubierto 1/2
cubierto 3/4
claros aislados
cubierto
Tiempo
lluvia
nieve
llovizna
verde
relámpagos
tormenta
rojo
arco iris
niebla
rocío
escarcha

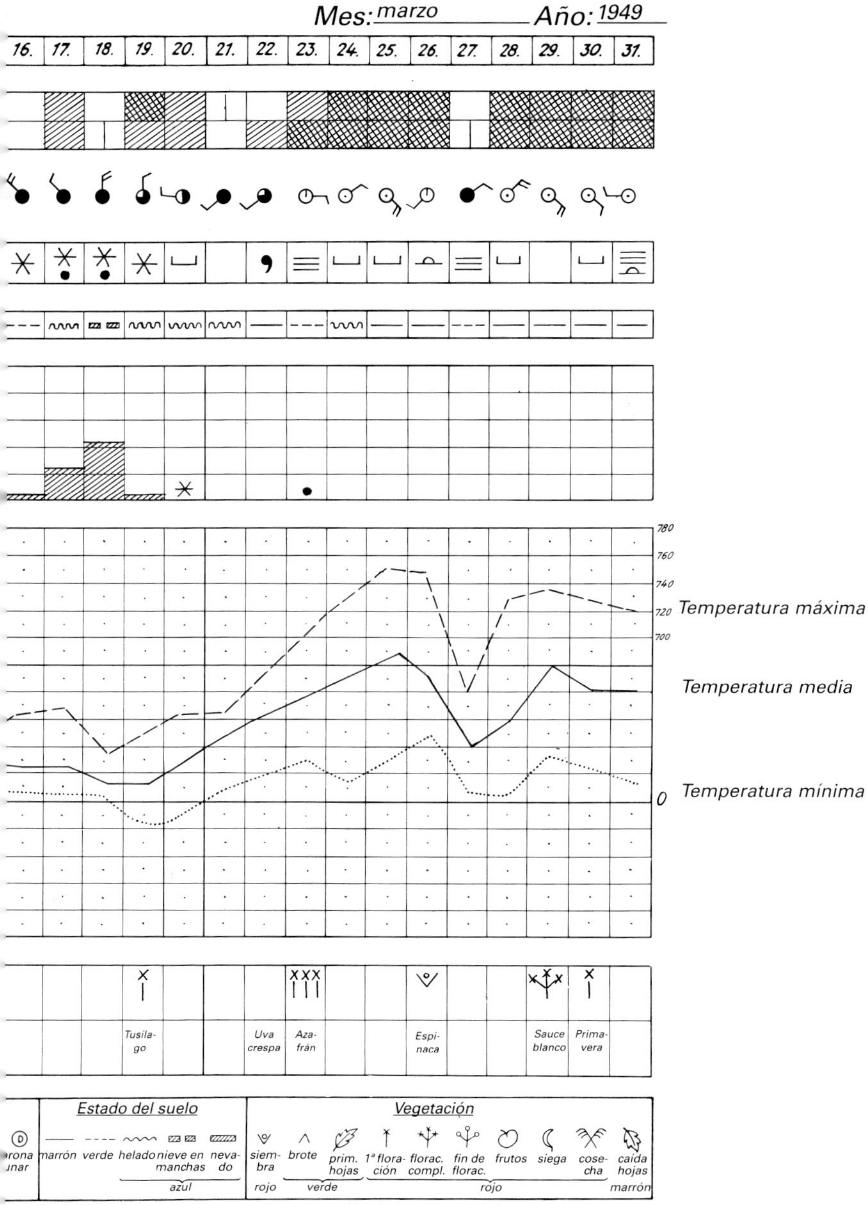

Servicio meteorológico alemán,
área de meteorología marina

Para equipar por completo una caseta meteorológica se precisa:

1 termómetro seco (vertical)	1 higrómetro
1 termómetro húmedo (vertical)	1 termógrafo
1 termómetro de máxima (horizontal)	1 higrógrafo
1 termómetro de mínima (horizontal)	

Para saber algo más sobre estos instrumentos consúltese la página 124. Como, además de la temperatura del aire, debe registrarse la humedad del mismo, en cualquier caso hay que montar los cuatro termómetros.

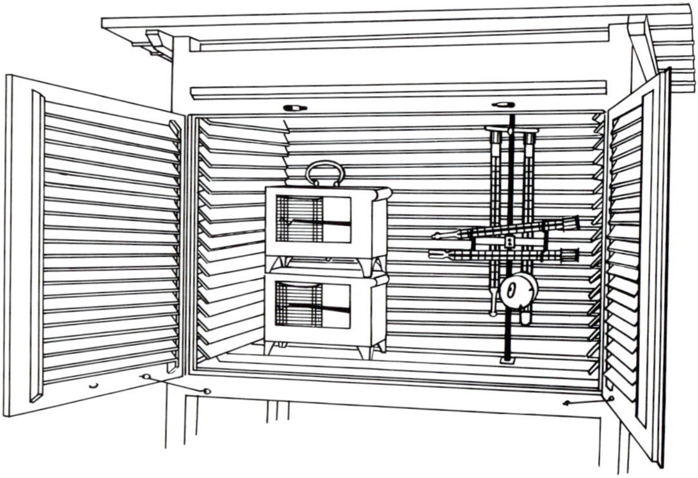

Caseta meteorológica equipada con termógrafo e higrógrafo (izquierda), un termómetro seco y otro húmedo (derecha en vertical), y un termómetro de máxima y otro de mínima (derecha horizontal).

Si se desea determinar la cantidad de precipitaciones locales es indispensable instalar un pluviómetro. El Servicio Meteorológico Alemán también dispone de un manual para la construcción de este instrumento. Las precipitaciones se pueden medir, o bien registrando la altura del agua sobre el terreno (cuando no hay escorrentía ni filtración; «altura de la precipitación»), o bien determinando la cantidad de agua caída sobre una superficie dada («cantidad de lluvia caída»). La altura de la precipitación se mide en milímetros, mientras que la cantidad de lluvia caída se mide en litros por metro cuadrado.
Entre los instrumentos de medida más importantes que se precisan para la observación meteorológica también se halla, como es natural, el aparato que registra la presión del aire, el barómetro (véase pág. 109).
Para conocer con precisión la evolución meteorológica y para efectuar consideraciones comparativas de las condiciones locales, se precisan series de observa-

ciones. En otras palabras: las observaciones sólo cobran importancia cuando se realizan y se registran varias veces al día (mañana, mediodía y tarde). Además, deben efectuarse siempre a la misma hora, desde el mismo lugar y con el mismo procedimiento.
La «hoja mensual» de sinopsis meteorológica que editan los institutos meteorológicos (véase figura en págs. 276-277) no sólo sirve como material para enseñar meteorología en colegios, sino que también resulta de gran utilidad para cualquier observación. La hoja mensual permite anotar las observaciones meteorológicas más importantes de todo un mes. Para facilitar el registro de tales datos se utilizan los símbolos meteorológicos habituales (véase la pág. 142). Pero además, para apreciar mejor determinados fenómenos meteorológicos, se usan también signos de color:

amarillo si luce el sol,
verde si llueve, nieva o el suelo está húmedo (también para la cantidad de precipitaciones),
azul si el suelo está frío,
marrón con suelo seco y también para la caída de hojas en otoño,
rojo con situaciones meteorológicas peligrosas (tormentas),
rojo y azul para la temperatura máxima y mínima diarias.

Los datos relacionados con la observación de las fases de desarrollo de especies vegetales importantes enriquecen especialmente la hoja mensual: «Cada año y durante cada estación los efectos de la meteorología en plantas y animales (en éstos también debido a su dependencia de la vegetación para alimentarse) producen fases de desarrollo y determinadas manifestaciones vitales que por tanto revelan la evolución meteorológica en su conjunto».
El Servicio Meteorológico Alemán publica una «nota explicativa para rellenar la hoja mensual (pliego de trabajo)» que, al igual que todos los métodos impresos mencionados en este capítulo de utilidad para practicar la meteorología, se puede adquirir a un precio muy económico en la siguiente dirección: Deutscher Wetterdienst, Geschäftsfeld Seeschiffahrt, Bernhard-Nocht-Str. 76, 20359 Hamburgo.

Los 10 tipos de nubes clasificados internacionalmente

Las nubes deben estudiarse en el cielo. Las 10 ilustraciones que siguen a continuación reproducen la estructura básica de las nubes. Aunque la riqueza de formas observables es bastante mayor, esencialmente se reducen siempre a estos 10 tipos de nubes. El Servicio Meteorológico Alemán ha publicado una recopilación de 32 fotografías en color comentadas a las que remitimos como complemento a este apartado.

Cirros (abrev. Ci): nubes de hielo y filamentosas situadas a gran altura (5 km o más). La dirección de su movimiento permite deducir la evolución del tiempo (véase pág. 86). De aspecto deshilachado y a menudo también en forma de velo.

Cirrocúmulos (abrev. Cc): nubes de hielo, cúmulos pequeños («nubes de algodón») situados a gran altura (5 km o más). De incidencia variable para la evolución del tiempo.

Altostratos (abrev. As): nubes estratificadas grises de hielo y agua, situadas a alturas medias (de 2,5 a 7 km). Significado variable para la evolución del tiempo.

Cirrostratos (abrev. Cs): nubes de hielo estratificadas con forma de velo y situadas a gran altura (5 km o más). A menudo anuncian la llegada del frente cálido de una depresión atmosférica (véase pág. 82). Aparición de fenómenos de halo (véase pág. 52).

Altocúmulos (abrev. Ac): cúmulos formados sobre todo de agua (grandes nubes manifiestamente aborregadas), a menudo dispuestos en bandas y situados a media altura (de 2,5 a 7 km). Indican tiempo variable.

Nimbostratos (abrev. Ns): densas nubes estratificadas de hielo y agua situadas a media altura (de 2,5 a 7 km). Nubes de lluvia desarrolladas a partir de altostratos (véase pág. 96), a menudo mezcladas con cúmulos.

Estratocúmulos (abrev. Sc): bancos de nubes de agua situadas a poca altura (por debajo de 2,5 km). A pesar de su aspecto amenazante y de su extensión en el cielo casi nunca traen lluvia.

Estratos (abrev. St): nubes estratificadas de agua situadas a poca altura (por debajo de 2,5 km). Este tipo de nube carece de estructura. Típicas nubes de lluvia sin contornos. Bajo ellas suele haber «jirones de nubes» en sitios de montaña y cerca del suelo.

Cúmulos (abrev. Cu): (nubes esponjosas) formados por agua y situados a poca altura (por debajo de 2,5 km, aunque pueden apilarse hasta grandes alturas). Los cúmulos dispersos son nubes de buen tiempo (véase también pág. 88).

Cumulonimbos (abrev. Cb): grandes cúmulos formados por agua y situados a poca altura (por debajo de 2,5 km, aunque pueden apilarse hasta 10 km o más de altura). Cuando hay una capa de hielo en la altura son típicos de tormenta; si no, deparan lluvia y aguaceros.

Estimación de la intensidad del viento según el movimiento del agua

(en grados de Beaufort, véanse también págs. 128-129)

Intensidad del viento 0 (calma): en la imagen, restos de resaca ligera.

Intensidad del viento 1 (ventolina): olas rizadas sin crestas de espuma.

Intensidad del viento 2 (brisa muy débil): olas pequeñas y cortas. Las crestas no rompen.

Intensidad del viento 3 (brisa débil): poco a poco empiezan a romper las crestas.

Intensidad del viento 4 (brisa moderada): aparecen cabezas de espuma blanca. Las olas se alargan.

Intensidad del viento 5 (brisa fresca): coronas de espuma por doquier. Olas más largas.

Intensidad del viento 6 (brisa fuerte): al romperse las crestas se forman superficies de espuma blanca. Aparecen olas grandes.

Intensidad del viento 7 (fuerte): la espuma forma franjas en la dirección del viento.

Intensidad del viento 8 (duro): las franjas que forma la espuma en la dirección del viento se desarrollan con fuerza. Salpicadura procedente de las coronas de espuma.

Intensidad del viento 9 (muy duro): mayor salpicadura. Olas altas. El mar «cabecea».

Intensidad del viento 10 (temporal): mar «espumoso». Montañas de olas muy altas con largas crestas rompientes. La salpicadura empeora más la visibilidad.

Intensidad del viento 11 (borrasca): las crestas rompientes salpican espuma por doquier. Montañas de olas de altura excepcional. Notable merma de la visibilidad.

Intensidad del viento 12 (huracán): la salpicadura y la espuma lo tiñen todo de blanco.

Pequeño glosario de términos meteorológicos

Aerología Rama de la meteorología que estudia la atmósfera libre (hasta unos 30 km de altitud).

Aeronomía Rama de la geofísica que estudia la alta atmósfera (a más de 60 km de altura).

Aerosoles Partículas microscópicas sólidas o líquidas suspendidas en el aire. En las grandes ciudades, el número de estas partículas por centímetro cúbico puede ascender a varios millones. En contraste, en el Ártico o la Antártida suele haber menos de 10 aerosoles por centímetro cúbico.

Agua de deshielo Liberación de agua dulce como consecuencia de la retirada del hielo hacia el final de la última gran glaciación hace 11 000 años. Influye en el sistema océano-atmósfera.

Agua subterránea Agua de lluvia, fundida o fluvial que se filtra en terrenos permeables. Las capas de suelo impermeables (p. ej., de arcilla) impiden que continúe la filtración. El agua subterránea y su calidad son importantes para el abastecimiento hidráulico («contaminación de aguas subterráneas»).

Aguacero Precipitación (lluvia) fuerte. En Europa central es de 60 litros por metro cuadrado y hora, o más.

Aguas profundas El agua de los océanos mundiales a grandes profundidades. Las corrientes de aguas profundas transportan cerca del suelo oceánico agua con un alto contenido en sal a través de los océanos. Son importantes para el sistema océano-atmósfera y la evolución climática.

Agujero de ozono Disminución de la capa de ozono, sobre todo en la estratosfera, debido a diversas emisiones antropogénicas (clorofluorocarbonos, N_2O) y que implica un incremento en la radiación ultravioleta en la superficie terrestre. Se observan «agujeros» en diversos lugares de la atmósfera. El ozono es, junto al vapor de agua y al CO_2, un gas importante para la absorción de la radiación e indispensable para la administración de la radiación terrestre.

Aire caliente Procede de latitudes meridionales, sobre todo del cinturón subtropical de altas presiones. Las masas de aire caliente se deslizan sobre el aire frío. En consecuencia, se forman nubes y precipitaciones (frente cálido). Típicamente conlleva tiempo con lluvias persistentes. En conjunto, la meteorología es más suave que con las irrupciones de masas de aire frío.

Aire frío Procede de Europa del norte y la zona polar («aire polar»). Las masas de aire frío hacen descender las corrientes de aire caliente, un proceso que da lugar a la formación de nubosidad y de precipitaciones (frente frío). El aire frío marino experimenta un calentamiento previo (desde el Atlántico), pero el aire polar continental es especialmente frío.

Almanaque perpetuo Se basa en las observaciones meteorológicas de 7 años realizadas por el abad M. Knauer de 1652 a 1658. Más tarde se aceptó que la meteorología sigue un ciclo de 7 años. Los pronósticos basados en esto son muy poco fiables.

Análisis de polen Estudio de polen fósil para obtener datos sobre cambios climáticos acaecidos en la Tierra en épocas pretéritas.

Anticiclón Zona de altas presiones. El movimiento descendente del aire disipa las nubes (buen tiempo). Una zona de altas presiones permanentes entre 20 y 30 grados de latitud norte («cinturón subtropical de altas presiones»). Las cuñas anticiclónicas sólo anuncian una mejoría breve de tiempo.

Anticiclón continental Alta estacionaria sobre Europa oriental (Rusia). Vientos del sudeste arrastran aire cálido hacia el centro, el oeste y el norte de Europa. Es característico de periodos prolongados de buen tiempo en verano y en otoño.
Anticiclón de las Azores Región de altas presiones cerca de las Azores. Pertenece al cinturón anticiclónico subtropical del hemisferio norte terrestre. Suele dar origen a situaciones de buen tiempo en Europa central. No obstante, también repercute en la irrupción de flujos del oeste (junto con el ciclón de Islandia).
Aquaplaning Término que designa el agua resbaladiza, sobre todo en calzadas mojadas por la lluvia. El dibujo de las ruedas de automóvil no consigue evacuar tanta cantidad de agua de la carretera. Con el hielo liso se da una situación comparable para la conducción.
Arco iris Fenómeno óptico en la atmósfera que se produce cuando la luz del Sol incide desde un lado sobre una nube de lluvia, por ejemplo, cuando remite la precipitación. Resulta de la refracción de la luz. Colores del espectro desde el rojo hasta el violeta. Cuanto más grandes son las gotas de lluvia, más intenso es.
Ascendencia convectiva Movimientos verticales de aire hacia arriba para compensar el descenso de aire en otro lugar.
Atmósfera La cubierta de aire de la Tierra en cuyas capas inferiores (hasta 15 km de altura) se producen los fenómenos meteorológicos. Consiste en una mezcla de nitrógeno (78%) y oxígeno (21%). El 1 por ciento restante consiste en gases diversos, como dióxido de carbono, y tiene relevancia para la evolución del tiempo atmosférico.
Atmósfera primigenia Atmósfera de la Tierra en su origen. Tenía menos cantidad de oxígeno. El incremento del oxígeno atmosférico ocurrió hace 2000 millones de años y finalizó hace 400 millones de años.
Aureola Claridad blanquiazul alrededor del Sol o la Luna («corona») por la aparición de finas capas de nubes. Causa: difusión de la luz en partículas de agua de tamaños diversos. El borde exterior es de color marrón rojizo.
Biomasa Conjunto de materia orgánica (seres vivos, plantas) de la Tierra. Importante, entre otras cosas, para la acumulación de carbono y por tanto para la configuración climática.
Biometeorología (meteorología médica) Efectos de la meteorología, el tiempo atmosférico y el clima en las personas sanas y enfermas.
Biosfera Parte del sistema climático formada por los seres vegetales y animales. En todos los lugares donde existe el clima hay vida.
Biotopo Lugar con plantas y animales típicos que dependen de las condiciones medioambientales del mismo (ejemplo: pasto alpino).
Biotropía Influencia de la meteorología en el bienestar de las personas (por ejemplo, el foehn, el bochorno).
Bochorno Coexistencia de calor y una humedad relativa del aire alta, por ejemplo, 20 °C y una humedad relativa del 75 por ciento. Repercute en el organismo.
Bosque lluvioso tropical Enormes extensiones de bosque en los trópicos con gran variedad de especies. Se caracterizan por la actividad fotosintética durante todo el año. Fijan más carbono por unidad de superficie que las zonas de uso agrícola.
Bruma Adición de moléculas de vapor de agua en los núcleos de condensación. Fase anterior a la de precipitaciones. La bruma reduce la visibilidad («turbiedad de bruma»). Cuando la distancia de visibilidad desciende por debajo de 1000 metros comienza la niebla.
Capa límite planetaria Separa la atmósfera libre de la zona en que la superficie terrestre afecta con notoriedad al movimiento del aire (1000 metros de grosor).
Carámbanos Pueden formarse, por ejemplo, con lluvia helada cuando el agua acumulada de forma desigual no puede congelarse. El agua fluye hacia abajo, se enfría y se hiela. Entonces se forman los carámbanos. Cuando imperan temperaturas algo superiores a los 0 °C y luce el Sol surgen carámbanos especialmente grandes. Por ejemplo: nieve derretida en

los tejados. Una parte del agua descongelada se evapora. Con ello desciende la temperatura bajo 0 °C y «crecen» los carámbanos.
Chaparrón Chubasco con grandes gotas de agua (por ejemplo, con tormenta).
Chorro azul Relámpago en la atmósfera superior (15 a 45 km de altura) sobre las nubes de sistemas tormentosos intensos, como los que se producen, por ejemplo, en Estados Unidos. Podría tratarse de un fenómeno de intercambio energético entre la Tierra y el espacio.
Circulación general Sistema eólico mundial de la atmósfera que se encarga, por ejemplo, de la dispersión de contaminantes a gran escala. No obstante, el movimiento global de masas de aire responde ante todo de la evolución meteorológica y climática.
Claridades crepusculares alpinas La luz púrpura del crepúsculo ilumina las montañas de los Alpes. Especialmente pronunciado cuando el Sol se halla 4 grados bajo el horizonte.
Climatología Área de investigación para el estudio del clima. No sólo es importante para la meteorología. También tiene interés para la biología, la medicina, la ciencia forestal y la agricultura.
Coalescencia Formación de gotas de agua en una nube a partir de partículas menores de agua.
Comportamiento animal Los animales, al igual que las personas, reaccionan de inmediato ante la meteorología. Su comportamiento permite deducir ciertos cambios meteorológicos. Con todo, los animales no notan el tiempo que hará en un futuro, sino que reaccionan ante determinados procesos meteorológicos.
Compresión Las masas de aire se comprimen en las cumbres montañosas que cruzan la dirección en que fluyen, por ejemplo, el aire frío del norte en los Alpes, que también comprimen el aire proveniente del sur. Esto provoca precipitaciones que duran varios días («lluvia de compresión»).
Contaminación atmosférica Enriquecimiento del aire con sustancias nocivas, por ejemplo, dióxido de azufre, dióxido de nitrógeno. Medidas para evitarlo: construcción de instalaciones para la limpieza de gases de emisión en las centrales eléctricas o coches con catalizador.
Contaminación radiactiva Suciedad radiactiva, por ejemplo, en el aire.
Convergencia Entrada de aire en una zona de bajas presiones.
Corona Fenómeno óptico en la atmósfera. Difracción de la luz del Sol o la Luna en gotas de agua de una nube y formación de un fulgor blanquecino alrededor del Sol o la Luna. Aparece con especial intensidad con estratos a gran altura (anuncia mal tiempo).
Corriente del Golfo Corriente cálida marina. Tiene su origen en el golfo de México. Circula hacia el norte y el oeste de Europa y repercute en el clima de estas zonas.
Corriente del Labrador Corriente oceánica cálida procedente de los mares polares del norte. Circula hacia el sur y cuando se encuentra con la corriente del Golfo provoca nieblas y zonas de bajas presiones en la costa oriental de Norteamérica.
Corrientes oceánicas Desplazamiento a gran escala de masas de agua en los océanos mundiales. Entre otras cosas, desencadenan vientos constantes (alisios, mozones). Estas corrientes de gran repercusión meteorológica y climática (corriente de Humboldt, del Golfo, El Niño) también provocan diferencias de temperatura o de salinidad.
Corriente submarina Sistema de corrientes que impera a gran profundidad en los océanos del mundo. La corriente submarina se alimenta del hundimiento del agua fría, como ocurre en el Atlántico con el agua fría en la costa helada del Labrador (Canadá) y Groenlandia.
Crecida Aumento considerable del nivel medio anual del agua o del cauce de un río. Todo mar y todo tramo de un río tienen sus propios índices de crecidas. Las crecidas se deben especialmente al deshielo de primavera y a la caída de lluvias intensas.
Criosfera Está formada por la nieve, glaciares y otras formas de agua congelada (hielo).
Cuña anticiclónica Zona de altas presiones que se desplaza entre zonas de bajas presiones

sucesivas. Por lo general, la mejoría del tiempo sólo dura 1 o 2 días. Su extensión decrece con la altura. Sobre la cuña anticiclónica suele haber otras corrientes de aire, por lo general una corriente neta del oeste.

Depresión atmosférica Zona de bajas presiones. Movimiento arremolinado de las masas de aire. Aparición de frentes fríos y cálidos. Predominan los procesos de formación de nubosidad. Depara fenómenos meteorológicos importantes: viento (tormenta), precipitaciones. Típica de los flujos del oeste y del norte.

Depresión de Génova Zona de bajas presiones en el Mediterráneo occidental. El aire polar frío desviado por los Alpes hacia las alturas causa un efecto de succión que desencadena la formación de la depresión. A menudo asociado a temporal en Italia y la Riviera francesa.

Depresión de Islandia Zona de bajas presiones sobre el Atlántico en las proximidades de Islandia. Repercute en los flujos del oeste característicos durante todo el año del oeste, el norte y el centro de Europa, sobre todo si va asociado al anticiclón de las Azores: mucho viento y precipitaciones, breves ascensos de temperatura.

Depresión en altura Zona de bajas presiones a unos 5000 m de altura. Gran influencia en el desarrollo meteorológico a ras de suelo.

Depresión secundaria Presiones especialmente bajas detrás de un frente frío en una depresión atmosférica (ciclón). Asociada a vientos de fuertes a duros y precipitaciones intensas. Típica en los alrededores de Islandia, pero también en las zonas mediterráneas (por ejemplo, en verano con inundaciones en las mesetas y nevadas en las montañas).

Desertización Transformación en desiertos de paisajes que han tenido vegetación. Con ella aumenta la proporción de polvo en la baja atmósfera. Influye en la cantidad de precipitaciones.

Desgajamiento por nieve Viene provocado por el peso que soportan los árboles con la nieve húmeda. A menudo se rompen ramas y árboles enteros.

Día tropical Día con temperaturas máximas de 30 °C o más.

Día veraniego Día con una temperatura mínima de 25 °C.

Días clave Determinados días del año cuya meteorología debe servir como punto de partida para la evolución del tiempo atmosférico a largo plazo. Estos días y los «proverbios campesinos» se basan en la experiencia, en principio cierta, de que las irrupciones frías y cálidas son típicas de ciertas estaciones del año. ¡Pero no tienen ninguna regularidad!

Días de helada Días en los que el termómetro desciende ocasionalmente por debajo de cero grados.

Días de la canícula De finales de julio a comienzos de agosto. Según la creencia popular, son días estivales especialmente tórridos. La formación de un anticiclón estable en la segunda mitad de julio da lugar a una situación de buen tiempo con temperaturas elevadas. El nombre alude a la estrella Sirio en la constelación del Can Mayor, que antes se veía en estas fechas en el cielo matutino.

Días glaciales Días con heladas duraderas. La temperatura permanece bajo 0 °C durante 24 horas.

Divergencia Corrientes de aire que se separan entre sí en una zona de altas presiones.

Divisoria meteorológica División geográfica por zonas con distinta meteorología, por ejemplo, en cadenas montañosas (Alpes: foehn en el norte, lluvia en el sur).

Efecto anti-invernadero El ensuciamiento de la atmósfera mediante catástrofes naturales o de origen humano (erupciones volcánicas, grandes incendios en guerras) oculta la radiación solar en las alturas de la troposfera y de la estratosfera y provoca un enfriamiento.

Efecto invernadero Igual que el cristal de un invernadero, las capas de aire del planeta realizan la función de calentar la superficie terrestre. La luz solar irradiada es absorbida en parte cuando llega al suelo y entonces se acumula calor (una media de 15 °C en la superficie). Los gases traza poliatómicos, que reducen la radiación térmica terrestre mediante la reabsorción de la radiación infrarroja, incrementan su presencia en la atmósfera y refuerzan así el efecto invernadero, lo cual eleva la temperatura de la Tierra.

El Niño Irrupción ocasional de aguas superficiales cálidas en el Pacífico frente a las costas de Perú y Ecuador, debida a inestabilidades de presión atmosférica entre el Pacífico oriental y occidental cercano al ecuador. Supuesto causante de anomalías climáticas.

Electricidad atmosférica Diferencia vertical de potencial en la atmósfera. Los iones del aire permiten la formación de campos eléctricos que se desintegran mediante las tormentas. Las perturbaciones electromagnéticas que se producen en la atmósfera favorecen la localización de tormentas. La electricidad del aire es un factor fundamental para la sensibilidad a las influencias atmosféricas.

Empuje eólico Viento que sopla sobre una superficie de agua y ejerce una fuerza de arrastre sobre ella. El empuje eólico acelera las capas superiores del agua.

Época de sequía Periodo en el intervalo de desarrollo en que no hay o escasean las precipitaciones. Las catástrofes periódicas por sequía caracterizan el clima al sur del Sáhara.

Erosión Efecto del agua, el hielo (glaciares) y el viento en la superficie terrestre.

Escarcha Se forma con temperaturas bajo cero y niebla consistente en gotas de agua sobreenfriadas.

Escarcha de las ventanas Cristales de hielo que se forman en las ventanas cuando la temperatura exterior es muy baja. Dentro de la estancia, el punto de rocío debe mantenerse por debajo del punto de congelación en las proximidades de la ventana. Eso permite que la humedad del aire de la habitación se solidifique en los cristales.

Estación lluviosa En las zonas tropicales, la época del año con precipitaciones especialmente intensas.

Familia de depresiones Serie de depresiones sucesivas dentro de una zona de bajas presiones (ciclones). Son típicas de los flujos del oeste que se dan en Europa durante todo el año: tiempo variable con muchas precipitaciones y viento, y breves claros intermedios.

Fata Morgana Trayectoria anómala de los rayos de luz en las capas de aire próximas al suelo que provoca espejismos.

Fenología Signos que relacionan el transcurso de la meteorología anual con el desarrollo de los organismos, por ejemplo, adelanto o retraso del florecimiento del naranjo. Permite deducir cambios climáticos.

Foehn El aire obligado a ascender por la ladera meridional alpina se calienta durante el descenso por la ladera septentrional. El viento de foehn sobre la vertiente norte alpina eleva la temperatura en pocas horas unos 10 o 15 °C. Aire muy nítido y nubes típicas de foehn.

Fucilazo Reflejo en las nubes del relámpago de una tormenta lejana. El trueno que lo sigue no llega a percibirse.

Fuego de San Telmo Descargas del campo eléctrico atmosférico durante una tormenta. Puede verse sobre torres y pararrayos en forma de chispas débiles. Va precedido de crepitaciones estrepitosas.

Gases traza Gases cuya presencia conjunta en la atmósfera es mínima (alrededor del 1%), pero que tienen gran efecto en el clima. Entre otros, son gases traza el dióxido de carbono, el metano, los clorofluorocarbonos, el dióxido de nitrógeno y el ozono.

Glaciaciones Las variaciones en la excentricidad de la órbita terrestre y en la inclinación y orientación del eje del planeta alteran el devenir de las estaciones del año. Esto ha provocado 8 glaciaciones a lo largo del último millón de años: la nieve no desaparecía de las montañas ni de las zonas continentales situadas en latitudes septentrionales ni siquiera en verano. La nieve concentrada formaba glaciares y extensos casquetes de hielo.

Glaciar La presión de la nieve compacta y el efecto del calor terrestre forma hielo en las montañas altas y zonas polares. Esto forma corrientes que se desplazan cuesta abajo.

Gloria (o corona de Ulloa) Círculo de color alrededor de la sombra de una persona proyectada sobre niebla.
Gota fría Anticiclón entre 5000 y 10 000 m de altura. El núcleo consiste en aire muy frío. Provoca tormentas y lluvias intensas.
Granizo Tipo de precipitación formada por grandes trozos de hielo de varios centímetros. Puede llegar a tener el tamaño de un huevo de gallina («piedras»). Las piedras se forman poco a poco por adición de hielo durante su caída a través de las capas de aire. El granizo se forma sobre todo con tormentas.
Granizo menudo Tipo de precipitación formada por pequeños gránulos opacos de hielo. Se forman por la colisión de gotas de agua sobreenfriadas contra cristales de hielo. Las gotas y los cristales se fusionan. Se observa sobre todo con tormentas.
Halo Fenómeno óptico que se produce en la atmósfera. Arcos con 22 grados y 46 grados de radio alrededor del Sol o la Luna. Se forman por la refracción y difracción de la luz del Sol o de la Luna en cristales de hielo que se encuentran en cirros. De ahí que los halos anuncien cierto mal tiempo.
Hidrosfera Está formada por los océanos, las aguas subterráneas y el agua de lluvia.
Hielo Agua cristalizada al enfriarse a 0° C («punto de congelación»). Adopta diversas formas: nieve, nieve compacta, hielo de nieve compacta, hielo de glaciar, aguanieve, escarcha. El vapor de agua a grandes alturas se evapora y condensa en el aire frío más bajo y se transforma en niebla, o se sublima en cristales de hielo.
Hielo compacto Masas comprimidas de hielo, por ejemplo en el Ártico y la Antártida, con alturas de 10 m o más.
Higiene del aire Mejoría de la calidad del aire, sobre todo gracias a medidas contra la contaminación atmosférica.
Humedad del aire Cantidad de vapor de agua en el aire. A una temperatura determinada, el aire sólo puede admitir una cantidad concreta de vapor de agua («saturación»). Un exceso de ella hace que se precipite al suelo en forma de agua. La temperatura a la que se alcanza la saturación se llama punto de rocío.
Humo de incendios forestales Ciertos gases, aerosoles, vapores y partículas no sólo causan un daño inmediato en las personas. Los incendios forestales ensucian el aire *(smog)* y repercuten en el tiempo y el clima.
Inmisiones Influencias químicas y físicas en los seres vivos, plantas y el medio ambiente.
Inversión Un fuerte enfriamiento de las capas de aire próximas al suelo durante un anticiclón da lugar a la formación de un colchón de aire frío bajo aire cálido más alto (inversión en el suelo). Esto traba las corrientes de aire en las alturas y produce el estancamiento de gases de emisión bajo el aire caliente. Típico del otoño y el invierno.
Ley del ozono Ante el aumento súbito de los valores máximos del ozono estival, se prohíbe la conducción automovilística en grandes espacios. La ley del ozono entró en vigor en Alemania el 26 de julio de 1995.
Límite arbóreo Límite de altura apreciable en la Tierra para el crecimiento de los árboles; por ejemplo, en los Alpes es de unos 2400 m, y en el Ártico es de unos 700 m. Causa, entre otras: disminución de la cantidad de agua en una zona climática.
Límite de los cero grados La temperatura del aire alcanza con la altura los 0 °C. Depende de la estación del año. En Europa central varía en promedio entre los 1000 y los 3500 m.
Litosfera Corteza terrestre (continentes, montañas). También se denomina geosfera.
Lluvia Forma de precipitación con gotas de agua de hasta 6 mm. Las gotas de lluvia aumentan con la colisión de gotas y cristalitos de agua minúsculos hasta alcanzar el peso suficiente para caer al suelo. Las gotas de agua muy finas dan lugar a la llovizna.
Lluvia ácida Término que designa las precipitaciones con trazas claras de ácido sulfúrico y ácido nítrico debido a la contaminación medioambiental (valor pH alrededor de 4).

Lluvia de azufre Esta lluvia elimina el polen de los árboles y plantas y tiñe el suelo de amarillo. También se denomina lluvia amarillenta.
Lluvia de sangre Lluvia teñida de rojo por el polvo del Sáhara.
Lluvia engelante Precipitación en estado sólido. Ocurre cuando la temperatura del aire desciende por debajo del punto de congelación. El vapor de agua se solidifica en las plantas o en el suelo y forma una capa blanca resbaladiza. En las calzadas hay riesgo de escarcha resbaladiza (también puede formarse hielo liso).
Lluvia fuerte Cuando la cantidad de precipitaciones alcanza en una hora 17 litros por metro cuadrado y más, se habla de lluvia fuerte. Las estadísticas de lluvias fuertes sirven para calcular la construcción de obras hidráulicas para evitar crecidas de gran envergadura.
Lluvia helada Lluvia que cae sobre una capa de aire a menos de 0 °C. El agua se enfría por debajo del punto de congelación sin llegar a helarse. Si entonces se precipita sobre zonas «frías» (bajo 0 °C), se transforma de inmediato en hielo.
Lluvia persistente El aire cálido se desliza sobre aire más frío y provoca lluvias que duran varios días. La lluvia cae de forma constante y nunca en forma de aguaceros.
Luz púrpura Fenómeno crepuscular rojo en el horizonte occidental alrededor de un cuarto de hora después de la puesta de Sol.
Macroclima El clima a grandes escalas (por encima de 2000 km).
Marea de tempestad Está causada por tormentas fuertes que arrecian en el continente que, con independencia del flujo y reflujo del mar en las costas, elevan en extremo el nivel del agua.
Mesoclima Clima de zonas de entre 2 y 2000 km. Sobre todo las condiciones meteorológicas que afectan directamente a la vida orgánica.
Meteorología espacial Alrededor de la Tierra existe una corriente constante de partículas con carga eléctrica que proceden esencialmente del Sol. Este viento solar desencadena en parte intensas tormentas electromagnéticas que pueden dañar los satélites y sistemas eléctricos de la Tierra.
Microclima Clima de zonas de hasta 2 km de extensión (por ejemplo, un campo).
Monzón Viento limitado a una estación del año. En verano, sopla viento desde el mar frío hacia el continente más cálido; en invierno, sopla desde el continente más frío hacia el mar cálido. Aunque es típico de Asia, en Europa también se dan situaciones monzónicas.
Muerte de los bosques Síntomas de enfermedad en los árboles (por ejemplo, amarilleo de hojas, anomalías de crecimiento). Afecta a las coníferas y los árboles de fronda. Es un proceso muy complejo porque los síntomas aparecen tanto en zonas que sufren emisiones gaseosas como en las denominadas zonas de aire puro. Efecto conjunto de varios gases perjudiciales, hidrocarburos gaseosos y fotooxidantes. La «lluvia ácida» no es más que uno de los múltiples factores posibles de deterioro.
Niebla Cuando aumenta la cantidad de gotas de agua en el aire y con ello disminuye la visibilidad, se habla de niebla. Se forma sobre todo por la mezcla de aire cálido húmedo con aire frío. Existe la niebla baja y la alta. A menudo trae lluvia fina y húmeda.
Nieve Precipitación sólida con temperaturas inferiores a 0 °C. Estrellas de hielo de seis puntas. A grandes alturas entre –12 y –16°C, se forman bellos cristales finos de hielo. Cuando la temperatura ronda los 0 °C, se forman copos grandes y nevadas copiosas.
Nieve compacta Nieve en montañas altas que se ha derretido y vuelto a congelar repetidas veces. Estructura granulada. A partir de la nieve compacta se forma a lo largo del año hielo de nieve compacta y luego hielo de glaciar.
Nieve con lentejuelas Nieve con escarcha de cristales de hielo muy finos que aparecen con frío intenso, viento en calma y cielo azul.
Nieve helada Designación de la capa de hielo que se forma sobre un manto de nieve cuando la capa superior de nieve se funde y vuelve a congelarse.

Nieve roja Aparición de manchas rojas en la nieve de los Alpes Altos y de las regiones polares, provocadas por algas.
Nubes El enfriamiento del aire en las alturas da lugar a la condensación de vapor de agua y, con ello, a la formación de nubosidad. El agua líquida puede caer en forma de precipitaciones o evaporarse en el aire (disipación de nubes sin lluvia). Formas: cúmulos, estratos.
Nubes noctilucentes En latitudes polares se ven nubes como cirros de brillo plateado entre el final del crepúsculo civil y el crepúsculo astronómico. A más de 80 km de altura.
Núcleo de Aitken Partícula muy pequeña presente en la atmósfera (con un radio aproximado de 0,03 micrómetros).
Océanos Los mares del mundo con su poderosa capacidad térmica actúan como una esponja térmica inmensa que absorbe el calor y modera el ascenso global de temperatura a la vez que experimenta un calentamiento propio muy reducido.
Ondas planetarias Masas de aire cuya temperatura y densidad fluctúan de forma periódica sobre grandes distancias. Se forman ondas con la longitud de la circunferencia terrestre porque el Sol siempre ilumina un solo lado del globo terrestre. Las ondas con longitudes entre cien y mil kilómetros se forman al encontrarse la corriente de aire en las cumbres montañosas.
Paisajes áridos Regiones secas de carácter desértico.
Paisajes húmedos Regiones húmedas con muchas precipitaciones.
Periodo de crecimiento Tiempo que invierten las plantas en crecer (de primavera a otoño). En toda Europa se observa con claridad que el periodo de crecimiento se adelanta (calentamiento) y, con ello, se alarga (10 días en término medio).
Permafrost Término que designa un terreno que permanece siempre helado.
Pico de racha Máxima velocidad del viento medida durante una tormenta. Los picos de racha de una tormenta alcanzan 30 m/s y más.
Presión atmosférica Presión que ejerce la atmósfera en cada lugar de la superficie terrestre. Se medía en milímetros de una columna de mercurio (760 mm al nivel del mar), pero últimamente se mide sobre todo en hectopascales (1013.2 hPa al nivel del mar). La presión atmosférica disminuye con la altura. La distribución de la presión es un punto de partida esencial para valorar la evolución meteorológica.
Pronóstico inmediato Pronóstico meteorológico hasta 2 horas, para prevenir peligros.
Radiación global Conjunto de la radiación directa del Sol e indirecta del cielo que incide en una superficie, por ejemplo, por centímetro cuadrado.
Red de medición de calidad del aire Red de medición del aire para registrar la contaminación. Junto a la evolución de la polución del aire se comprueba el transporte a gran escala de sustancias nocivas. Los resultados de la medición también sirven para el sistema de alerta previa de la aparición de *smog*.
Rocío Formación de gotitas cuando se alcanza el límite de saturación de la humedad del aire. Estas gotitas se depositan, por ejemplo, en los prados. En noches estivales claras de Europa central la producción de rocío puede llegar a 0,3 litros por metro cuadrado.
Santos de hielo Del 12 al 15 de mayo (Pancracio, Pedro, Bonifacio, Isidro). Según la creencia popular traen días fríos con heladas nocturnas. Causa: flujos meteorológicos del norte con irrupciones frías típicas de primavera y de comienzos del verano. Las estadísticas muestran que claramente en las últimas dos décadas ha abundado más un tiempo especialmente cálido que la situación de frío.
Sistema de vigilancia meteorológica mundial Trabajo conjunto de los servicios meteorológicos nacionales para reunir datos meteorológicos y climáticos, por ejemplo, sobre valores térmicos globales.
Situación meteorológica general Actividad meteorológica a gran escala con tendencia a repetirse cada estación o cada año. Depende, por ejemplo, del calor irradiado por el Sol.

Ejemplo: anticiclón continental sobre Europa oriental a finales del verano. Importante para pronósticos a largo plazo.

Smog Fuerte estancamiento del intercambio vertical de aire, por ejemplo, inversión baja durante una situación anticiclónica en invierno, y reducción asimismo del intercambio horizontal de aire, por ejemplo, ausencia de velocidades eólicas suficientes. El aire se enriquece entonces de sustancias contaminantes (SO_2, CO, NO_2 y polvo en suspensión).

***Smog* advectivo** Abarca vastas extensiones («sobrepasa las fronteras»); se denomina transporte a gran distancia de contaminantes (SO_2) a varios cientos de metros de altura y a lo largo de mil kilómetros de distancia o más.

Sonda a la deriva Baliza flotante en el mar que envía datos de medición mediante satélite a una estación en tierra. Las sondas con sistema de inmersión pueden medir corrientes en las profundidades y mandar los datos registrados al satélite después de emerger.

Temperatura del aire La temperatura del aire sólo desciende hasta los 10 km de altura. A partir de ahí se mantiene constante y vuelve a aumentar de manera progresiva. La temperatura del aire es un mecanismo desencadenante de la meteorología (aire frío y caliente). Influye en la presión atmosférica y en la humedad del aire.

Testigo de hielo Método para analizar capas de hielo profundas en el Ártico y la Antártida. Entre otras cosas, aporta información sobre el clima de las glaciaciones.

Tormenta Sigue a aire húmedo y cálido en rápido ascenso (hasta 10 km de altura) durante el cual se forman las típicas torres de tormenta (cúmulos) de las que caen intensas precipitaciones (lluvia, granizo). Conlleva fuertes descargas eléctricas y cuando se producen grandes diferencias de potencial da lugar a rayos.

Trampas frías Región de la atmósfera entre 9000 y 17 000 m de altitud. Aquí descienden la presión relativamente alta y las bajas temperaturas comunes al punto de saturación sobre un valor mínimo. Cuando el vapor de agua procedente de capas inferiores alcanza las trampas frías, se condensa casi por completo. Consecuencia: estratosfera muy seca. Queda muy poco vapor de agua en el ambiente.

Urbanización El 45 por ciento de la población mundial se concentra en núcleos urbanos. En el año 2025 habrá ascendido al 60 por ciento. Las ciudades suelen crecer hacia terrenos peligrosos (zonas de inundaciones, zonas de mareas de tempestad, etc.). El riesgo de catástrofe aumenta. Al mismo tiempo, deparan cambios climáticos (sellado de terrenos urbanos con hormigón y asfalto).

Veranillo de las buenas mujeres Situación de buen tiempo a finales del verano, en septiembre. Causa: alta continental sobre Rusia. Puede durar varias semanas. En octubre también puede darse la misma situación meteorológica («octubre dorado»).

Viento Compensación de las diferencias de presión atmosférica entre dos puntos. Desde los lugares con altas presiones fluye el aire hacia las zonas con presiones bajas. La intensidad eólica llega hasta muy duro y huracán (escala de Beaufort). El viento, la presión y la temperatura mantienen una relación funcional para el desarrollo meteorológico.

Viento anabático Viento que circula en sentido ascendente.

Viento catabático Viento que circula hacia abajo.

Viento solar Gas ionizado que fluye desde el Sol (atmósfera solar en expansión) y consiste sobre todo en electrones y protones.

Vientre de buey Durante la cristalización, un suelo empapado de agua se dilata y levanta como, por ejemplo, el pavimento de las calles.

Vulcanismo Las erupciones volcánicas forman grandes nubes de humo constituido por gotitas de ácido sulfúrico en la estratosfera. Estos aerosoles influyen en el clima.

Zonas de aire marítimo Regiones atmosféricas sobre los océanos con escasa cantidad de núcleos de condensación (de 10 a 100 por centímetro cúbico de aire). En los continentes la abundancia es de 10^3 a 10^6.

Bibliografía

Baleriola, G., Ledesma, M., *Meteorología aplicada a la aviación*, International Thonson Editores Spain – Paraninfo (2001)

Barry, R. G., Chorley, R. J., *Atmósfera, tiempo y clima*, Ediciones Omega (1999)

Battan, L. J., *El tiempo atmosférico*, Ediciones Omega (1976)

Broc Cavero, E., *Indicadores ambientales en las estaciones meteorológicas: una aplicación a las crisis de procesos psicopatológicos*, Servei de Publicacions de la Universitat de Barcelona (1994)

Capel Molina, J. J., *El Niño y el sistema climático terrestre*, Editorial Ariel (1999)

Capel Molina, J. J., *El clima de la península Ibérica*, Editorial Ariel (2000)

Chueca Sancho, Á. G., *Cambio climático y derecho internacional*, Fundación Ecología y Desarrollo (2001)

Cuadrat, J. M., Pita, M. F., *Climatología*, Ediciones Cátedra (1997)

Del Valle Melendo, J., Hernández Navarro, M., *Interpretación del mapa del tiempo: normas y ejercicios prácticos*, Colegio Oficial de Licenciados en Filosofía y Letras y en Ciencias de Aragón (1993)

Elías Castillo, F., Castellví Sentís, F. (coordinadores), *Agrometeorología*, Mundi-Prensa Libros (2001)

Erickson, J., *Las tormentas: de antiguas creencias a la moderna meteorología*, McGraw-Hill Interamericana de España (1991)

Fernández García, F., Galán Gallego, E., Cañada Torrecilla, R. (coordinadores), *Clima urbano en ciudades ibéricas e iberoamericanas*, Editorial Parteluz (1998)

Fuente Yagüe, J. L., *Iniciación a la meteorología y la climatología*, Mundi-Prensa Libros (2000)

García de Pedraza, L., Reija, Á., *Tiempo y clima en España*, Editorial Dossat (1992)

Gil Olcina, A., Olcina Cantos, J., *Diccionario de climatología*, Acento Editorial (1998)

Goody, R. M., *Las atmósferas*, Ediciones Omega (1975)

Gribbin, J., *El efecto invernadero y Gaia*, Ediciones Pirámide (1991)

Gribbin, J., *El agujero del cielo*, Alianza Editorial (1992)

Gribbin, J., *El clima futuro*, Salvat Editores (1994)

Henderson-Sellers, A., McGuffie, K., *Introducción a los modelos climáticos*, Ediciones Omega (1990)

Hougton, J. T., *Física de la atmósfera*, Instituto Nacional de Meteorología (1991)

Keidel, K. G., *Pequeña guía de meteorología*, Ediciones Omega (1981)

Mandeix, O., Pichon, E., *La meteorología*, Editorial Paradigma (1996)

Mandell, M., *Meteorología recreativa*, Ediciones Martínez Roca (1996)

Martín Vide, J., Olcina Cantos, J., *Tiempos y climas mundiales*, Oikos-Tau (1996)

Medina Isabel, M., *Iniciación a la meteorología*, International Thonson Editores Spain – Paraninfo – Salvat Editores (1994)

Medina Isabel, M., *La mar y el tiempo*, Editorial Juventud (1999)

Miller, A. A., *Climatología*, Ediciones Omega (1982)

Naya Sancristóbal, A., *Guía meteorológica del montañero*, Acción Divulgativa (1992)

Neukamp, E., *El tiempo*, Editorial Everest (1992)

Olcina Cantos, J., *Riesgos climáticos en la península Ibérica*, Acción Divulgativa (1994)

Olcina Cantos, J., Martín Vide, J., *La influencia del clima en la historia*, Arco Libros (1999)

Organización Meteorológica Mundial, *Cambio climático*, Instituto Nacional de Meteorología (1991)
Pegenaute Goñi, J. M., *El clima y el tiempo: guía de observación y trabajo*, Ediciones Octaedro (1992)
Picazo, M., *Los grillos son un termómetro: curso práctico de meteorología*, Ediciones Martínez Roca (2000)
Ruiz de Elvira, A., *Quemando el futuro: clima y cambio climático*, Nivola Libros y Ediciones (2001)
Sánchez Rodríguez, J., *Instrumentos meteorológicos*, Instituto Nacional de Meteorología (1990)
Schaefer, V. J., Day, J. A., *Guía de campo de la atmósfera,* Ediciones Omega (1983)
Scorer, R., *Investigación de las nubes por satélite*, Ediciones Omega (1989)
Secánez Calvo, M., *Tratado de climatología aplicado a la ingeniería medioambiental*, Mundi-Prensa Libros (2001)
Serra Florensa, R., *Arquitectura y climas,* Editorial Gustavo Gili (2000)
Strahler, A. N., Strahler A. H., *Geografía física,* Ediciones Omega (1989)
Thillet, J.-J., *La meteorología de montaña,* Ediciones Martínez Roca (1998)
Toharia Cortés, M., *Tiempo y clima,* Salvat Editores (1991)
Varios autores, *El Clima,* Prensa Científica (1991)
Varios autores, *Observar el tiempo,* Editorial Planeta (1998)
Vázquez Abeledo, M., *La historia del Sol y el cambio climático,* McGraw-Hill Interamericana de España (1998)

Direcciones en Internet

http://www.eumetsat.de Información sobre el estado del programa europeo de satélites (en inglés)
http://www.ecmwf.int Información sobre el centro meteorológico europeo en Reading, Inglaterra (en inglés)
http://www.wetterzentrale.de Oferta abundante de imágenes y enlaces (en alemán)
http://www.emetsoc.org Sociedad Meteorológica Europea (en inglés)
http://www.inm.es Instituto Nacional de Meteorología
http://envisat.esa.int Información sobre los satélites de observación terrestre europea (en inglés)
http://www.infomet.fcr.es Información meteorológica variada y actual. Multitud de enlaces de interés (en catalán)
http://www.wmo.ch Organización Meteorológica Mundial (WMO) (en inglés)
http://www.meteo.fr Servicio Meteorológico Francés (Méteo France, en francés)

Índice alfabético

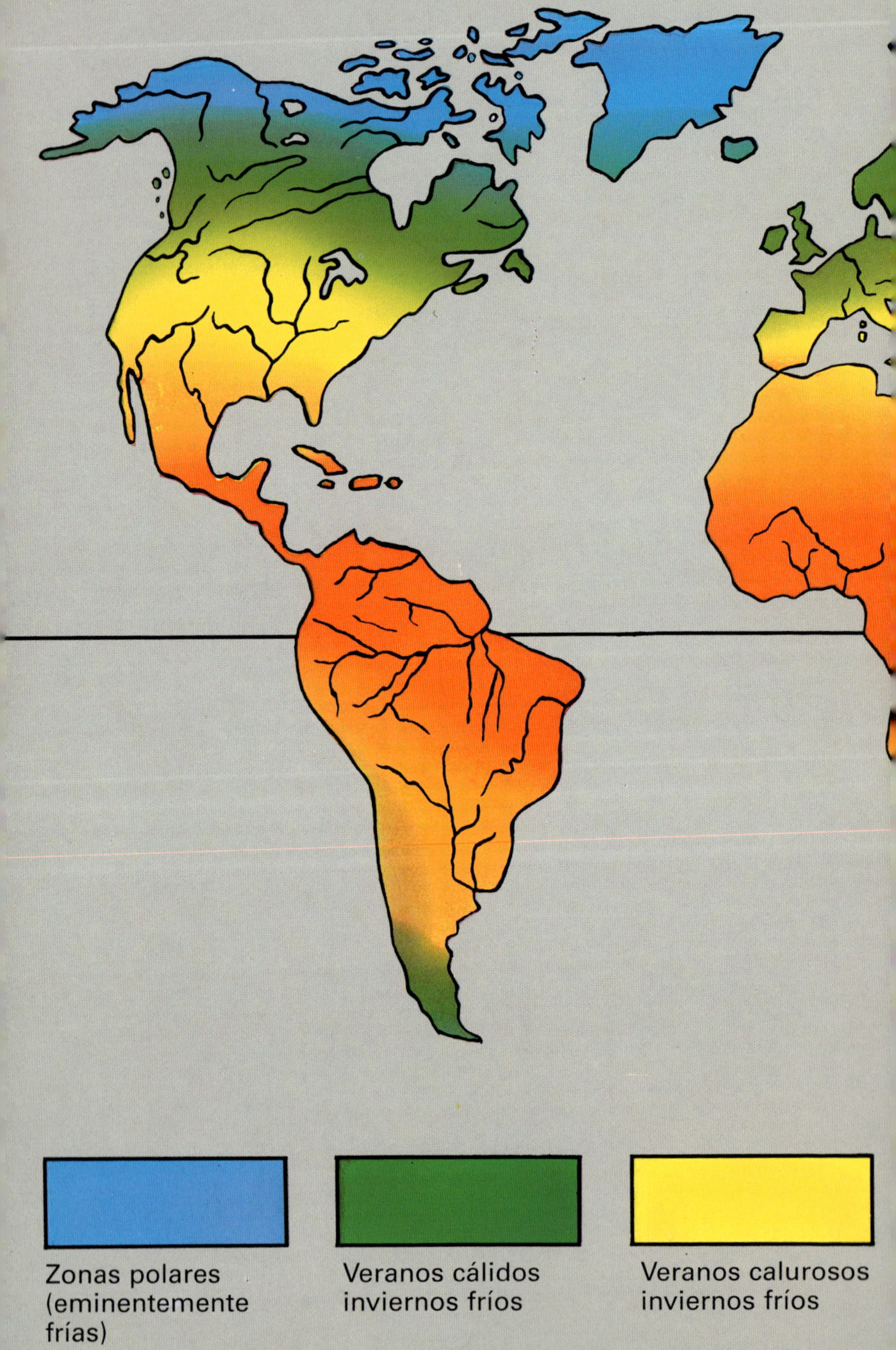
Zonas polares (eminentemente frías)
Veranos cálidos inviernos fríos
Veranos calurosos inviernos fríos

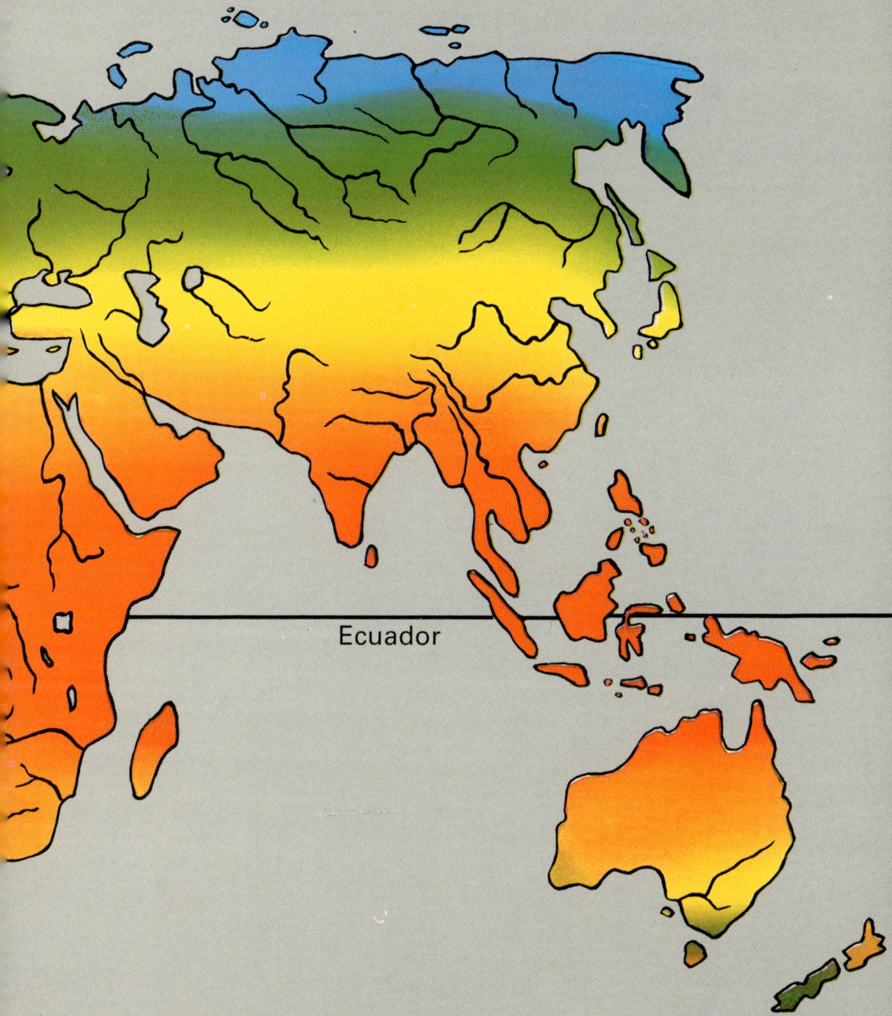

Zonas de temperatura de la Tierra

Siempre suaves

Veranos calurosos inviernos templados

Eminentemente caluroso

Zonas de temperatura de la Tierra

El calentamiento de la superficie terrestre y de las capas de aire próximas al suelo se debe casi exclusivamente a la acción del Sol. La latitud geográfica y el cambio de posición que experimenta el Sol a lo largo de las estaciones desempeñan un papel relevante en la distribución de las temperaturas. La cesión energética es mayor cuanto más vertical se sitúa el Sol sobre un terreno o una zona marítima, porque los rayos solares atraviesan entonces la mínima cantidad de atmósfera terrestre. Es lo que ocurre en el ecuador y las zonas tropicales próximas a él. En los polos norte y sur sucede algo distinto. En esas zonas, el Sol sólo alcanza una altura máxima a mediodía de +23,5° (véase figura en pág. 31).
Las zonas de temperatura de la Tierra están influidas por los mares. Allí donde llega el influjo del mar, la variación diaria y estacional de la temperatura es menor. Además, se suma la incidencia de la humedad y las precipitaciones. En las zonas terrestres próximas al mar imperan temperaturas más equilibradas que en regiones del interior. La distribución de la temperatura también está determinada por las corrientes eólicas y marinas. Por ejemplo, la corriente del Golfo y los habituales vientos suaves del sudoeste hacen que Inglaterra e Irlanda disfruten de una temperatura media anual de +10°. En cambio, en Terranova (costa oriental canadiense), situada en la misma latitud geográfica, la temperatura media anual sólo asciende a 0°. Las temperaturas descienden a medida que aumenta la altura sobre el nivel del mar. Cada 100 metros, bajan alrededor de 0,5°. Esto explica que en las cumbres más altas de los trópicos también haya nieves perpetuas.

Distribución de precipitaciones en la Tierra

El aire húmedo ascendente se enfría y se condensa, lo cual da lugar a la formación de gotitas minúsculas de agua (nubosidad). Como una masa de aire sólo puede absorber una cantidad determinada de vapor de agua, a medida que aumenta la condensación se producen precipitaciones. Por lo general, el aire situado sobre el mar es especialmente húmedo. Las grandes montañas terrestres obligan a ascender al aire que avanza hacia ellas. De ahí que las zonas ricas en precipitaciones se encuentren allí donde una montaña se interpone en el camino de avance del aire. Las masas de aire se ven obligadas a ascender y se enfrían. El resultado es la condensación y por último la aparición de precipitaciones.

La mayoría de las precipitaciones cae en los trópicos. El distinto calentamiento que experimentan la tierra y el mar a lo largo de las estaciones desencadena precipitaciones dependientes de la época del año; por ejemplo, las intensas precipitaciones en India como consecuencia del monzón de verano, procedente del sudoeste.

Cuanto más se acerca la temperatura a la frontera de los 0°, más a menudo se convierten las precipitaciones de lluvia en precipitaciones de nieve. Cerca del punto de congelación se producen nevadas con copos muy grandes. Extensas zonas de Canadá, Groenlandia y Siberia son conocidas por sus tormentas de nieve.

Las regiones con precipitaciones más escasas son aquellas donde la corriente de aire recorre grandes tramos sobre llanuras calurosas (por ejemplo, el Sáhara), o donde la corriente de aire se encuentra con la pantalla de una cordillera situada ante ella. La zona a sotavento de la cordillera se halla en la denominada región abrigada de la lluvia. Ejemplos: Noruega central y oriental, los valles alpinos, el desierto septentrional chileno al pie de los Andes, o el oeste de Estados Unidos influido por las montañas Rocosas.

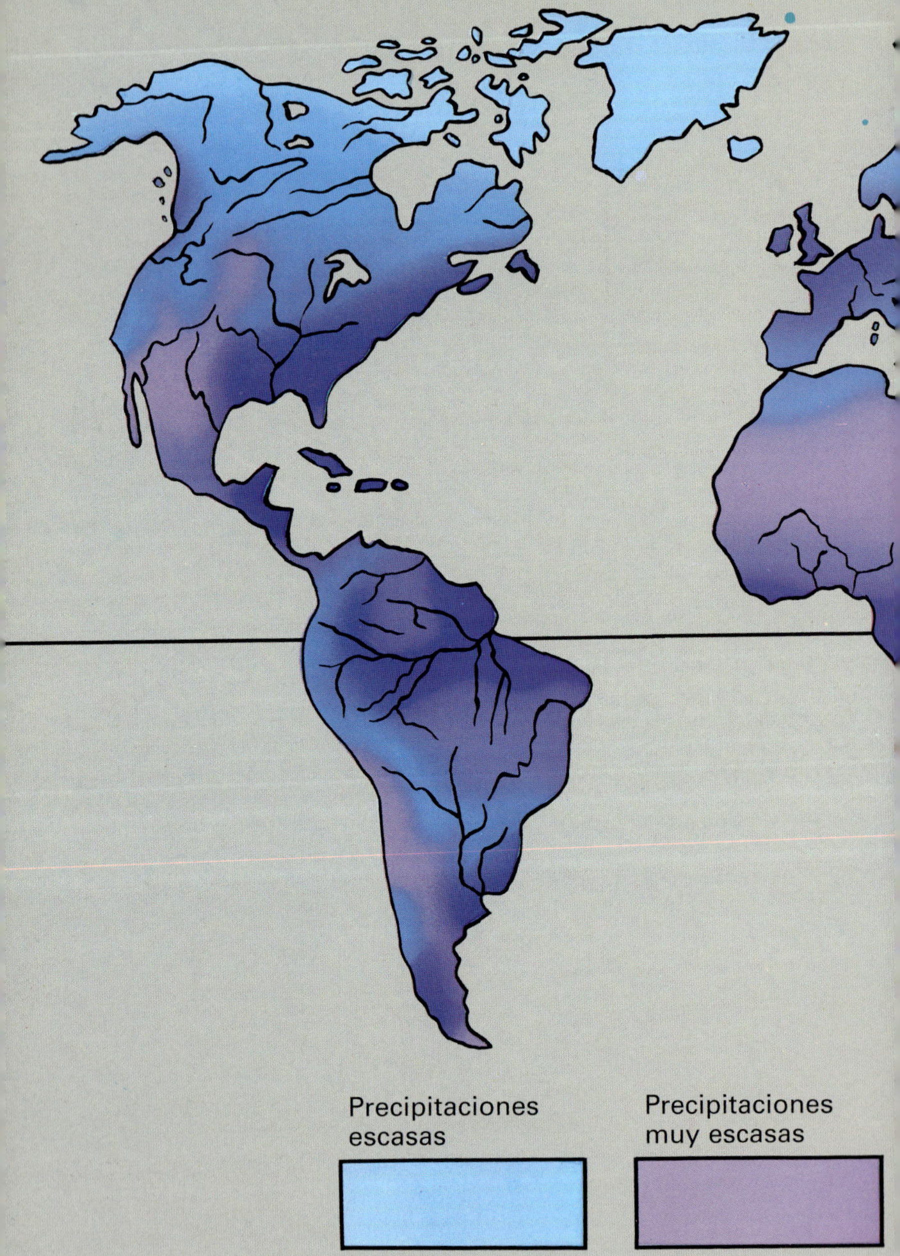
Precipitaciones escasas
Precipitaciones muy escasas

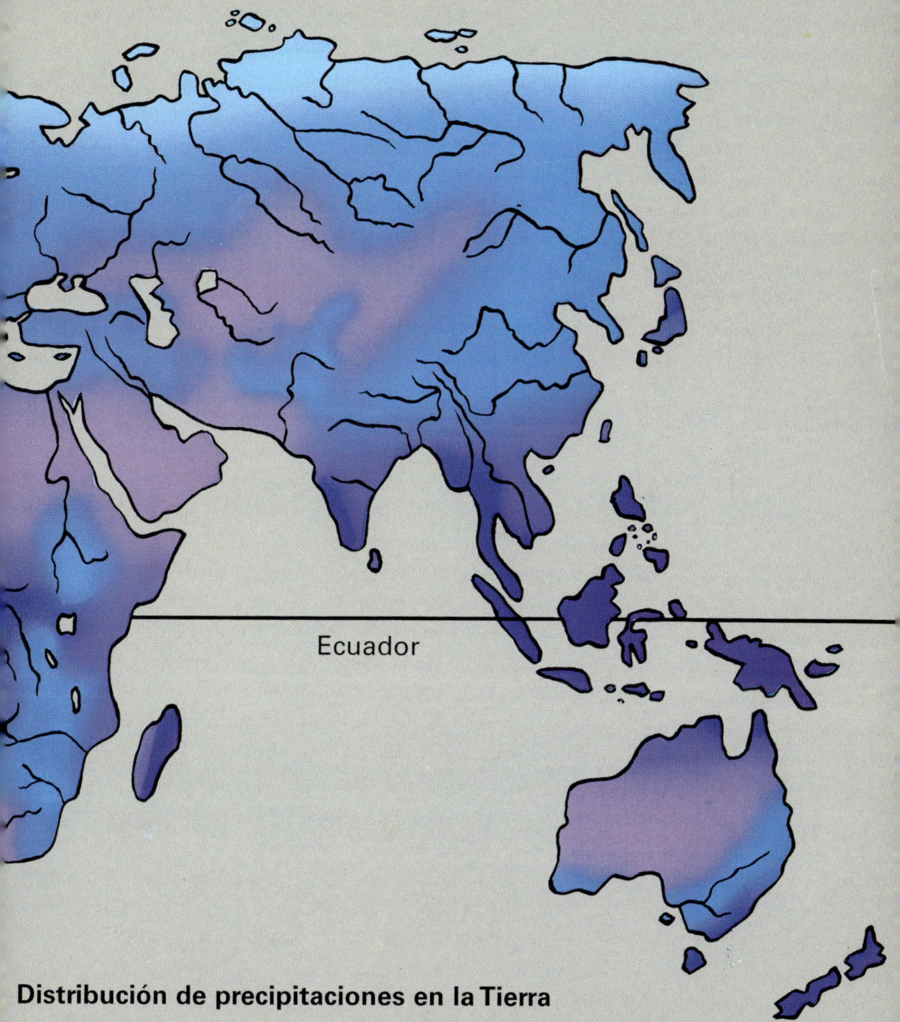

Distribución de precipitaciones en la Tierra

Precipitaciones moderadas dependientes de las estaciones

Precipitaciones durante todo el año

Precipitaciones abundantes dependientes de las estaciones